全国电工电子基础课程实验教学案例设计竞赛（鼎阳杯）优秀项目选编（2015—2016 年）

主　编　胡仁杰
副主编　黄慧春　郑　磊

东南大学出版社
SOUTHEAST UNIVERSITY PRESS
·南京·

内容提要

本书整理汇编了全国高校电工电子基础课程实验教学案例设计竞赛 2015、2016 两届优秀获奖作品,从"实验内容与任务、实验过程及要求、教学达成及目标、相关知识及背景、教学设计及引导、实验原理及方法、实验步骤及进程、实验环境及条件、实验总结与分析、考核要求与方法"等方面展示实验教学的组织设计,以期对广大高校教师实验教学的教学理念、实验载体、技术方法、教学进程、实践模式、保障条件、教学评价有所裨益。

图书在版编目(CIP)数据

全国电工电子基础课程实验教学案例设计竞赛(鼎阳杯)优秀项目选编:2015—2016 年 / 胡仁杰主编 . — 南京:东南大学出版社,2018.3
　　ISBN 978-7-5641-7090-5

　　Ⅰ.①全… Ⅱ.①胡… Ⅲ.①电工技术-教案(教育)-汇编 ②电子技术-教案(教育)-汇编 Ⅳ.①TM ②TN

　　中国版本图书馆 CIP 数据核字(2017)第 061617 号

全国电工电子基础课程实验教学案例设计竞赛(鼎阳杯)优秀项目选编(2015—2016 年)

出版发行	东南大学出版社
社　　址	南京市四牌楼 2 号(邮编:210096)
出 版 人	江建中
责任编辑	姜晓乐(joy_supe@126.com)
经　　销	全国各地新华书店
印　　刷	兴化印刷有限责任公司
开　　本	787mm×1092mm　1/16
印　　张	22.75
字　　数	576 千字
版　　次	2018 年 3 月第 1 版
印　　次	2018 年 3 月第 1 次印刷
书　　号	ISBN 978-7-5641-7090-5
定　　价	56.00 元

本社图书若有印装质量问题,请直接与营销部联系,电话:025-83791830。

全国电工电子基础课程实验案例设计竞赛
组织委员会

主 任 委 员：

　　王志功：东南大学教授，教育部电工电子基础课程教学指导委员会主任委员。

副主任委员：

　　陈后金：北京交通大学教授，教育部电工电子基础课程教学指导委员会副主任委员。

　　王兴邦：北京大学教授，国家级实验教学示范中心联席会秘书长。

　　韩　力：北京理工大学教授，教育部电工电子基础课程教学指导委员会委员，国家级实验教学示范中心联席会电子学科组组长。

　　胡仁杰：东南大学教授，国家级实验教学示范中心联席会电子组副组长。

秘 书 长：

　　侯建军：北京交通大学教授。

委 　 员：

　　孟　桥：东南大学教授，教育部电工电子基础课程教学指导委员会秘书长。

　　郭宝龙：西安电子科技大学教授，教育部电工电子基础课程教学指导委员会委员。

　　殷瑞祥：华南理工大学教授，教育部电工电子基础课程教学指导委员会委员。

　　李　晨：华中科技大学教授，教育部实验教学指导委员会委员。

　　张　峰：上海交通大学教授，教育部电工电子基础课程教学指导委员会委员。

　　郭　庆：桂林电子科技大学教授，教育部电工电子基础课程教学指导委员会委员。

　　杨　勇：长春理工大学教授，教育部实验教学指导委员会委员。

　　刘开华：天津大学教授。

　　王立欣：哈尔滨工业大学教授。

　　金明录：大连理工大学教授。

全国电工电子基础课程实验案例设计竞赛
评审专家组

前　言

　　《中国制造 2025》与德国"工业 4.0"的面世意味着世界范围新一轮科技和产业革命驱动新经济的形成与发展,工程教育专业认证也提出具有**全球化大工程视野、社会伦理与职业道德素养、解决复杂工程问题能力、从事造福人类创新性实践**的社会需求,要求现代工程教育培养学生在积累知识、发展能力、启迪思想和提高境界四维度全面发展。高校实践教学是把科学实验方法引进教学过程,必须顺应时代发展的需求,倡导**源于教育目标的教学设计、基于学生主体的教学进程、反映学习成果的评价考核**的教学理念,以实践为载体,通过教学设计激发学生的创新意识、培养基本创新能力。

　　基于此,由国家级实验教学示范中心联席会(电子组)联合教育部电工电子基础课程教学指导委员会发起组织的"全国高校电工电子基础课程实验教学案例设计竞赛",以工程教育专业认证"社会需求成果导向、逆向设计教学组织、学生中心全体受益、成效评价持续改进"四个核心理念为指导,试图引导实验教学一线教师"**转变理念、设计载体、推广技术、优化进程、创新模式、保障条件、评价质量**",从以下几个方面开展实验教学的组织设计:

　　1. 实验内容与任务:提出项目需要完成的任务,如需要观察的现象,分析某种现象的成因、需要解决的问题等。实践项目应强化"**应用背景工程性、知识应用综合性、技术方法多样性、实践过程探索性、项目实现挑战性**";并设计具有不同层次的工作任务,以便不同能力层次学生都能够有所建树。

　　2. 实验过程及要求:教学设计注重实践进程中学生的主体地位与作用,设计"**研究探索**(资料查询综述、知识方法探索、技术方案论证、实践资源挖掘)、**设计规划**(项目需求分析、性能成本分析、进程阶段规划、团队合作分工)、**工程实现**(软件仿真优化、硬件软件设计、系统实现调试、测试分析完善)、**成果总结**(测试验收质疑、演讲答辩点评、系统分析总结、项目成果展示)"的自主实践进程,展现发现与解决复杂工程问题中的不同侧面,让学生亲身体验、研究探索、自我发挥、创新实践。

　　3. 教学达成及目标:通过项目的实践,应该达成如学习及运用知识、技术、方法,培养及提升能力、素质等教学目标。实现或部分实现"**发现与探索问题、发展与构建知识、应用及迁移技术、工程分析与设计、团队合作与交流、工程领导与管理、社会伦理与道德、绿色及持续发展、全球视野与价值、创新思想与践行、终身学习与发展**"的人才培养目标。

　　4. 相关知识及背景:考虑项目所涉及的知识方法、实践技能、应用背景、借鉴案例等,应该在实践群体力所能及的范围之内。

　　5. 教学设计及引导:通过提出预习要求、理论背景、知识方法、实验重点、考查节点、验收重点、问题思考等教学环节,进行教学设计的引导。

　　6. 实验原理及方法:明确项目涉及的原理知识,完成任务的思路方法,可能采用的技术、电路、器件。

　　7. 实验步骤及进程:构思设计并真实记录实验实施进程中的各个环节,如任务分析、资料查询、实验方法、理论依据、方案论证、设计仿真、实验实现、测试方案、数据表格、数据测量、数据处理、结果分析、问题思考、实验总结。

8. 实验环境及条件：提出实验所需时间、空间、设备、器件等各方面条件及资源，如软件设计仿真工具、仪器设备规格性能、实验装置平台对象、相关元器件及模块配件等。

9. 实验总结与分析：提出需要学生在实验报告中反映的各方面工作，如实验需求分析、实现方案论证、理论推导计算、设计仿真分析、电路参数选择、实验过程设计、数据测量记录、数据处理分析、实验结果总结等。

10. 考核要求与方法：提出在**自学预习**（任务要求分析、理论知识准备、实验方案设计、实验步骤设计、电路设计仿真、实验电路搭试、数据表格设计）、**现场考查**（问题讨论参与程度、思维方式创新意识、问题发现分析研究能力、故障发现分析排查能力、实验技能掌握程度、工作专注投入程度、相互交流合作精神）、**项目验收**（实现方法自主程度、电路布局测量方法、实验质量完成速度、科学合理实现效率、实验记录完整准确、回答质疑合理正确）、**总结报告**（问题发现研究分析、数据处理误差分析、实验成效总结分析，以及思路方法科学合理性、内容步骤完整正确性、版面布局美观度、图文格式规范化）等实践进程中不同阶段、节点的考核标准及方法，实时反馈学生学习成效，及时发现教与学中存在的问题。

现代工程教育赋予高校教育培养学生**品行养成、知识传授、能力培养、思维创新**的使命，实践中引导学生探究式、互动式、实践式和合作式学习。培养学生理性思考、独立判断的批判性思维及践行能力；教育学生如何对待自己、对待他人、对待社会及世界，培养价值观导向；向学生提供个性化全面发展的机会，实现以学生为中心的多样化培养。让学生在项目研究、策划、设计、实现、总结的实践过程中发挥自主性、能动性和创造性，运用**兴趣引导、目标选择、考核激励**等方法引导激发学生内在的学习愿望、正确的学习动机、持久的学习热情、认真的学习态度、严谨的学习风格。在学生自主实践进程中，教师不再是知识的拥有者、传授者和控制者，而是教学问题背景的设计者、研学过程中的引导者、师生互动的参与者和释疑者、研究结果的评价者。

为了充分发挥实验案例竞赛"教改成果展示、改革经验交流、实践能力培养、优质资源共享"的示范辐射作用，高等学校国家级实验教学示范中心联席会电子学科组从第二届、第三届竞赛获奖案例中精选了部分优秀作品编纂成书出版，将这一实验教学优质资源奉献给社会。因篇幅所限，并考虑参赛作品是否体现构思精巧、内容新颖的特点，同时也考虑推广方便及避免题材重复等因素，共遴选了57篇获奖作品，其中第一部分电工实验6篇、第二部分模拟电子电路实验10篇、第三部分数字逻辑电路及数字系统实验13篇、第四部分电子电路综合设计实验12篇、第五部分电子系统设计16篇。本着尊重作品原创的原则，编辑时除了删除部分清晰度欠佳的图片之外，尽量保持了作品的原貌。

本书由东南大学电工电子实验中心胡仁杰老师负责书稿统筹安排及第五部分的编辑整理，黄慧春老师负责第一、第二部分，郑磊老师负责第三、第四部分的编辑整理工作。

2014年以来，历届电工电子实验教学案例设计竞赛活动得到教育部电工电子基础课程教学指导委员会及国家级实验教学示范中心联席会的一贯支持，得到示范中心联席会电子组成员单位的热情响应，得到众多示范中心主任的倾力帮助，得到深圳鼎阳科技有限公司的鼎力协助，在此一并致谢。

编者
2017 年 12 月 28 日于南京

目录 CONTENTS

第一部分　电工实验

第二部分　模拟电子电路实验

第三部分　数字逻辑电路及数字系统实验

第四部分　电子电路综合设计实验

第五部分　电子系统设计

第一部分

电 工 实 验

1-1　可调直流稳压电源的实现(2015)

1　实验内容与任务

设计并实现 220 V 正弦交流电压激励下的可调直流稳压电源,要求电源电压可调且具有较强的带负载能力。

1) 基本要求

(1) 设计直流可调电压源;

(2) 设计电路,并用 Multisim 仿真实现;

(3) 自拟实验方案,测量电压源输出范围;

(4) 自拟实验方案,测量电压源带负载能力;

(5) 测量电压源的输出特性。

2) 提高内容

在基础电压源实现的基础上,结合设计电路完成以下内容:

(1) 用晶体管电路实现电压源,提高电压源带负载能力;

(2) 用三端稳压器实现电压源,并增加可调负电压输出功能,即实现双极性可调电压源;

(3) 用三端稳压器实现可调电流源。

2　实验过程及要求

(1) 复习、自学与实验内容相关的理论知识;

(2) 查阅资料,了解变压器、整流器、稳压器等器件的功能及特点;

(3) 确定设计方案;

(4) 根据设计方案选择变压器、稳压器、滤波器等芯片类型和器件参数;

(5) 用 Multisim 仿真设计电路;

(6) 进入实验室进行实物连接、调试;

(7) 可调电压源输出范围及带负载能力的测量;

(8) 电源性能指标的测量;

(9) 完成提高内容中要求的电路设计、实现与测量;

(10) 整理实验数据,总结实验现象,撰写实验报告。

3 相关知识及背景

直流可调电源是目前学生常用的一种实验设备,利用综合设计型实验使学生在已有电路理论知识的基础上,延伸学习模拟电子技术的相关理论知识,自主设计并实现可调稳压电源。

电源电路的设计,涉及降压、整流、纹波信号滤波、稳压、调压等多个部分,可设计多种方案。学生通过查阅资料,结合已有的理论知识能够进行电路的设计。

4 教学目的

(1) 学会查阅资料、设计实验方案;

(2) 培养学生综合运用所学的电工、电路、模拟电子技术等知识和自主查阅资料获取新知识的能力;

(3) 训练学生独立完成设计及撰写论文的初步技能;

(4) 使学生初步具备解决现实生活中实际问题的能力。

5 实验教学与指导

本实验是一个开放的设计性实验项目,只给出题目和基本要求,由学生自主设计电路和实验方案,学生自由组合,两人一组,教师需提前几周将题目及要求下达给学生,学生根据要求查阅资料,了解常用可调电源的基本功能、基本原理等。教师主要在以下几个方面对学生进行指导:

(1) 对学生确定的设计方案进行论证及修改;

(2) 对降压及整流部分提出具体要求;

(3) 对变压器选型指导;

(4) 对整流电路特性进行指导;

(5) 对滤波电路指导;

(6) 对稳压电路设计方法、稳压芯片选型指导;

(7) 针对电压源的实现方案,给出提高内容要求。

6 实验原理及方案

直流可调电压源一般包括降压、整流、滤波、稳压、调压 5 个部分,根据可调电源的输出范围及最大输出功率的不同,选择相应的设计方案。

图 1-1-1　电源组成框图

1) 基本部分

(1) 降压

降压部分是将电网 220 V 正弦交流电压降低为低电压交流信号,常见的两种方式为阻容降压和变压器。其中,变压器降压是实际中采用较多的方法,但缺点是变压器的体积较大,当受体积等因素的限制时,可采用阻容降压式。因阻容降压方式输出端未与220 V电压隔离,一旦器件异常会存在安全隐患,因此,要求学生必须采用变压器方式降压。

变压器的选择主要应根据稳压部分的输入电压范围来确定,电压过大易烧坏器件,过小又不能保证稳压部分正常工作。从安全及器件耐压两方面考虑,选择的变压器副边输出不应超过36 V。

(2)整流

利用二极管的单向导电性将前级变压器输出的交流电压变为脉动的直流电压,常用的整流分为半波整流和全波整流两种。由于半波整流只使得正半周的正弦信号通过,负半周截止,能量的使用效率远低于全波整流,因此选择全波整流方式。全波整流桥的型号应根据前级输出电压及后级电路带负载能力两个因素来选择,整流桥的反向击穿电压应大于变压器副边输出正弦信号的最大值。

(3)滤波

整流部分输出的是脉动的直流电压,滤波部分的作用是将脉动的直流电压的交流分量变小,近似为稳定的直流电压。常用的滤波电路由储能元件 L、C 构成,利用 L、C 具有储存能量的特性实现,因此,滤波输出的脉动电压交流成分的大小取决于 L、C 电路充放电时间的长短。

由于电感体积较大、较笨重,因此,对于小功率电源一般采用电容进行滤波,其工作原理是整流电压高于电容电压时电容充电,当整流电压低于电容电压时电容放电,在充放电的过程中,使输出电压基本稳定。对于大功率电源,若采用电容滤波电路,当负载电阻很小时,则电容容量势必很大,而且整流二极管的冲击电流也非常大,容易击穿,因此应采用电感进行滤波。

本实验设计目标为小功率电源,宜选用电容作为滤波器件。选择的低频电解电容值应较大,为了得到近似稳定的直流,应采用 $470~\mu F$ 以上的电容。

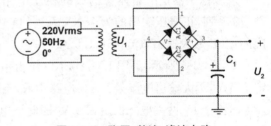

降压、整流及滤波部分的电路如图 1-1-2 所示,接入滤波电路后,输出电压 U_2 平均值近似取值为变压器输出交流有效值 U_1 的 1.2 倍,负载

图 1-1-2　降压、整流、滤波电路

开路应取 1.414 倍。因此,在后续稳压部分设计时应将器件最大耐压值放大到 1.5 倍以上。

(4)稳压、调压

稳压及调压部分是整个电路设计的核心,有多种实现方案,主要存在以下 3 种设计方案:

① 稳压二极管

最简单的稳压可以由稳压二极管实现,此类稳压管当工作在反向击穿状态时,在一定的电流范围内(或者说在一定功率损耗范围内),端电压几乎不变,这种特性即为稳压特性。但其相对稳定的电压在一定的范围内波动,导致输出电压值不稳定,因此,设计电路时应在后级电路设计中考虑隔离负载对稳压输出的影响(如由运放构成的电压跟随器)。

图 1-1-3 为由稳压管 D_2 完成稳压的电路图,R_2 和 R_3 串联实现调压,用电压跟随器来提高

电源的输出稳定性。

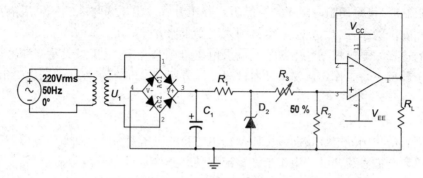

图 1-1-3 稳压二极管实现的可调电压源

② 串联反馈式稳压电路

串联反馈式稳压电路是利用晶体三极管与负载串联,将输出电压的波动经由反馈电路取样放大后来控制三极管的极间电压降,从而达到稳定输出电压的目的。

串联反馈式稳压电路可由三极管和稳压二极管、三极管和三极管、三极管和运放等组合构成。以图1-1-4 为例,当输入电压 U_2 增大或负载 R_L 减小时,输出电压 U_o 会增大,这时输出电压 U_o 的变化反过来控制调整管 VD 的压降,使得 U_{ce} 减小,从而使输出电压 U_o 变小,进而 U_o 保持不变,达到自动稳压的作用。

调压可在输出端通过电位器调节电压值(参考图 1-1-3),利用电压跟随器隔离负载对电源的影响实现可调电压的稳定输出。

③ 三端稳压器

固定输出的三端稳压器:

三端稳压器是由晶体管构成的稳压电路集成的结果。常用的固定输出的三端稳压器有78/79 系列,正电压输出的为 78XX 系列,负电压输出的为 79XX 系列,输出电压值即为 XX 对应的数值,最大输出电流可达 1.5 A。

如图 1-1-5 所示,采用 LM7805KC 作为稳压芯片,VREG 和 COMMON 端子间基准电压固定为 5 V,最大输出电流为 1 A。电路中 R_1 端电压为恒定 5 V,改变 R_2 的阻值即可调节输出电压 U_o,由于 R_1 两端电压恒定为 5 V,因此该电路中电压源的输出电压最小值为 5 V。

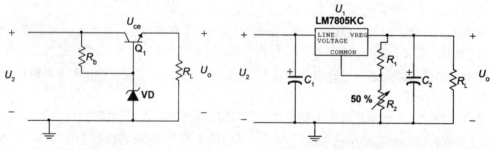

图 1-1-4 串联反馈稳压电路   图 1-1-5 由 LM7805 构成的稳压、调压电路

输出可调的三端稳压器:

三端可调稳压器的稳定性和电压调整率均优于固定输出的稳压器。目前较普遍的有正电

压输出的*W117、217、317和负电压输出的*W137、237、337,其中*W 317和*W 337为民用级别,市场上更普遍。

图1-1-6以LM317AH为例设计电路,以317AH的输出端V_{out}和A_{dj}间基准电压固定,$U_{ref}=1.25$ V,A_{dj}输出电流很小可忽略,通过调节R_2电位器即可实现输出电压的变化。D_5、D_6为两个保护二极管,D_5可防止在输入端短路时C_2反向放电损坏稳压器,D_6可防止在输出端短路时C_3电容电压损坏稳压器。

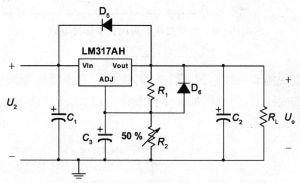

图 1-1-6 LM317AH 构成的稳压、调压电路

上述两种三端稳压器构成的可调电源电路中,R_1电阻两端电压为基准电压,应通过器件的性能参数来选择R_1值。例如,图1-1-6中选择的LM317的V_{out}输出的最小负载电流为10 mA,此时应选择$R_1 < \dfrac{V_{ref}}{10\ \text{mA}}\left(=\dfrac{1.25\ \text{V}}{10\ \text{mA}}=125\ \Omega\right)$,即$R_1$可选择120 Ω。

2) 提高部分

(1) 晶体管电路实现的电压源可提高电源的带负载能力

简单串联反馈式稳压电路,是直接利用输出电压的变化量来控制调整管的电压U_{ce}的变化实现稳压,所以灵敏度和电压稳定性都不够理想。可以利用复合管或采用带有放大器的稳压电路来提高稳定性和输出能力,图1-1-7为带有放大器的串联反馈式稳压电路。

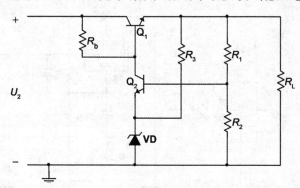

图 1-1-7 带有放大器的串联反馈式稳压电路

(2) 设计实现正负输出的双路可调电压源

在单极性电源电路基础上通过调节参考电位来实现,如图1-1-8所示。

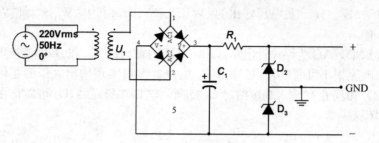

图 1-1-8 稳压二极管实现的双极性电源

① 双极性电源

利用三端稳压器实现的双极性电源,在设计时主要应考虑变压器和整流桥的连接问题,需采用副边有中间抽头的变压器,将中间抽头作为参考点,利用正负两种电压输出的稳压器对应实现,如图 1-1-9 和图 1-1-10 所示。

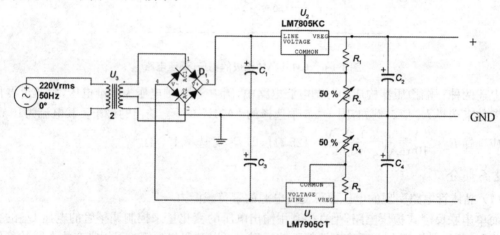

图 1-1-9 固定输出的三端稳压器构成的双极性电源

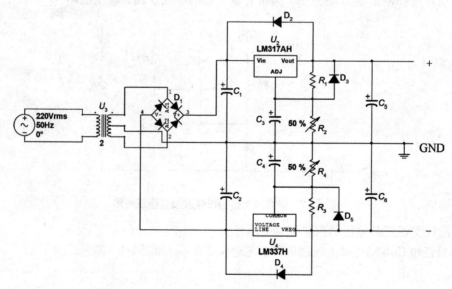

图 1-1-10 可调输出的三端稳压器构成的双极性电源

② 电流源

三端稳压器具有固定的参考电压,为设计实现电流源提供方便,以 LM317AH 为例(如图 1-1-11所示),输出端 V_{out} 和 A_{dj} 间基准电压固定 $U_{ref}=1.25$ V,此时,通过调整 R_2 的阻值即可实现负载 R_L 上电流可调的目的。

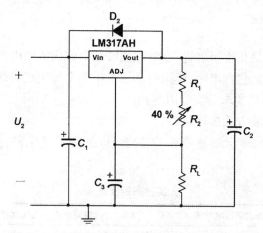

图 1-1-11　可调三端稳压器构成的可调电流源

3)测量方案

应先将设计电路放在软件环境下进行仿真,电路仿真正确后再进行实际操作。

(1)调试电路时要求分步骤实现,测量每部分输出是否满足要求;

(2)测量可调电压源空载条件下电压输出范围;

(3)外接不同负载时电压范围的测量,重载(电阻很小)时最大输出电流的测量;

(4)电源稳压特性的测量,利用高精度电压表测量输出特性;

(5)测量电流源的电流输出范围及最大端口电压(提高部分,选作)。

7　实验报告要求

实验报告需要包含:

(1)实验电路、数据表格的设计,理论推导及参数选取的计算过程;

(2)选取测量方案的依据;

(3)测量数据、图形的记录;

(4)数据处理,根据所测数据绘制相应的曲线;

(5)误差分析,将所测数据与理论推导比较,分析产生误差的原因;

(6)实验过程中故障现象的分析和解决;

(7)结论与心得:总结本次实验过程成功与失败的地方,对实验内容、方式、要求等各方面的建议。

8　考核要求与方法

实验在大二第一学期期末前 2～4 周进行,实验包含课内 4 学时、课外 2～4 学时。实验成绩中,电路设计占 40%,实际操作占 40%,实验报告占 20%。

设计电路要先在 Multisim 软件上仿真实现,按照每个部分完成的程度及精度,再结合测量方案是否合理给出设计部分的分数;软件仿真成功后进行实际操作,主要在正确选用仪器设备及使用、电源的稳定性及精度等方面给出成绩;最后是根据实验报告的撰写是否规范完整,误差分析是否合理到位几方面给出报告成绩,综合三方面给出最终成绩。

9 项目特色或创新

(1) 通过层次化、模块化逐级递进,使学生能够独立完成实验内容的设计;

(2) 内容具有拓展性,包含电路、模拟电子技术中多个知识点的综合,学生可根据自身的兴趣及能力的不同,完成不同要求的实验内容;

(3) 软硬件结合,实验方式多样化;

(4) 采用启发提问式教学激励学生自主学习,提高了学生的综合分析问题能力及实验技能。

实验案例信息表

案例提供单位		中国矿业大学信电学院	相关专业	电气、信息	
设计者姓名		陈桂真	电子邮箱	gzhchxz@126.com	
设计者姓名		刘晓文	电子邮箱	xwliucumt@126.com	
设计者姓名		薛 雪	电子邮箱	cumtxx@126.com	
相关课程名称		电路实验、模拟电子技术实验	学生年级	大二	学时	4
支撑条件	仪器设备	电路实验台、数字示波器、多功能万用表、综合实验箱等			
	软件工具	Multisim			
	主要器件	电阻、电容、变压器、整流桥、稳压二极管、运算放大器、三端稳压器等			

1-2 RLC 串联谐振电路的研究(2016)

1 实验内容与任务

1)基础部分

(1)设计一个 RLC 串联电路,使其谐振频率在 8~12 kHz,通频带约 5 kHz;

(2)采用幅值法或相位法测量实际电路的谐振频率,与理论计算值进行比较验证;

(3)选择适当的实验室提供的仪器仪表测量谐振时各元器件上电压有效值,填入表格,并计算品质因数;

(4)测量该电路频率特性,自行设计表格记录数据,画出 I-f 曲线,标出谐振频率、通频带,验证是否满足(1)设计要求。

2)提高部分

(1)观察实际电路谐振时电容和电感上电压大小(实验 4)测量数据)或电阻和电源电压波形幅值(实验 3)中相位法可观察),分析与理论及仿真波形存在差异的原因;

(2)根据本次实验相关知识,自行设计实验方案测量一个未知电感元件的内阻值,写出实验原理、步骤,并测量实验基础部分中采用的电感元件的内阻值,设计表格记录数据并计算结果。

注意:根据教学对象的不同,实验内容的完成要求有所不同。

2 实验过程及要求

1)课外预习实践

(1)阅读实验室提供的相关仪器设备的使用说明,掌握其使用方法;

(2)加深理解 RLC 串联电路谐振的特点,认识电路品质因数及通频带的物理意义;

(3)理解实验内容及任务要求,查阅教材及相关资料,设计实验电路及相关参数;

(4)使用 Multisim 软件提前仿真实验内容基础部分,记录相关数据及图像。

2)课堂实践操作

(1)根据预习,选择合适的仪器设备及测量方法,按照步骤完成实验;

(2)关注理论分析值、仿真值及实际测量值之间的差异;

(3)根据实验情况,积极回答老师提出的问题,进行课堂讨论。

3)课后实验总结

(1)对实验结果进行分析总结,提交实验报告;

(2)网上提问答疑。

3 相关知识及背景

谐振电路在工程实际中应用广泛,实验围绕 RLC 串联谐振电路展开研究,需要学生根据要求,利用所学知识自行设计实验电路,涉及 RLC 串并联谐振电路的特性、谐振频率的测量方法、电路品质因数及通频带物理意义等知识,拓展部分涉及谐振法测量动态元件参数的方法原理,进一步可以延伸到复数阻抗参数测量的相关知识。

4 教学目的

进阶式引导学生完成现象观察、比较验证、自主设计等实验任务,加深学生对理论知识的理解;增强学生动手实践的热情及兴趣;提高学生查阅文献、软件仿真、理论联系实际分析解决问题等方面的能力;培养学生良好的工程实践能力及探究精神。

5 实验教学实施进程

课前引导→课堂指导→课后答疑

6 实验教学与指导

1)课前引导

着重于相关原理部分及仪器设备使用方法等,减少课堂内固定内容的重复讲解,把更多操作思考时间留给学生,培养学生阅读文献资料、设备说明书的能力。

(1) 引导式的任务下达

公布具体实验内容及要求,指出教材相关部分,以设计需求引导学生巩固并运用理论课所学知识,提高预习效果。

(2) 提供立体式教学资源自主学习

① 仪器设备元器件说明文档;② "微课";③ MOOC;④ 期刊文献;⑤ 网络答疑。

2)课堂指导

(1) 采取"先动手后讲解"的授课方式

① 学生在充分预习的基础上,上课直接动手操作,实践过程中根据需求进行个别指导。注重引导学生发现问题、思考问题、自主解决问题。容易出现的问题:仪器仪表选择错误、信号源和示波器不共地、电压峰峰值与有效值混淆等。

② 下课前 10~15 min 集体开展实验内容的讨论,包括实验中遇到的问题,实验应该注意的问题及相关思考题。思考:

(a) 如何判断电路是否谐振? 如何使电路达到谐振状态?

(b) 测量值与理论值进行比较,误差原因?

(c) 测量电压有效值可以采用哪些仪器仪表?

(d) 测量过程中前后是否采用同一种仪表?

(e) 谐振时电路中测得 U_R、U_C、U_L 总和是否等于 U_i?

(f) 保持 f_0 不变,提高品质因数 Q,电路参数如何改变?

(g) 若给出一个实际电路,以市电 220 V 50 Hz 为电源,电阻替换成灯泡,改变元件参数的大小,会观察到什么现象?

(h) 测量电感内阻,是否可以直接用万用表欧姆挡测量?

(2) 因材施教,灵活指导

根据教学对象具体实践情况开展实验讨论,如果学生基础较好则增加讨论内容及时间,如果基础较差则适当减少。

　　（3）强调技巧及注意事项

　　①实验前应先查看仪器设备是否正常工作；

　　②测量幅频特性曲线时输出电压保持不变；

　　③测试频率点可以在谐振频率附近多取；

　　④信号源和示波器必须共地。

3）课后答疑

　　（1）布置课后思考题，引导学生对实验结果及相关知识进行探究：

　　①思考串联谐振电路与并联谐振电路的异同；

　　②思考谐振电路与滤波电路的异同；

　　③思考谐振电路在生活中及工业生产中的应用；

　　④查阅资料了解复数阻抗参数（以电感元件的电感值及内阻值为例）的其他测量方法。

　　（2）对学生课后提问进行回答，可以采取面谈、信息或网上论坛答疑等方式。

　　（3）与学生课后交流，抽样发放调查问卷，获取学生反馈，进一步改进教学方式。

7　实验原理及方案

1）实验基本原理

　　（1）RLC 串联电路谐振

　　含有电感和电容的电路，在正弦激励作用下，当端口电压与电流同相时，电路呈纯阻性，此时电路的工作状态称为谐振。在含有 R、L、C 串联电路中，当调节电路参数（L 或 C）或改变电源的频率（f）时，电路中电流的大小和相位都会发生变化。当满足 $X_C = X_L$，即 $\omega L = \dfrac{1}{\omega C}$ 时，电路达到谐振，此时的频率为谐振率，即 $f = f_0 = \dfrac{1}{2\pi \sqrt{LC}}$。谐振时，电路呈纯阻性，电路中的电流达到最大值。

　　（2）电路品质因数和网络通频带

　　从理论上讲，电路谐振时，$U_i = U_R = U_0$，$U_L = U_C = QU_i$，式中的 Q 称为电路的品质因数。品质因数 Q 为谐振时感抗（容抗）与电阻之比，也等于谐振时的 U_L 或 U_C 与输入电压 U 之比。谐振曲线的 Q 值越大，形状越尖锐，表明电路的选频性能越好。定义谐振曲线幅值下降至峰值的 0.707 倍时对应的频率为截止频率。当幅值大于峰值的 0.707 倍所对应的频率范围称为通频带宽 B。

2）实验方法思路

　　（1）设计实验电路，仿真实验

　　根据设计要求，谐振频率为 8～12 kHz，通频带约为 5 kHz；结合实验室设备及元器件情况设计参考电路，如图 1-2-1 所示。

　　理论计算：

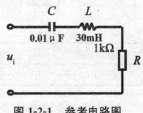

图 1-2-1　参考电路图

$$f_0 = \frac{1}{2\pi \sqrt{LC}} = 9.19 \text{ kHz}$$

$$Q=\frac{\omega_0 L}{R}=\frac{1}{\omega_0 RC}=\frac{U_L}{U}=\frac{U_C}{U}=1.73$$

$$B=\Delta f=f_2-f_1=f_0/Q=5.3 \text{ kHz}$$

仿真实验电路如图 1-2-2(a)所示,采用交流频率扫描法观测频率特性,如图 1-2-2(b)所示。

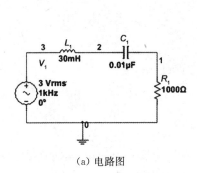

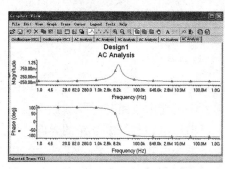

(a) 电路图　　　　　　　　　　　　　　　(b) 仿真结果

图 1-2-2　用交流频率扫描法观测频率特性

(2)串联小灯泡,观测现象

随着频率由小增大,小灯泡由暗到明再到暗,到达谐振频率附近时较亮。

(3)测量电路谐振频率的方法

① 幅值法。调节信号源频率,通过观测电阻 R 两端电压,当交流毫伏表的读数为最大时,即为电路的谐振频率。

② 相位法。调节信号源频率,示波器取双通道观察,当输入信号波形与电路中电流的波形同相位时,此时的频率即谐振频率,由于电阻上电流、电压同相,即观测电源及电阻上电压相位。

(4)测量电路元件电压有效值的仪器仪表选取

实验室提供有交流毫伏表、UT52 数字万用表、示波器(课前相关资料已下发)。

注意:选择交流毫伏表和数字万用表均可测量交流电压有效值。

使用示波器测量电压有效值时可借助其自带测量功能,但是连接电路时要注意保证信号源和示波器共地。

UT52 型数字万用表虽然有交流电压挡位,但由于其工作频率仅为 $40\sim400$ Hz,本次实验谐振频率已经超出,所以不能选择此仪表。

(5)电路品质因数 Q 值的两种测量方法

① 根据公式 $Q=\dfrac{U_L}{U_o}=\dfrac{U_C}{U_o}$ 测定,即实验内容 4)中分别测量谐振时电容器 C 和电感线圈 L 上的电压,填入表 1-2-1 后带入公式计算。

表 1-2-1　实验数据记录表(一)

	f_0(Hz)	U_R(V)	U_C(V)	U_L(V)
$C=0.01\ \mu F$				

② 通过谐振曲线图得到,通频带宽度 $\Delta f=f_2-f_1$,$Q=\dfrac{f_0}{f_2-f_1}$。式中 f_0 为谐振频率,f_2 和 f_1 是失谐时,即电流幅度下降到最大值的 0.707 倍时的上、下频率点。

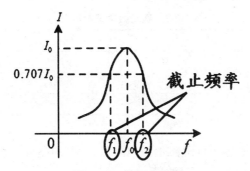

图 1-2-3　谐振曲线图

(6) 测量电路频率特性曲线

改变信号源频率,测量电阻上的电压有效值,注意每改变一次信号源频率都要保证信号源输出电压幅值不变。设计表格如表 1-2-2 所示。

表 1-2-2　实验数据记录表(二)

	f(kHz)	1	3	5	7	8.5	9.1	9.6	11	12	14	16
$R=1\ \text{k}\Omega$	U(V)											
	I(mA)											

(7) 观察实际电路谐振时电容和电阻上电压大小(实验(4)测量数据)或电阻和电源电压波形幅值(实验(3)中相位法可观察),分析实测值与理论及仿真波形存在差异的原因。

理论上,谐振时电容和电感上电压大小应该相等,电源电压与电阻电压大小相等;但是实际测量中,电容电压大于电感电压,示波器观测到的电阻电压小于电源上电压幅值,见图 1-2-4。

原因在于电感元件存在内阻。

(8) 设计实验方案测量实验电路中电感内阻的大小

原理:

电路发生谐振时 $f=\dfrac{1}{2\pi\sqrt{LC}}$,又根据电压比例关系 $\dfrac{U_i}{r+R}=\dfrac{U_R}{R}$,式中,$U_i$、$U_R$ 分别代表 u_i、u_R 的有效值,据此可分别计算出被测元件的电感值 L 和内阻值 r 为:$L=\dfrac{1}{4\pi^2 f^2 C}$,$r=\left(\dfrac{U_i}{U_R}-1\right)R$。

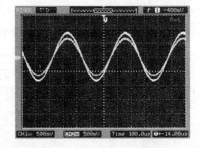

图 1-2-4　示波器上的波形图

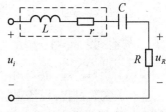

图 1-2-5　测量电感内阻电路图

简要步骤:

① 连接 *RLC* 串联电路;

② 利用本次实验方法找到谐振频率;

③ 测量谐振时电源及电阻上电压有效值,记录并计算。

数据记录表格,如表 1-2-3 所示。

表 1-2-3　实验数据记录表(三)

	f_0(Hz)	U_i(V)	U_R(V)
$C=0.01\ \mu F$			
$C=0.1\ \mu F$			
$C=1\ \mu F$			

多组求平均可减小误差。

(9) 复数阻抗参数(以电感元件电感值及内阻值为例)的测量方法很多,查阅资料还可了解电压法、电桥法、时间常数法、直接测量法等。

8　实验报告要求

实验报告中需要反映出预习内容和实验内容。

1) 预习内容

根据需求设计 RLC 串联谐振电路图及参数,计算出谐振频率及通频带宽理论值;

利用 Multisim 仿真基本实验内容的电路截图、现象截图,记录仿真数据并对数据进行计算分析;

提高部分的实验设计方案、电路图、实验步骤,画出数据记录表格等。

2) 实验内容

① 了解实验采用的仪器仪表等设备型号。

② 测量谐振频率采用的具体方法,采用该方法的原因。

③ 观察实验(2)中小灯泡的变化现象。

④ 完成实验(3)(4)(5)实验数据、现象的记录,规范地画出 $I-f$ 曲线。

⑤ 分析实际测量数据与理论设计、仿真实验出现差异的原因。

⑥ 观察实验(6)的具体现象,分析产生问题的原因。

⑦ 完成实验(7)测量电感内阻的具体参数、数据记录、计算结果等。

⑧ 总结实验中遇到的问题,解决方法和收获。

⑨ 总结串联谐振电路的特性、影响品质因数的因素、谐振电路的应用等。

⑩ 完成实验指导书上的思考题,写出心得体会及其他疑问。

9　考核要求与方法

(1) 预习情况:提交预习报告,回答问题。

(2) 实验过程:现场观察学生实践情况,提出问题,让学生遇到问题、面对问题、解决问题,结合讨论部分学生的参与情况,给出课堂成绩。

(3) 实验报告:课后一周内提交,考查学生实验内容的完成程度,数据记录的规范性,数据计算的正确性,分析及结论的科学性,给出实验报告成绩。

(4) 综合预习情况、课堂实践情况及撰写实验报告情况,给出本项目实验成绩。

10　项目特色或创新

(1) 以参数需求引导学生自主设计实验电路,增加预习主动性。

（2）进阶式实验内容设计，便于根据不同教学对象提出不同要求。

（3）测量方法及仪器设备的选择上皆具多样性。

（4）通过先做后讲的教学方式，更好地发挥学生主观能动性。

（5）由实验现象提出问题，激发学生思考并引出进一步的实验内容。

相对传统实验，具有形式新颖、内容生动、主线关联、层层递进、承前启后的鲜明特色。

实验案例信息表

案例提供单位	国防科技大学		相关专业	仪器科学与技术		
设计者姓名	邱晓天	电子邮箱	qiuxtnudt@sina.com			
设计者姓名	李 季	电子邮箱	18684790782@163.com			
设计者姓名	孟祥贵	电子邮箱	mengxianggui@nudt.edu.cn			
相关课程名称	电工与电路基础实验	学生年级	大一/大二	学时	课内 2＋课外 2	
支撑条件	仪器设备	信号发生器，数字示波器，交流毫伏表				
	软件工具	Multisim				
	主要器件	电阻、电容、电感，导线若干				

1-3 强化自主学习的电感及相关特性实验(2015)

1 实验内容与任务

以学生自主设计电感及相关特性测量方案为主线,基于预习问题引导、教师辅助指导、自主实验模式的电路基本能力阶梯训练。需要学习电感及相关特性的测试方法,观察电感的感应电压现象,分析 RLC 串联谐振现象的成因,了解串联谐振状态下电抗元件的电压及与品质因数 Q 的关系。

1) 基本实验内容

(1) 通过面包板搭建电路,用两种方法测量电感大小:利用一个已知阻值的电阻和一台信号发生器及交流电压表,设计一种通过测量电阻和电感上电压大小求电感量的方案;利用一个已知阻值的电阻、信号发生器及示波器,设计一种通过测量相位差求电感量的方案。

(2) 电感上电压与电流的相位差测量:利用一个已知阻值的电阻、一台信号发生器及示波器,测试并求出电感上电压与电流间的相位差,找出测量过程中角度与相位差之间的关系。

(3) 电感饱和电流的测量:利用正弦激励法和方波激励法测试电感饱和电流;找出方波电压过低或频率过高及不会出现饱和现象的原因;找到调整参数有利于观察饱和现象。

(4) 电感滤波作用的观察:找出电阻、占空比和电压变化对其影响。

(5) 找出万用表误差对实现的影响及解决方法。

2) 提高实验内容

(1) 关于电感电流不能跃变现象的观察。

(2) 设计 RLC 电路,测定 RLC 串联电路的谐振特性和相对通频带。

3) 选作实验内容

并联谐振电路分析。

2 实验过程及要求

(1) 以实验指导书中列出的 17 道预习思考题为序(见附录),进行自主实验预习,学习掌握测量方法和原理(在实验课开始前 5 min,利用小条卷,教师对学生进行全员预习思考题抽测,根据抽测结果给予相应分值,督促学生预习实验内容,掌握实验必要知识点)。

(2) 实验方案设计:画出测量实验线路,标出示波器探头的连接方式,画出实验测量表,重点要求表格中预留出测量数据分析和对比空间,包括理论分析和测量数据分析,写出测试原理及现象产生原因。

(3) 利用 Multisim 仿真:课外完成,附加在实验总结上。

(4) 实验过程:每人独立实验,重点关注电感的电压与电流之间相位差,掌握电路谐振的判断及品质因数 Q 对谐振特性的影响,重视现象及数据分析,采取合适的方法消除饱和对电感值测量的影响;教师由主动教授变成辅助指导,要求将时间划成三段,对每段时间内学生的实验情况进行检查,重点提问观测点相关问题;若课内不能完成,可到课外实验室完成。

(5) 数据测量:按照实验指导书的步骤及自设方案测量数据。

(6) 撰写实验总结报告,重点写出实验方案设计、优缺点分析、数据理论值和实测值及产生原因分析,每人一组提供独立实验数据,同时三人组成一个课后研讨小组,学习交流不同解决方案的优缺点及实验难点,并得出拓展实验相关结论。

3 相关知识及背景

这是一个涵盖电路理论中动态元件、一阶动态电路、谐振电路三章内容的综合性实验,通过面包板搭建电路和实验预习引导,培养学生自我设计和搭建电路的能力及良好的实验习惯和故障排查能力。涉及前面实验中端口输入电阻的测量方法、万用表误差解决方法、电路基本定理应用、线性、非线性元件伏安特性的测量等,并且可以拓展实验内容为后续专业课实验设计服务。

4 教学目的

在诸多实验中围绕电感特性进行设计并逐渐展开,以实验预习思考题为主线,要求学生自主实验预习,通过过程监控督促学生独立完成实验,并引导学生思考实验现象产生原因,培养学生独立实验、思考实验的能力。由易到难、由浅入深,紧紧围绕电感所涉及知识点将实验展开,最后到 RLC 应用,实现实验技能的阶梯训练。引导学生根据需要设计电路、选择元器件,构建测试环境与条件,并通过测试与分析对项目做出技术评价,从独立实验到分组讨论,提高了学生电工基本技能及书写沟通等综合能力。

5 实验教学与指导

本实验强调培养学生的自主学习和实验能力,因此教师在实验中的角色从以往的主动讲解变为辅助实验指导,学生由被动听讲跟从变为主动设计选择方案实验。在实验教学中,应在以下几个方面加强对学生的引导:

(1) 从题目需求出发,给予学生设计步骤和注意事项引导,培养其基本的文献检索能力和方案对比选择能力。

(2) 合理选择器件,阅读、讲解器件的使用说明和参考电路方法,告知器件选择方法。

(3) 讲解如何用 Multisim 模拟仿真及注意示事项,找到电感饱和临界值及与各参数值的关系,调整参数,研究判断电路处于谐振状态的方法。

(4) 可以简略地介绍实验的基本原理,要求学生自学实现电感量测试的方法,找出电感上的电流不能突变的原因及影响因素。

(5) 在电路设计、搭试、调试完成后,必须要用标准仪器设备进行实际测量,标定所完成的设计的误差。

(6) 在实验完成后,可以组织学生以项目演讲、答辩、评讲的形式进行交流,了解不同解决方案及其特点,拓宽知识面。

(7) 自主学习:课前——学生依据预习思考题进行自主学习,同时完成相关方案查找、对比和设计,对测量电路进行仿真分析;课后——小组讨论,在开放实验室完成相关实验内容,对相关数据进行分析处理,撰写实验总结报告;实验过程——1 人 1 组,课后 3 人组成学习讨论小组。

6 实验原理及方案

1）实验基本原理

（1）关于电感的一些性质

① 电感对交流电源具有抵抗作用,称之为感抗,用 Z_L 表示,Z_L 的大小与频率成正比,其表达式为 $Z_L = \omega L$（模值）。

② 在图 1-3-1 所示的 R_L 串联电路中,电源 u_s 分别为直流和交流电压时,u_S、u_R、u_L 之间的求和方法是不同的,前者是代数和,而后者是矢量和。

③ 在交流电路中,电阻上的电压与流过它的电流同相位,电感上的电压超前流过它的电流 90°。由相量的图解法可以方便地知道,在图 1-3-1 中,电阻电压与电感电压之和的相角,超前电流 0°~90°之间。

④ 对于一个实际的电感,其电路模型如图 1-3-2 所示,L 表示理想电感,R_L 表示缠绕电感线圈的导线自身的电阻,如果导线的线径较细且匝数较多,则 R_L 就会较大,在测量电感量时就不能忽略 R_L 的影响。

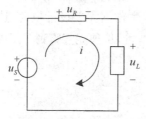

图 1-3-1　R_L 串联电路

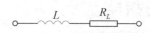

图 1-3-2　实际电感电路模型

（2）关于电感的饱和电流

电容器在使用中必须要注意它的耐压值,如果电压超过电容器所能承受的电压值,电容就会因击穿而损坏。同样,电感器对使用的参数环境也有要求,但电感要求限制的参数不是电压而是电流,称为电感的饱和电流,用 $I_{(sat)}$ 表示。若电感中通过的电流值超过该电感的饱和电流值时,电感量便会急剧下降,甚至会使电感出现短路的现象(参考图 1-3-3),因此在使用中应尽可能避免使电感可能出现饱和的情况。

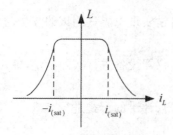

图 1-3-3　电感的饱和电流

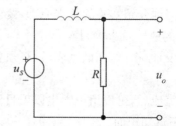

图 1-3-4　测量电感饱和电流的电路图

可以采用图 1-3-4 所示电路,测量电感的饱和电流。激励源可以采用正弦波或方波电压。

若采用正弦激励源,是通过观察在输入电压增加的过程中,输出电压 u_o 是否能够保持与之成等比关系的增加。在电感没有出现饱和时,电感电压和输出电压的幅度都是与激励源电压幅度成等比(线性)关系增加;当电感电流达到饱和值时,电感量开始下降,电感电压增加的幅度将明显小于激励源电压增加的幅度,而输出电压 u_o 的增加幅度,将明显大于激励源电压增加的幅度,这便使电感出现了饱和现象。饱和电流等于开始出现饱和现象时,输出电压的幅值除以电阻 R。

若采用方波激励源,可通过用示波器监视电压 u_o 波形的方法,测量电感饱和电流 $I_{(sat)}$。图 1-3-5(a)是电感未发生饱和时的波形,电流的增加速率呈现逐渐减慢的规律,当激励源的电压过低或频率过高,以及电阻阻值过大时,会出现不饱和的情况。

图 1-3-5(b)是电感发生饱和时的波形。在饱和状态下,输出电压 u_o(即电感电流)的增加速率分为三个阶段,即逐渐减慢、逐渐加快和速率为零。在电感电流增加速率由逐渐减慢到逐渐加快的变化过程中,可以大致找到拐点电压 U,则饱和电流 $I_{(sat)} = \dfrac{U}{R}$。

当出现如图 1-3-5(c)所示情况时,输出电压的变化过程太陡峭不宜观察,可适当提高激励源的频率,并将示波器的水平扫描线再拉开一些便可观测。

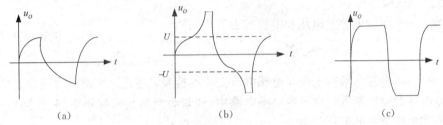

(a)　　　　　　　　(b)　　　　　　　　(c)

图 1-3-5　采用方波激励源观察输出电压的波形

(3) 关于电感的滤波作用

图 1-3-6 是一个最基本的由电感构成的 RL 滤波电路。所谓滤波就是把波动幅度较大的电压变成波动幅度较小的电压,使在负载电阻 R 上得到相对较平稳的电压。图 1-3-7(a)是含有直流分量和交流分量的输入电压波形图,经 RL 滤波后,负载上的电压波形如图 1-3-7(b)所示。

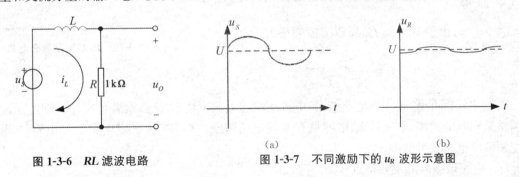

图 1-3-6　RL 滤波电路　　　　(a)　　　　　　　　(b)

图 1-3-7　不同激励下的 u_R 波形示意图

电感具有的滤波功能,可以从电感的感抗功能解释,感抗的大小为 $Z_L = \omega L$,它和激励源的频率成正比,频率越高电感对它的"阻碍"作用就越大,这样电阻上得到波动电压的分量就会减少,使得输出电压 u_o 变得较为平稳。

图 1-3-7(a)所示激励源 u_S 的电压波形,可以用图 1-3-8 的等效电路来表示。图 1-3-7(a)中虚线代表的波动电压平均值,在图 1-3-8 用直流电压源 U 来代替;图 1-3-7(a)中的正弦波波动分量在等效电路中用正弦电压 u'_S 来表示。根据叠加定理,输出电压 u_o 为 U 和 u'_S 分别单独作用在电阻 R 上结果的叠加。由于电感对直流电压呈短路状态,所以直流电压可以全部到达输出端

(电阻 R),而由于电感对正弦电压有感抗 Z_L,电阻上得到的正弦电压的分压表达式为 $U'_R = \dfrac{R}{\sqrt{R^2+Z_L^2}}U'_s$(该表达式为分压值的幅度,未考虑相角),可见感抗 Z_L 越大,负载上分得的正弦电压分量就越小,叠加的结果是直流分量未被减少,而波动分量却可被降低,从而实现滤波的作用。

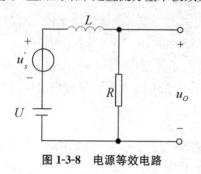

图 1-3-8   电源等效电路

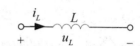

图 1-3-9   电感上电压和电流的参考方向

(4) 电感的感应电压

对于图 1-3-9 所示电感上电压和电流的参考方向,有

$$u_L = L\,\frac{\mathrm{d}i_L}{\mathrm{d}t} \tag{1}$$

由式(1)可知,电感两端的电压与电感电流变化的速率成正比。因此在含有电感的电路中,应尽量避免电感被突然断电。在一些电感电路中,通常会增加续流保护电路,以防电感突然断电所产生的高电压带来的各种危害。

(5) 实现串联电路谐振的方法

图 1-3-10 是一个 RLC 串联电路,该电路发生谐振的条件是电路的电抗等于零,即 $X = X_L - X_C = \omega L - \dfrac{1}{\omega C} = 0$,所以有 $\omega L = \dfrac{1}{\omega C}$。发生谐振时的角频率称为谐振角频率,用 ω_0 表示,$\omega_0 = \dfrac{1}{\sqrt{LC}}$,由于 $\omega_0 = 2\pi f_0$,所以谐振频率为

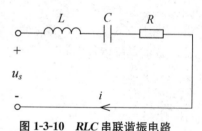

图 1-3-10 RLC 串联谐振电路

$$f_0 = \frac{1}{2\pi\sqrt{LC}} \tag{2}$$

由上述分析可见,要实现电路谐振,电源频率与电路参数 L、C 必须满足式(2),即可通过分别调整激励源的频率、电感量 L、电容量 C 来使电路谐振。本实验是固定电感 L 和电容 C,通过改变频率使电路发生谐振。

(6) 电路谐振时的主要特点

当 $X = 0$ 时,串联电路的阻抗最小,为 $Z_{\min} = R$,整个电路呈纯阻性;此时 $|X_L| = |X_C|$,且由于电感和电容上的电流相等(串联关系),所以电容电压 U_C 和电感电压 U_L 相等,且相位相差 $180°$(彼此反相),电感电压和电容电压相互抵消。若电源提供的电压为 U_S,则电路谐振时的电流 $I_0 = \dfrac{U_S}{R}$,达到最大值。

(7) 品质因数与相对通频带

谐振时电感上的电压 U_L(或电容上的电压 U_C)与 U_S 之比称为该谐振电路的品质因数 Q。

$$Q = \frac{U_L}{U_S} = \frac{U_C}{U_S} = \frac{\omega_0 L}{R} = \frac{1}{\omega_0 RC} = \frac{\sqrt{\dfrac{L}{C}}}{R} \qquad (3)$$

当电路的电感 L 和电容 C 保持不变时,改变电阻 R 的大小就可以得出不同 Q 值的幅频特性曲线。图1-3-11 给出了在激励源电压不变的条件下,回路电流 I 的大小与 Q 值大小的关系,显然 Q 值越高(大),曲线越尖锐。

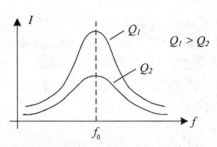

图 1-3-11 Q 值与谐振特性的关系

为了反映谐振电路的一般情况,通常用电流比 $\dfrac{I}{I_0}$(I_0 是串联谐振时的谐振电流,也是回路中的最大电流),与角频率比 $\dfrac{\omega}{\omega_0}$ 之间的函数关系,来反映 Q 值对频率选择性的影响,被称为通用幅频特性,可以证明其关系为

$$\frac{I}{I_0} = \frac{1}{\sqrt{1 + Q^2 \left(\dfrac{\omega}{\omega_0} - \dfrac{\omega_0}{\omega} \right)^2}} \qquad (4)$$

图 1-3-12 是不同 Q 值的通用幅频特性曲线 $\left(\text{图中 } \eta = \dfrac{\omega}{\omega_0}\right)$。幅频特性曲线可以通过计算得出或用实验方法测定。

为了衡量回路对不同频率的选择能力,定义通用幅频特性中幅值下降至峰值的 0.707 倍时,频率范围为相对通频带 B,见图 1-3-12,相对通频带 $B = \dfrac{\omega'}{\omega_0} - \dfrac{\omega}{\omega_0} = \eta' - \eta$。$\omega'$ 为上限角频率,和上限频率 f_H 的关系为 $f_H = \dfrac{\omega'}{2\pi}$;$\omega_0$ 为下限角频率,和下限频率 f_L 的关系为

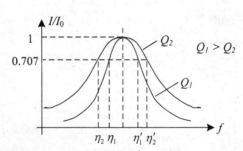

图 1-3-12 Q 值与相对通频带的关系

$f_L = \dfrac{\omega_0}{2\pi}$。显然 Q 值越高,外加激励信号的频率离开谐振频率 ω_0 后衰减的就越快,电路的选择性就越好,但它的相对通频带就越窄。在实际电路中可根据具体需要来确定是选用高 Q 值谐振电路还是低 Q 值的谐振电路。

2) 参考实验方案

(1) 电感量的测量

① 利用一个已知阻值的电阻和一台信号发生器及交流电压表,设计一种通过测量电阻和电感上电压大小求电感量的方案。

② 利用一个已知阻值的电阻和一台信号发生器及示波器,设计一种通过测量相位差求电感量的方案。

(2) 电感上电压与电流间相位关系的测量

利用一个已知阻值的电阻、信号发生器及示波器,测试并求出电感上电压与电流间的相位差。

(3) 电感饱和电流的测量

利用正弦激励法和方波激励法测试电感饱和电流。

(4) 电感滤波作用观察

① 连接图 1-3-13 所示电路，u_S 取方波，峰峰值电压取 10 V，占空比为 50%，频率取 1 kHz，电阻 R_1 取 1 kΩ。用示波器测量 u_O 的直流分量和峰峰值电压，将数据记录于表 1-3-1 中，测量项目编号(1)对应的行中，体会 RL 电路的滤波功能。

② 改变 u_S 的频率为 5 kHz，用示波器测量 u_O 的直流分量和峰峰值电压，将数据记录于表 1-3-1 中相应处，分析激励源的频率和输出电压参数的关系。

③ 将 u_S 的频率还原为 1 kHz，负载电阻 R_1 由 1 kΩ 改为 2 kΩ，用示波器观察输出电压 u_O 波形的变化，测量 u_O 的直流分量和峰峰值电压，将数据填入实验数据表 1-3-1 中相应处，分析 RL 滤波电路的时间常数 τ 和输出电压峰峰值及输出直流电压的关系。

④ 保持其他参数不变，仅将占空比由 50% 调整为 25%，测量 u_O 的直流分量和峰峰值电压，将数据填入实验数据表中相应处，分析它们与方波电压占空比的关系。

⑤ 在实验(4)的基础上，调整信号发生器直流电压旋钮，使其叠加 5 V 直流电压，再次测量 u_O 的直流分量和峰峰值电压，将数据填入实验数据表中相应处，分析它们与方波电压中直流分量的关系。

表 1-3-1　实验数据表

测量项目编号	测量输出电压		测量数据比较与分析
(1)	直流分量		
	交流分量		
(2)	直流分量		
	交流分量		
(3)	直流分量		
	交流分量		
(4)	直流分量		
	交流分量		
(5)	直流分量		
	交流分量		

(5) 关于电感电流不能跃变现象的观察

连接图 1-3-14 所示电路，u_S 为峰峰值 20 V、频率 100 Hz 的方波，$R_1 = R_2 = 200\ \Omega$。用示波器观察电感两端电压，将波形画在表 1-3-2 中，分析该电压大于电源电压的原因。

表 1-3-2　电感电流不能跃变的实验

u_L 的波形及峰值电压记录：
峰值电压大小的理论分析：

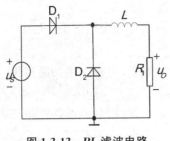

图 1-3-13 *RL* 滤波电路

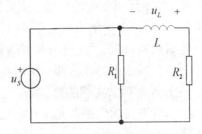

图 1-3-14 电感电流不能跃变的实验电路

（6）测定 *RLC* 串联电路的谐振特性和相对通频带

① 将 0.1 μF 电容、提供的电感、100 Ω 电阻及信号源组成串联电路,信号发生器输出电压设定为 5 V$_{P-P}$ 不变,频率 f 由低到高连续变化,用交流毫伏表或示波器测量 U_R,参考图 1-3-11 的形式,画出回路电流和频率的函数曲线,并找出谐振点。

② 将电阻改为 200 Ω,信号发生器输出电压不变,再次测试回路电流和频率的函数曲线,并找出谐振点。

③ 参考图 1-3-14 的形式,画出电阻为 100 Ω 和 200 Ω 时,谐振电路的相对通频带和上、下限频率。

（7）并联谐振电路分析(选作)

对照实验任务一的有关测试项目,结合并联谐振电路的特性,设计实验方案,测试相关数据。

7 实验报告要求

实验报告需要反映以下工作:实验报告折算到总分为 10 分。需要在实验总结报告中体现实验目的、实验原理,以实验内容为序,提出设计方案及其依据,选用器件、实验仪器及设备,理论推导计算 Q 值、电感值大小,记录实验数据并绘制曲线,重点写清数据及理论分析,现象分析及解决办法,简单总结实验结果与收获。

8 考核要求与方法

实物验收:功能与性能指标的完成程度(如温度测量精度、控制精度),完成时间。考核的节点、时间、标准及考核方法。

实验考核方式:平时成绩占 50%,期末闭卷考试占 50%。

平时成绩(100 分)＝预习考试(40 分)＋过程监控(40 分)＋总结报告(20 分),并采取考勤减分制。

（1）预习情况:采用课内前 5 min,在 17 道预习思考题中,教师提前抽选两道题打印成条卷(A、B 卷),占平时成绩 40 分。

（2）实验质量:过程监控 40 分。教师由主讲变成辅助实验者,将实验过程划分为 3～4 段,每个时间节点对学生进行电路搭建考核,给予相应分值,检查电路方案的合理性、功能与性能指标的完成程度,完成提高内容和选作内容可适当加分。

① 基本实验内容:要求每位同学必须完成,若不能完成,下课后可到开放实验室继续完成,

下次课将开放实验室证明和实验数据上交任课教师。

  ② 提高实验内容:要求学生根据自己能力和时间,自主选择全做或至少过半。

  ③ 选作实验内容:根据学生能力和时间安排。

  (3)自主创新:实验内容较易部分采用学生自主设计方案,考核学生功能构思、电路设计的创新性,及自主思考与独立实践能力。

  (4)实验成本:考查学生是否充分利用实验室已有条件,材料与元器件选择是否合理,及成本核算与损耗。

  (5)实验数据:测试数据和测量误差。

  (6)实验报告:实验报告的规范性与完整性,重点观测实验数据分析部分及解决办法。

9 项目特色或创新

  本项目的特色在于:以电感特性为切入点,涵盖多个章节知识点,增加较易实验的设计引导内容,培养学生设计和搭建电路的能力;利用丰富的、与教材内容结合紧密的预习思考题强化学生预习,通过递进式实验内容,引导学生思考,激发学生学习主动性,利用独立实验和小组讨论培养学生综合能力。

附录:预习思考问题

1. 请写出图 1-3-1 中,U_S、U_R、U_L 之间的关系表达式。

2. 对 RL 电路,端口电压和端口电流谁的相角超前,超前角度的范围是多少?

3. 实际电感的电路模型如何? 产生的原因是什么?

4. 电感饱和后对电感量有什么影响? 产生饱和的原因是什么?

5. 测量电感饱和电流的基本方法有那两种? 正弦激励法观察发生饱和的依据是什么? 方波激励法观察发生饱和的依据是什么?

6. 出现图 1-3-5(a)的波形时,电感是否发生饱和? 为什么方波电压过低时,就不会出现饱和现象? 图 1-3-4 中回路电流的最大值是多少? 需要多长时间可以达到最大值? 为什么方波频率过高就不会出现饱和现象?

7. 在图 1-3-5(b)中,波形变化的速率由减慢到加快发生改变,是否意味出现饱和? 为什么饱和前电流变化速率呈减慢趋势? 为什么饱和后电流变化速率呈加快趋势?

8. 出现图 1-3-5(a)波形时,调整那些参数可以促使电感发生饱和?

9. 出现图 1-3-5(c)波形时,调整那些参数可以有利于观察饱和现象?

10. 滤波电路的作用是什么?

11. 如何利用示波器的"AC-GND-DC"转换开关,观察滤波电路输出电压的直流分量的大小?

12. 请在表 1-3-1 中,画出利用一个已知阻值的电阻,和一台信号发生器及交流电压表,测试电感量大小的电路。说明操作原理和方法。

13. 考虑到万用表存在的绝对误差,在做表 1-3-1 的实验中,若电阻和电感上的电压比,一个接近于 1,一个在 10 倍以上,请问哪种情况造成的测量误差较大?

14. 请在表 1-3-2 中,画出利用一个已知阻值的电阻,和一台信号发生器及示波器,测试电感量大小的电路。说明操作原理和方法。

15. 在表 1-3-3 中,画出测量电感上电压和电流间相位差的实验线路,标出示波器探头的连接方法,写出测试原理。

16. 在表 7-4 中,画出测量电感饱和电流的测试线路,指出两种方法的观测对象及判断饱和的方法。

17. 考虑到电感上的电流不能突变的因素,请分析在图 1-3-11 中,若激励源是 10 V 峰峰值方波,电感电压的峰峰值能否大于 10 V 峰峰值? 请指出原因?

实验案例信息表

案例提供单位	大连理工大学城市学院		相关专业	电子信息工程
设计者姓名	于海霞	电子邮箱	Yhx_dl@163.com	
设计者姓名	王 颖	电子邮箱		
设计者姓名	王鲁云	电子邮箱		
相关课程名称		学生年级		学时
支撑条件	仪器设备	面包板、示波器、万用表、信号发生器		
	软件工具	Multisim 10		
	主要器件	电阻、二极管、电感		

1-4　呼吸灯电路的设计与实现(2016)

1　实验内容与任务

本题目是学生完成一般电路入门级设计和实现的最佳实验项目,学生需要自主完成一个呼吸灯从设计到实现的全过程。首先在 NI Multisim 12 中利用仿真软件实现设计与仿真,然后利用面包板搭建实验电路,完成真实的呼吸灯电路,观察 LED 发光二极管渐亮、渐灭的效果。设计的过程从易到难,元器件选择遵从由少到多的原则,具体内容如下:

(1) 闭合开关,先让 LED 灯亮起来(灯亮灭速度不可控);

(2) 加入合适的元件,让 LED 灯的亮度实现强弱变化,也就是呼吸的效果;

(3) 加入合适的元件,让 LED 灯实现规律性的渐亮、渐灭的效果;

(4) 改变元件的参数,观察呼吸灯的频率和元件参数的关系;

(5) 加入合适的元件,让 LED 灯实现白天不呼吸,晚上才呼吸的效果;

(6) 加入合适的元件,让 LED 灯实现突亮渐灭的效果;

(7) 引导学生理解 NPN、PNP 型晶体管不同的连接方式;

(8) 引导学生理解不同的芯片和电路可以实现相同的功能,设计时需要以设计目标为驱动;

(9) 引导学生发现仿真电路和实际电路的异同之处,理解仿真软件的局限之处。

2　实验过程及要求

呼吸灯的实现需要的软件环境为电路仿真软件 NI Multisim 12,硬件环境为面包板。学生每人一组,自主完成,老师提供适当的提示和元器件的介绍。学生进入实验室前,应该已经熟悉了基于 NI Multisim 12 的一般电路的设计与仿真,可以熟练地在 NI Multisim 12 庞大的元器件库中选择需要的元件。学生进入实验室,可以直接领取元器件袋(元件袋中的元件要足够多,可以设计一些干扰因素),要求学生在设计过程中,遵循由易到难、由少到多的原则,逐步在元件袋中选择合适的元件,这种选择的过程是本次实验的重点,也就是逐步启发学生自主设计的能力。

3　相关知识及背景

其中包含电容充放电过程对电路中电压的影响,晶体管的放大作用和基极电压对集电极电压的影响,时基电路芯片 NE555 所构成的多谐振荡器对规律性变化的影响,光敏电阻是如何把光信号转变为电信号的,二极管的单向导电性对 LED 突亮渐灭效果的意义,NPN、PNP 型晶体管不同的连接方式。

4　教学目的

完成呼吸灯从完整的设计到实现的过程,可以让学生实现以下技能的提升:

(1) 熟悉利用 NI Multisim 12 进行电路设计与仿真,理解并体会仿真环境的优缺点。

26

(2) 学会在元件袋中逐步选择合适的元件,实现由易到难的设计过程。

(3) 熟悉电容、晶体管、芯片 NE555、光敏电阻、二极管等常用元件的使用。

5 实验教学与指导

(1) 实验课的讲解是课堂知识的重要补充,所以在元件的讲解上要下工夫。具体地说:

① 电容的特点和常用方法。

在数字电路、模拟电路的原理图中,电容往往就是一个符号,很多都没有具体的电容值的大小和分类,导致学生对电容的选择没有目标。因此,需要给学生讲明白常用的电解电容的正负极的区分、不同的电解电容的容值和电容充放电过程对电路的影响。还有独石电容和电解电容的异同点及电容的容值的各种标识方法。比如,电容 104 的容值为 $0.1~\mu F$。

② 晶体管的特点和工作电路。

介绍常用晶体管 9014 和 9012 的使用方法。让学生学会使用 PNP 和 NPN 型晶体管分别实现不同的放大电路。选择合适的输入电压、电阻,分别实现晶体管的放大、饱和、截止的工作状态。使学生理解晶体管作为开关来使用时的工作状态。

③ 时基芯片 NE555 的特点和工作电路。理解 NE555 的内部结构对外部特性的影响,读懂 NE555 的英文芯片手册,理解并熟悉 NE555 所构成的施密特触发器、单稳态触发器、多谐振荡器的实际电路,分析如何改变多谐振荡器的输出频率。

④ 光敏电阻和二极管 1N4148 对呼吸灯节奏和亮暗工作条件的调节。

(2) 实验老师需要引领着学生实现由易到难的设计过程,以设计目标为驱动,逐步在电路中加入适合目标的元器件。具体地说:

① 闭合开关,先让 LED 灯亮起来(灯亮灭速度不可控)。利用轻触开关的闭合、断开就可以实现。

② 加入电容元件和晶体管 9014。利用电容的充放电,让 LED 灯的亮度实现强弱变化,也就是呼吸的效果;同时加入 9014,当 9014 的基极回路中电容的两端有微小的电压变化时,体现在集电极上电压会有较大的变化,这样基极回路中的电容值不需要太大,就能实现呼吸的效果。

③ 加入 NE555 构成的多谐振荡器,代替轻触开关的闭合、断开的变化,让 LED 灯实现规律性的渐亮、渐灭的效果。

④ 改变充放电回路中电容、电阻的参数,观察呼吸的亮暗变化速度和元件参数的关系。

⑤ 加入光敏电阻,让 LED 灯实现白天不呼吸,晚上才呼吸的效果。

⑥ 加入二极管 1N4148,让 LED 灯实现突亮渐灭的效果。

⑦ 引导学生思考,晶体管 9014 可以用什么器件代替? NE555 构成的多谐振荡器可以用 CD4069 代替吗?

6 实验原理及方案

实验的过程是一个由易到难、由简到繁、元件逐步增多的过程,在设计过程中,实验教师要适当提示学生选择合适的元件,同时讲解元件的特点和使用注意事项,重点在引导学生的过程中,让学生自主思维,自己选出合适的、符合要求的元件并自主确定元件参数值。学生进入实验室前,应该已经熟练掌握了 NI Multisim 12 仿真软件的使用。进入实验室后,学生每人一组,先领用元器件袋,元器件袋中包含几种不同实验需要用到的器件,学生在实验过程中,可根据要求逐步选择更多的元器件,搭建一个由易到难的电路。元器件袋中元件清单如表 1-4-1 所示。

表 1-4-1　元器件袋中元件清单

元件名称	数量(个)	元件名称	数量(个)
发光二极管	6	光敏电阻、电位器(104)	各1
电池+电池盒、轻触开关	各1	二极管 1N4148	4
连接线	若干	电阻 1 kΩ、7.5 kΩ、10 kΩ	各2
芯片 4069、4017、NE555	各1	电阻 51 kΩ、100 kΩ、1 MΩ	各2
晶体管 9014、9012、9013	各2	电容 1 μF、10 μF、22 μF、47 μF	各2
喇叭、驻极体话筒	各1	电容 100 μF、103、474	各2

具体实验步骤如下:

(1) 当堂布置任务,以项目目标来驱动。实验老师首先提出呼吸灯的概念,让学生寻找生活中的呼吸灯。比如,如果很多手机中有未接电话时,呼吸灯的闪烁就可以提示有电话未接。同时提示学生,灯的闪烁,一亮一灭的过程中,灯是渐亮渐灭的,像呼吸的感觉,要完成呼吸灯的效果,一定要有渐亮、渐灭的过程。

(2) 师生共同讨论如何设计、如何实现,引导学生完成从利用 NI Multisim 12 进行设计,到选择合适的元件,利用面包板完成实际的呼吸灯电路的搭建。设计、实现的具体过程如下:

① 先让灯亮起来。

实现效果是当闭合、断开开关时,灯一亮一灭的闪烁,但没有亮度上强弱的变化。引导学生思考,如何实现亮度的变化,用什么元件呢? NI Multisim 12 中实现的仿真图如图 1-4-1 所示。

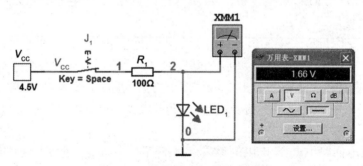

图 1-4-1　先让灯亮起来的仿真图

实际电路实现时,器材选择包括:面包板、电池和电池盒、轻触开关、100 Ω 电阻、LED 发光二极管。

② LED 灯的亮灭实现强弱变化。需要加入的元件是晶体管、电容。

实现效果是规律性闭合,断开开关时 LED 灯的闪烁效果是渐亮、渐灭的。原因是开关闭合,电容进入充电过程,开关断开,电容进入放电过程,电容上电压的变化,会体现在晶体管集电极上,也就体现在灯的亮度的强弱变化上。NI Multisim 12 中实现的仿真图如图 1-4-2 所示。

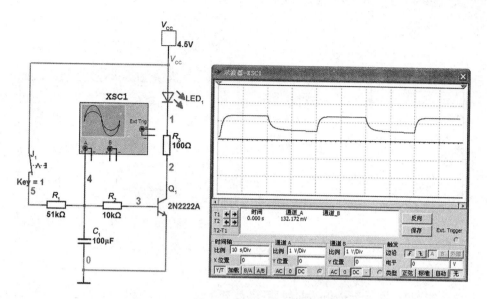

图 1-4-2 灯的亮灭实现强弱变化的仿真图

实际电路实现时,器材选择包括面包板、电池和电池盒、轻触开关、100 Ω 电阻、51 kΩ 电阻、10 kΩ 电阻、晶体管 9014(代替仿真环境中的 2N2222A)、100 μF 电容、LED 发光二极管。

③ 解决开关规律性闭合、断开的问题。引入 NE555 芯片,实现多谐振荡器。

实现效果是利用多谐振荡器电路的方波脉冲输出取代前两步中开关的规律性闭合、断开的问题,用电路替代人手,实现自动控制。多谐振荡器在 NI Multisim 12 中实现的仿真图如图 1-4-3 所示。

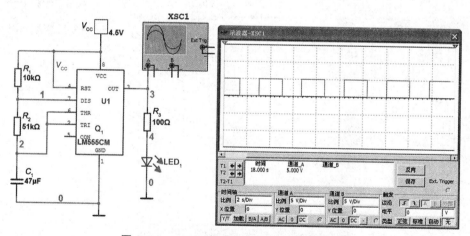

图 1-4-3 NE555 构成的多谐振荡器的仿真图

实际电路实现时,器材选择包括面包板、电池和电池盒、100 Ω 电阻、51 kΩ 电阻、10 kΩ 电阻、47 μF 电容、LED 发光二极管、NE555 芯片。

④ 综合上述各步,呼吸灯电路初步实现。

实现效果是 LED 发光二极管闪烁,一亮一灭,亮灭的效果是渐亮、渐灭的效果,好像呼吸的节奏,所以叫呼吸灯。NI Multisim 12 中实现的仿真图如图 1-4-4 所示。

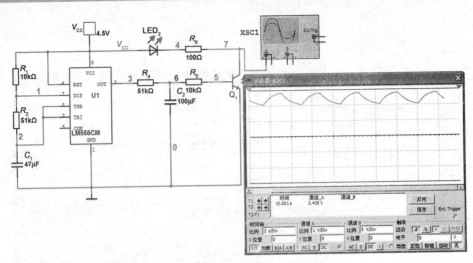

图 1-4-4　呼吸灯电路初步实现的仿真图

实际电路实现时,器材选择包括面包板、电池和电池盒、100 Ω 电阻、51 kΩ 电阻、10 kΩ 电阻、47 μF 电容、100 μF 电容、LED 发光二极管、NE555 芯片、晶体管 9014。

⑤ 呼吸灯改良篇——天亮不呼吸。实验教师引导学生思考,如何改良电路,使得呼吸灯只有天亮时呼吸,天黑时不再呼吸。NI Multisim 12 中实现的仿真图如图 1-4-5 所示。其中,利用开关 J_1 仿真实现光敏电阻的作用。即开关闭合时,相当于天亮时,光敏电阻体现为小电阻,4 号管脚的输入接地,开关断开时,相当于天黑时,光敏电阻体现为大电阻,4 号管脚接输入电源。

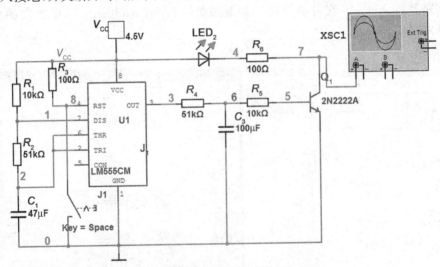

图 1-4-5　天黑才呼吸的呼吸灯电路的仿真图

实际电路实现时,器材选择包括面包板、电池和电池盒、100 Ω 电阻、51 kΩ 电阻、10 kΩ 电阻、47 μF 电容、100μF 电容、LED 发光二极管、NE555 芯片、晶体管 9014、光敏电阻 5539。

⑥ 引导学生思考如何改变呼吸的频率和亮暗变化的速度。呼吸的频率主要由多谐振荡器的输出频率来决定,因此改变电容 C_1 的充放电过程,也就是改变图 1-4-5 中 R_1 和 R_2 的电阻值大小,即可改变呼吸频率。当呼吸频率固定时,LED 灯的亮暗变化的速度取决于电容 C_2 的充放电速度,因此,改变图 1-4-5 中 R_4 和 R_5 的电阻值大小,可以调节亮暗变化的速度。

⑦ 引导学生思考如何改变呼吸的效果,改变渐亮渐灭为突亮渐灭,主要是引入二极管 1N4148。

⑧ 引导学生思考,如果不用 NE555,可用什么电路替代构成类似的多谐振荡器。例如,采用 CD4069 芯片同样可以实现多谐振荡器。

⑨ 引导学生思考,如果不用晶体管 9014,可否用 9012 替代。如果用 9012,则需要改变连接方式,图 1-4-5 中的连接为适用于 NPN 型晶体管 9014 的连接方式,需要调整为适用于 PNP 型晶体管 9012 的连接方式。

（3）做项目总结,引导学生认识到如何完整的设计和实现一个具体的项目。

7 实验报告要求

学生需要在实验报告中说明:

（1）从设计到实现的各个步骤,在每个步骤中需要说明设计的目标、达到这一目标的方案和具体元件的选择。比如:

① NE555 构成的多谐振荡器的特点,如何改变振荡的频率。说明图 1-4-5 中电容 C_1 的充放电回路,以及电阻 R_1 和 R_2 的电阻值大小是如何影响呼吸频率的。

② 晶体管 9014 的特点和在呼吸灯电路中的作用,也就是基极电压的变化是如何影响集电极电压的。图 1-4-5 中,晶体管 9014 基极回路中的电容 C_2 两端有微小的电压变化,体现在集电极就会是比较大的电压的变化。如果没有 9014,电容 C_2 必须是一个非常大的电容,才能体现亮暗的变化。

③ 100 μF 电容充、放电的等效回路,和电容两端电压对晶体管基极电压的影响。改变图 1-4-5 中 R_4 和 R_5 的电阻值大小,是如何调节亮暗变化的速度的。

④ 光敏电阻的特点和在呼吸灯中实现天亮不呼吸的原因。

（2）画出完整的设计原理图,在图中标出正确的参数。

（3）完成基本呼吸灯功能后,进一步说明改良或替代方案,引导学生的发散性思维,比如:

① 加入二极管 1N4148 可实现突亮、渐灭效果的原因。

② 加入 CD4069 可以代替 NE555 构成类似的多谐振荡器。

③ 如果没有 9014,可否用 9012 代替,如果用 9012 代替,需要如何修改电路?

8 考核要求与方法

考核的方法是在规定的时间内(3 个课时),要求学生同时完成仿真电路的设计和实际电路的插接,并写出实验报告。

（1）利用实验室网络,要求学生上传以自己的名字和学号命名的仿真文件。

（2）完成电路插接,验证自己的设计是否能实现真正的呼吸灯,需实验教师验收给分。

（3）完成具体功能的同时,须注意电路组装的质量,包含元件位置布局的合理性,使用的正确性,插线和布线的合理性,简洁性等。

（4）完成实验报告,在实验报告中,应完整地描述设计的由简入繁、由易到难的过程,并说明选择特定参数和元件的原因。在实验报告中,还应该提供改良和替代的其他方案,督促学生发挥开放性思维,解决类似的问题。

9 项目特色或创新

本项目是学生完成一般电路入门级设计和实现的最佳实验项目。

（1）设计和实现同步进行,设计中使用 NI Multisim 12 仿真,实现中让学生在元件袋中选择合适参数的元件,实现真正的电路连接。

（2）设计的过程中引导学生自主思维,从易到难,元器件选择从少到多,先从简单功能开始,逐步增加要求,让学生自主完成从设计到实现的过程,教师仅仅起到辅助和提示的作用。

实验案例信息表

案例提供单位	天津师范大学计算机与信息工程学院		相关专业	信息工程、物联网工程	
设计者姓名	王海云		电子邮箱	wwhyyun@126.com	
相关课程名称	电路原理、模拟电路、数字电路	学生年级	大学二年级	学时	3
支撑条件	仪器设备	面包板、数字万用表、示波器、台式机			
	软件工具	NI Multisim 12 仿真环境			
	主要器件	100 Ω 电阻、51 kΩ 电阻、10 kΩ 电阻、47 μF 电容、100 μF 电容、LED 发光二极管、NE555 芯片、CD4069 芯片、晶体管 9014、晶体管 9012、光敏电阻 5539、二极管 1N4148 等			

1-5 应用PLC编程控制运料小车两地点运行(2015)

1 实验内容与任务

项目需要完成的任务(如需要观察的现象、分析某种现象的成因、需要解决的问题等);是否有不同层次的要求。

1) 系统组成

图1-5-1是运料小车行程控制系统示意图。小车由一台单相异步电动机拖动,在A、B两地往返运行,模拟装料与卸料的工作过程。G_a 和 G_b 是光电开关,当小车分别运行到A、B处时触动开关动作,小车停止,等待装料或卸料,完成后向相反方向运行。ST_a 和 ST_b 是限位开关,起保护作用。

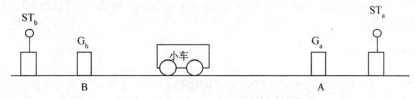

图1-5-1 运料小车行程控制系统示意图

2) 基本要求

(1) 启动小车,右行至A点停车,装料5 s后自动向B点运行;到达B点后停车,卸料3 s后小车自动向A点运行,开始下一个循环。3个上述循环后,小车自动停于B点,同时蜂鸣器发出秒脉冲规律信号,10 s钟后蜂鸣器停止。

(2) 小车装、卸料的时候,均有相应的指示灯显示,装、卸料完毕后灯灭。

(3) 设计出满足上述要求的PLC控制程序梯形图及外接电路连接图。

3) 探究要求

(1) 若遇电源断电致使小车停于途中,再上电后,小车应能继续断电前的动作。无论小车运行至任何位置,均能够停车。再启动时,可以向任意方向运行。应该怎样完善程序设计?

(2) 若扩展为4地点(如设A、B、C、D 4个地点)运料小车控制任意组合的往返运行,自拟行程路线,设计程序梯形图和电路接线图。

(3) 若用三相异步电动机替代单相异步电动机,怎样修改程序梯形图和电路连接图?

2 实验过程及要求

实验过程中对学生在自学预习、思考讨论、设计电路、软件仿真、构建平台、选择器件、设计过程、设计表格、观察现象、测试数据、总结报告、验收答辩、演讲交流等各方面的要求。

1) 预习要求

(1) 根据基本要求和探究要求设计出PLC的控制程序梯形图。

(2) 学习查阅PLC电气手册,了解PLC输入与输出的控制原理及接线方法,画出PLC输入端与启停开关,光电开关,限位开关及输出端与小车系统的电路连接图。

(3) 应用仿真软件验证设计的梯形图是否满足基本要求。

2) 软件调试阶段

检查每位同学所设计的程序梯形图和电气连接图,分成 2 人一小组,4 人一大组。在计算机上输入程序梯形图,应用实验室提供的开关量控制输入板调试是否满足控制要求。

3) 硬件测试阶段

(1) 每一大组共用一台小车系统连接硬件设备。按照电气图连接 PLC 输入端和输出端与小车系统的接线,经小组同学自查,大组互查使接线准确无误,再经过老师检查后方可通电操作。观察小车运行是否满足动作要求。

(2) 运行中用万用表测量输入点与公共端和输出线圈与公共端的接通与断开时的电压值,练习检测电路和排查故障能力,并深入理解 PLC 外部信号控制原理。

3 相关知识及背景

本实验是结合电工学的《电机与控制》课程学习的 PLC 可编程控制器原理、电机原理、继电接触器等知识,在学生前期做过的交流接触器控制电机正反转和时间继电器延时控制硬件实验的基础上,进一步掌握 PLC 原理及基本指令练习与系统联调,属于基础实验之后的一个综合设计性实验。

4 教学目的

(1) 通过 PLC 软件与硬件的设计与连接,实现小车运料过程,建立工程概念,培养学生综合应用电工学知识解决实际问题的能力。

(2) 通过练习查阅 PLC 电气手册,了解课堂上没有详细介绍的 PLC 外部接线方法,培养学生的实际工程设计能力和现场调试的动手能力。

(3) 通过软件仿真,提高学生的编程能力。

(4) 鼓励有能力、有兴趣的学生进一步完成探究实验。培养学生自主学习与创新意识。

5 实验教学与指导

1) 课前指导

(1) 用"基本指令",演示运料小车两地间运行,并介绍小车的运行规律。让学生对本次实验有直观了解。

(2) 小车系统电气结构讲解:

小车运行由单相交流电机拖动,电机的左右运行由两个 24 V 直流继电器控制电机内部电容线圈与主线圈的串接顺序不同来实现电机左右运行。小车系统接线端子如图 1-5-2 所示,实验中 PLC 输出线圈可以直接连接右接线端子与左接线端子控制小车左右运行,需要外加 24 V 开关电

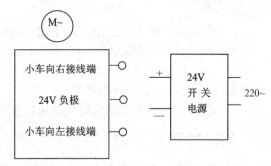

图 1-5-2 小车系统接线端子示意图

源作为直流继电器的电源,24 V 开关电源正极要与 PLC 的公共端连接,负极接小车系统的 24 V 负极。更详细内容请查阅 PLC 手册了解相关接法。

(3) 硬件电路的接线方法:本实验系统采用 CPU226(AC/DC/继电器)模块。在应用 PLC 时注意有继电器输出模块和晶体管输出模块的选择。本实验负载需选用继电器模块,可以查阅 PLC 手册了解相关内容。

(4) 光电开关和行程开关与 PLC 输入端连接时需要 PLC 输入端的 24V DC 传感器电源端提供电源。结合实验室自制的开关量控制板讲解开关与输入端口；公共端 1M、2M、L+ 的连接方法。

光电开关：JA5-2K 光电开关。电压 U：6～30V DC；电流 I：200 mA。"+"和"−"端分别接 PLC 的 24V DC。传感器电源端 L+ 和公共端 M，输出端 V_0 接 PLC 的输入端。

图 1-5-3　JA5-2K 光电开关

(5) 在公共邮箱里下载预习实验课件：

① SIMATIC S7-200 PLC 可编程控制器手册，练习查阅 PLC 应用手册。

② 在网上查阅课本上没有介绍的光电开关的知识。

③ 思考光电开关出现故障时的现象及处理方法。

④ 思考软件调试时如何用输入量开关模拟光电开关和限位开关动作。

2）实验指导

实验中应注意的问题：

(1) 编程时为了避免占用过多的 I/O 端口，可以应用位存储器 M。

(2) 注意上电复位，即通电前要求各继电器输出端口，定时器、计数器都要清零。

(3) PLC 输入/输出端口与小车模型电路接线后，应用万用表电阻挡位检查是否接通，防止虚接。经小组互查和老师检查，确认准确无误后方可通电调试。

(4) 注意：实验室自制开关量控制板有两种控制方式，I0.0—I1.5 是拨动开关，I2.0—I2.7 是按钮开关，操作时注意何时复位。

(5) 秒脉冲可以用特殊存储器 SM0.5。

实验中可能出现的现象及应对方法：

(1) 小车不动作。

可能原因：单相电机电源没接或 24 V 电源没有输出。

处理办法：用电压表测量两种电压是否供电。测量时注意电压表的量程选择和挡位选择。

(2) 小车碰撞光电开关后继续行走，触点不动作。

原因：输出点和输入点的行程开关没有对应(错位)或光电开关不动作(损坏或没接电源)。

处理办法：检查程序设计的输出线圈控制小车正反转的点号与相应的行程开关是否一致。若没有问题再检查光电开关，此时可以用模拟开关量替代光电开关，判断是否是光电开关的问题，用万用表测量光电开关的电源是否正确，若电源没问题则可以更换光电开关再测试。

6　实验原理及方案

图 1-5-4　单相电机驱动小车运行实物图

(1) 基本要求的单相电机硬件连接电路参考图

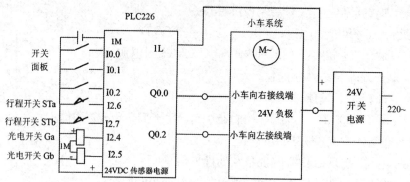

图 1-5-5 单相电机硬件连接电路参考图

(2) 程序流程参考图

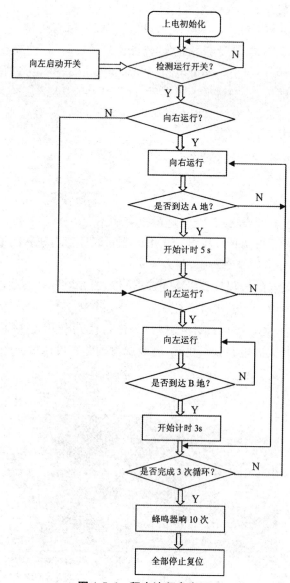

图 1-5-6 程序流程参考图

（3）基本要求参考主程序

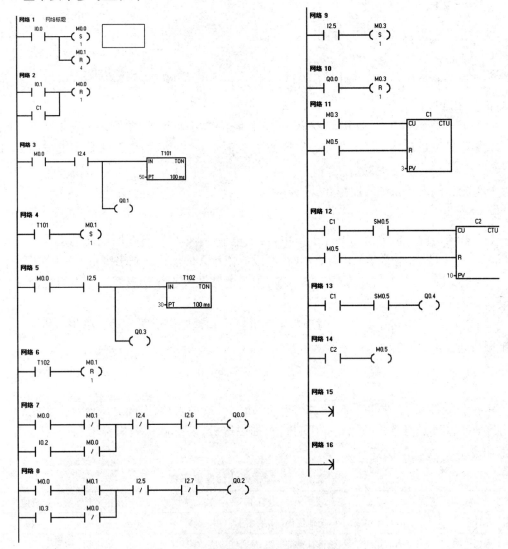

图 1-5-7 基本要求参考主程序梯形图

对应 PLC 的 I/O 分配：

输入 I

I 0.0：停止按钮

I 0.1：向右启动按钮

I 0.3：向左启动按钮

I 2.4：光电开关 G_a

I 2.5：光电开关 G_b

I 2.6：行程开关 ST_a

I 2.7：行程开关 ST_b

定时器、计数器的分配自定。

输出 O

Q 0.0：小车向右运行

Q 0.1：L_1

Q 0.2：小车向左运行

Q 0.3：L_2

Q 0.4：F（蜂鸣器）

7 实验报告要求

实验报告需要反映以下工作:

1) 基本要求

(1) 列出实现运料小车动作要求所需的定时器、计数器、输入/输出点号分配表,并画出 PLC 的控制程序梯形图。

(2) 画出整个系统(包括 PLC 与输入/输出元器件、小车系统)的电路接线图。

(3) 通过测量输入/输出端与公共端的电压值理解并说明 PLC 外部接线与内部触点的关系。

(4) 分析所遇到故障的原因和解决方案。

2) 探究要求

(1) 若遇电源断电致使小车停于途中,再上电后,小车应能继续断电前的动作。无论小车运行至任何位置,均能够停车。再启动时,可以向任意方向运行。画出完整的程序梯形图。

(2) 若 4 地点行程控制,设计行车路线,画出电路图及程序梯形图。考虑行程路线的任意改动时对应的程序梯形图怎样快速修改。

(3) 若改为用三相异步电动机控制,画出电路图和程序梯形图。对比单相电机主电路与控制电路有哪些区别。

8 考核要求与方法

考核分软件调试、硬件连接、测试结果(正确运行及输入/输出端电压值)、实验报告等 4 个部分考查。还要结合软件的优化和用时长短加以区分,若选做探究内容增加 20% 分值。具体分值如表 1-5-1 所示。

表 1-5-1 考核评分标准参照表

内容	标准	分值
设计程序	是否稳定可靠工作,简洁优化,所占用的 I/O 口最少	40
硬件连接	是否有接线错误,是否有虚接短路,是否能排查故障	30
测试结果	运行操作按钮是否正确,测量的输入/输出端电压值是否正确	10
实验报告	梯形图准确,电路图规范正确,分析故障原因及解决方案是否合理	20
总评		100

9 项目特色或创新

1) 特色

本实验具有软硬件结合的综合性与工程性,从一个侧面体现了课程教学与工程实际结合的特色。

2) 创新

(1) 开展小组讨论,培养协作习惯。

（2）互查电路，激发责任感。

（3）以小车为生动的控制对象，激发实验兴趣。

（4）分层实验教学，一般学生完成基本要求，优秀学生可探究多地点控制路线的方法。

（5）学习查阅工业产品使用手册，培养自学能力和实际应用能力。

（6）在线调试，培养工程现场解决实际问题能力。

实验案例信息表

案例提供单位	北京理工大学		相关专业	机械工程,车辆工程	
设计者姓名	高玄怡	电子邮箱	gaoxuanyi@bit. edu. cn		
设计者姓名	王 勇	电子邮箱	wydg@bit. edu. cn		
设计者姓名	叶 勤	电子邮箱	yeqin@bit. edu. cn		
相关课程名称	电工与电子技术	学生年级	大三	学时	4+4
支撑条件	仪器设备	(1) 开关量控制输入板 (2) 运料小车行程控制模型一台 (3) 24V 开关电源一台			
	软件工具	STEP7-Micro/WIN V4.0			
	主要器件	S7-200 Micro PLC 实验系统			

1-6 基于 PLC 的传送带自动控制实验(2016)

1 实验内容与任务

1) 基础部分

(1) 设计一个 RLC 串联电路,使其谐振频率在 8~12 kHz,通频带约 5 kHz;

(2) 采用幅值法或相位法测量实际电路的谐振频率,与理论计算值进行比较验证;

(3) 选择适当的实验室提供的仪器仪表测量谐振时各元器件上电压有效值,填入表格,计算品质因数;

(4) 测量该电路频率特性,自行设计表格记录数据,画出 $I\text{-}f$ 曲线,标出谐振频率、通频带,验证是否满足(1)设计要求。

2) 提高部分

(1) 观察实际电路谐振时电容和电感上电压大小(实验 4)测量数据)或电阻和电源电压波形幅值(实验 3)中相位法可观察),分析与理论及仿真波形存在差异的原因;

(2) 根据本次实验相关知识,自行设计实验方案测量一个未知电感元件的内阻值,写出实验原理、步骤,并测量实验内容 1)中采用的电感元件的内阻值,设计表格记录数据并计算结果。

注意:根据教学对象的不同,实验内容的完成要求有所不同。

3) 实验内容

(1) 采用三菱 FX3U PLC 对由三相异步电动机驱动的传送带装置进行自动控制,并通过传感器对传送带上移动的物体进行计数。

(2) 能够将传送带上移动物体的数量通过译码显示电路显示出来。

(3) 在任何时候能停止传送带的运行。

(4) 当检测到不同材质的物体时,电动机和计数器都暂停工作,待一段时间后又继续工作。

(5) 设计时考虑必要的安全及保护环节。

(6) 传送带的运行控制方案自行拟定。参考方案如下:

① 操作启动按钮(开关)后,传送带启动运行,PLC 中计数器的计数达到设定值时,停止运行。停止一段时间(卸载或装箱)后,重新自动启动运行(计数器重新计数并显示),如此循环。

② 传送带上每一件移动物体运行到指定位置时(传感器控制),电动机都停止运行(表示进行工艺处理),延时一段时间后,继续运行(计数器累计计数并显示)。

③ 假设传送带上移动有两种物体,采用两种传感器检测,当一种物体到达检测位置时只计数,不停止运行。当另一种物体到达检测位置时,不计数,传送带停止运行,并声光报警,延时后再运行。

4) 设计任务

(1) 熟悉实验仪器设备,考查被控对象,绘制系统框图。

(2) 软件部分:梯形图程序的设计与仿真调试。

(3) 硬件部分:传感器、PLC、电动机、继电接触器控制器件、数字显示电路的接线图设计

5) 扩展内容

(1) 对于高速运动的传送带如何实现计数(设计梯形图、拟定实验方案)。

(2) 两条传送带的控制(控制方案自拟)。

2 实验过程及要求

(1) 学习使用计数器、译码器、数码管。

(2) 学习使用数字万用表对继电接触器控制器件——交流接触器、空气断路器、热继电器、按钮等进行测试。

(3) 选择光电传感器:注意类型、工作电源、传感距离、学习使用方法并试验。

(4) 设计 PLC 与选用的光电传感器的接线图(源型接法或漏型接法),掌握接线原理。

(5) GX Developer 编程软件及 GX Simulator 仿真软件的使用。

(6) 根据控制要求编写梯形图。

(7) 梯形图程序的仿真与调试。

(8) 下载梯形图程序到 PLC,不接输入信号及输出控制对象时运行 PLC 程序,观察 PLC 的输出指示灯是否按设计要求动作。

(9) 接入传感器,试验计数情况。

(10) PLC 输出端接交流接触器线圈及电源等,试验对接触器的控制。

(11) 完成整体电路的接线,检查无误后运行。

(12) 撰写设计报告,通过答辩与讨论环节学习交流不同的设计方案。

(13) 思考与讨论:

① 如何通过外接的数字按钮对传送带移送物体的数量进行控制?

② 如果不使用 PLC,能否实现上述控制? 存在哪些难点? 有何解决方法?

③ 有哪些方法可以改变电动机控制传送带的运行速度?

3 相关知识及背景

这是运用 PLC、继电接触器控制器件、电子技术解决工程实际问题的项目,完成该项目要求对 PLC 的构成、原理、指令、编程软件等进行学习,并自主学习部分功能指令,运用 PLC 仿真软件调试设计的梯形图程序。同时要学习电动机、交流接触器、空气断路器、热继电器、光电传感器、计数、译码、显示的原理并掌握使用方法。设计出包括电动机控制的主电路、PLC、译码显示电路、传感器等构成的整个控制系统的接线图,完成一个从控制方案→软硬件学习→系统硬件设计→程序编写及仿真→现场接线调试的完整的工程实践过程。

4 教学目的

通过 PLC 对传送带进行控制这一综合性、实践性较强的项目,将 PLC 编程、继电接触器件、数字电路、传感器技术等分散的实验内容整合为一个完整的控制系统实验项目,让学生融会贯通相关知识点,以实现培养学生的工程意识、自学能力、自主设计能力、动手能力,充分发挥学生的想象能力,激发学生的学习兴趣。

5　实验教学与指导

本实验是一个综合性、设计性、实践性实验项目,既要学习数字电路、继电接触器控制等基础知识,也要学习程序设计、程序仿真等软件运用能力,还要进行系统设计、现场接线调试、分析总结等阶段。学生是实验方案的设计者,而实验教师在实验教学中也应在以下几个方面对学生加以引导:

(1) 在计数器、译码器、显示器的使用上不仅要知道怎样接线,也要了解集成电路的命名、选用、数码管的测试等,尤其强调集成电路的使用规则。

(2) 在继电接触控制器件的使用上,不仅要知道接线,也要学会看交流接触器上标注的线圈额定电压等参数,学习线圈的测试、触点的判断等。

(3) 传感器的选择:让学生参观传送带分拣装置的控制模型,现场说明用于各种用途的传感器,提供 NPN、PNP 光电传感器或接近开关等,可接上蜂鸣器、发光二极管或计数、译码、显示电路学习使用方法。

(4) 传送带的具体控制模式由学生拟定,要求用到传感器、计数显示等功能,让学生了解被控对象,介绍三菱 FX3U PLC 输入端的源型、漏型接法,输出端的公共端的处理。让学生自己根据选择的传感器设计出 PLC 输入/输出端的接线图及电动机控制的接线图。

(5) 向学生介绍编程软件、仿真软件的基本使用方法。简要说明一些三菱 FX 系列 PLC 的功能指令,以及它们可以运用在哪些场合,要求学生根据设计要求,查找可能用到的相关指令,课后使用 GX Developer 编程软件及 GX Simulator 仿真软件自主学习。

(6) 设计前,提示学生考虑问题要周全,例如:如果传送带运行中突然停电,一是系统的安全保护问题,二是数据统计与显示可能存在的问题等等。

(7) 学生完成输入/输出点的分配,设计并调试出满足设计要求的梯形图程序。

(8) 由学生完成整个控制系统的接线设计,如存在问题或难点,可组织讨论。

(9) 现场接线前,检查接线图。给学生介绍注意事项,通电前的电路检查方法。

(10) 检查验收:检查学生控制方案的完成情况,用现场提问的方式考查学生的能力及存在问题。

(11) 以答辩与讲评的形式进行交流、讨论,相互借鉴各种方案,取长补短,拓宽知识面。

6　实验原理及方案

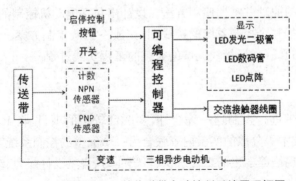

图 1-6-1　基于 PLC 的传送带自动控制系统原理框图

电动机控制传送带启动的方式有三种:① 使用开关或按钮;② 使用触摸屏控制;③ 设计数字按键控制电路(由按钮开关、编码器、寄存器、译码、显示及门电路等设置传送带运送物体数量,然后可由直流继电器、晶闸管或固态继电器等控制电动机运行)。

传感器可使用 NPN 型或 PNP 型的光电传感器,也可根据控制方案采用其他传感器。

现将前述实验内容中参考控制方案 1 的原理简述如下:光电传感器接 PLC 的输入端,传送带上移动的物体经过传感器时将接收到的信号输入到 PLC 的计数器进行计数,计数器设定好需要计的计数值,当达到设定值时,计数器的常闭触点断开,切断了交流接触器线圈电源,电动机停止运行(表示卸载或装箱状态),同时定时器开始定时,定时时间到后,定时器的常开触点对计数器复位,电动机重新自动运行。计数器可采用一般用途 16 位加计数器 C0~C99,考虑断电保持功能可采用 C100~C199。对于高速运行的传送带,计数需使用高速计数器功能指令。

电动机的运行或停止可采用发光二极管指示(如:红色表示停止,绿色表示正在运行)。

计数显示也可采用两种方式:一是将 PLC 中计数器的计数值进行显示,这就要用到 BCD指令;二是通过传感器直接接计数、译码显示电路,这就要设计电动机停止时需对计数器清零的电路。

7 实验报告要求

(1) 实验内容(设计任务);

(2) 实验仪器设备及选用的元器件(型号、名称、相关参数、功能说明等);

(3) 画出控制系统的框图;

(4) PLC 的 I/O 点的分配;

(5) 画出设计梯形图(含注释、注解等);

(6) 控制系统的完整接线图设计;

(7) 原理及操作的说明;

(8) 总结分析。

8 考核要求与方法

(1) 梯形图设计(10%):通过监控、仿真检验是否达到预定设计目标。

(2) 接线图设计(10%):接线电路图的完整性,安全环节的设计,符号的规范。

(3) 实验效果(40%):现场考查设计目标的完成情况,完成时间。

(4) 现场提问与答辩(20%):考查对原理、实验设备、元器件的掌握,设计梯形图情况、实践能力、表达能力等。

(5) 实验报告(20%):实验报告的规范性与完整性。

9 项目特色或创新

(1) 兼具工程性、综合性、设计性、实践性强的特点——实验项目将以往计数译码显示、电动机正反转控制、PLC 编程指令练习这些分散的单元实验进行了融合,项目综合了 PLC、继电接触器控制器件、数字电子技术、传感器、电动机传动等知识。学生要经历从控制方案→软硬件学习→系统接线设计→梯形图程序编写及仿真→现场接线调试的完整的工程实践过程。

（2）实验方案操作的灵活性——此项目难度适中,实验由许多较简单的实验综合而成。是一个模块化的实验项目,内容可根据不同专业的学生或实验学时数灵活取舍,进行不同的组合与调整。既可侧重于程序设计,也可侧重于继电接触器控制,还可侧重于电子技术的设计,同时该项目也容易拓展成为其他实验项目。如:停车库自动控制、自动门控制、行程控制等。

（3）与单元实验项目相比较增加了实验的趣味性和功能的多样性,使学生由实验项目的被动操作者转换为实验的设计者。整个实验过程是一个从学习到实践,然后再学习、再实践的过程。

实验案例信息表

案例提供单位	重庆大学		相关专业	机械、动力	
设计者姓名	孙 韬	电子邮箱	suntao@cqu.edu.cn		
设计者姓名	李 利	电子邮箱	LiLi6129@126.com		
设计者姓名	肖 馨	电子邮箱	13102318552@163.com		
相关课程名称	电工学原理	学生年级	大二	学时	8
支撑条件	仪器设备	三菱 FX3U PLC、计算机、电动机传送带机构			
	软件工具	GX Developer、GX Simulator			
	主要器件	光电传感器、空气断路器、交流接触器、热继电器、译码显示电路			

第二部分

模拟电子电路实验

2-1　音响系统设计(2015)

1　实验内容与任务

(1) 设计一个能够检测并放大语音信号的实用音响系统。

(2) 要求音响系统至少包括语音信号拾取、语音信号放大、前置混合放大、音调调节、音量控制、功率放大等单元电路,并能用音箱将处理后的语音信号播放出来。

(3) 语音放大电路可以将麦克拾取到的语音信号进行放大处理后送至前置混合放大电路。

(4) 前置混合放大电路将语音放大电路的输出信号和音乐播放机输出的音乐信号混合并放大。

(5) 为适应不同人的听力需求,实验要求学生设计一级音调调节电路。根据设计指标要求,音调调节电路可以完成将指定频率段的语音信号做适当的提升或抑制。

(6) 设计适合人耳需求的音量控制电路,实验要求将音量控制电路输出的音频信号送至可视音频柱,在音频柱上显示音频信号的频谱和响度变化。

(7) 对比分析多种类型功率放大器的优缺点,完成功率放大电路设计。要求当供电电压为 ± 12 V 时,在指定负载上,功率放大器最大连续输出功率不小于 5 W,并能驱动音箱正常发声。

(8) 系统电路必须采取适当的降噪措施,以抑制高频自激振荡,提高系统抗干扰能力。

2　实验过程及要求

(1) 学习并掌握不同供电电压、不同输出负载条件下,功率放大电路额定输出功率的测量方法。

(2) 尽可能多地查找满足设计要求的音频信号拾取和放大电路、前置混合放大电路、音调调节电路、音量控制电路和功率放大电路。详细分析采用不同设计方案、选用不同种类型器件、采用不同供电电压时,各单元电路的性能有哪些变化。

(3) 选用满足设计指标要求的麦克完成语音信号的拾取,设计实验数据记录表格,测试语音放大电路的输入灵敏度、电压放大倍数、频带宽度、信号动态范围等。

(4) 根据输入信号和极间匹配要求完成前置混合放大电路设计,设计实验数据记录表格,测试前置混合放大电路的电压放大倍数、频带宽度、信号动态范围等。

(5) 详细分析音调调节电路的实现方案和元器件参数值的选择依据,设计实验数据记录表格,分别测出音调调节电路对不同频段语音信号的提升和抑制作用;绘制出音调控制电路对不同频段(高音、低音)信号有最大调节作用时的幅频特性曲线。

(6) 根据音调控制电路的输出阻抗和功率放大电路的输入阻抗要求,设计满足人耳听力要求的音量控制电路。设计实验数据记录表格,测试并记录音量控制电路的调节能力。

(7) 设计功率放大电路,设计实验数据记录表格,测试功率放大电路的额定输出功率。

(8) 逐级级联各单元电路,构建测试环境,测试音响系统输入信号灵敏度等系统参数。

(9) 连接音箱和可视音频柱,检测音响系统对音频信号的实际放音效果和频谱显示效果。

(10) 撰写设计总结报告,总结并分享电路实现方案、设计经验和调试技巧。

3 相关知识及背景

音响系统设计是综合运用模拟电子技术基本理论知识服务人们日常生活的典型实验教学案例之一。实验内容涉及语音信号的拾取、信号动态范围的计算与测量、单元电路的级间匹配、元器件参数的计算与设定、降噪措施的设计与实施、电路调试方法和测试方法的设计等相关理论知识、工程应用技巧和技术实现方案等。

4 教学目的

(1) 通过实验预习、查阅相关文献资料,培养学生文献检索能力。

(2) 通过具体、完整的系统项目实现,学习系统设计概念和方法,了解系统实现方案的多样性。

(3) 通过学习音频信号的拾取与调理过程,掌握电路参数的分析与计算、元器件的参数计算与选型、实验方法和测试方式的设计等工程问题,提高学生理论联系实际的实践能力。

(4) 通过系统实现过程中涉及的技术指标、信号动态范围、阻抗匹配、电压匹配、测量精度等工程概念,帮助学生初步掌握电子行业工程设计方面的专业知识。

(5) 整理并分析实验数据,帮助学生初步掌握对系统项目进行总结和技术评价的方法。

5 实验教学与指导

音响系统是一个比较完整的实用电子系统。实验过程要求学生经历学习研究、方案论证、系统设计、实现调试、实验测试、设计总结等环节。实验教学中重点提示学生注意以下问题:

(1) 系统供电电压的品质对系统技术指标、电路稳定性和可靠性有很大影响。在音响系统中,供电电源首先应经过滤波处理后给功率放大电路使用,然后再经过去耦、滤波处理后给其他单元电路供电。否则,功率放大电路的噪声极易干扰前级电路,并引起自激振荡。

(2) 不同种类的麦克其输出信号的形式、幅度、线性度等存在较大差异,语音放大电路应根据麦克输出信号的特征来设计输入阻抗、增益等电路参数。

(3) 注意向学生介绍语音信号的频率范围、输入信号灵敏度、信号动态范围等工程设计概念。

(4) 通过实例讲解电路设计与分析方法、元器件的参数计算与选型等工程实际问题。

(5) 在音调调节电路的实现过程中,注意指导学生将语音信号分频段进行分析。根据系统设计要求,分别对指定频段的音频信号进行一定程度的幅度提升或抑制。

(6) 在单元电路设计、搭接、调试完成后,要求学生用标准仪器对单元电路进行数据测试,通过整理并分析测试数据来判断单元电路是否满足设计要求。

（7）要求学生根据实验室可以提供的实际条件设计功率放大器的调试、测试方法。

（8）在确定单元电路满足设计要求后，方可逐级级联单元电路进行系统功能测试。

（9）要求学生按工程设计规范的要求设计电路。

（10）选用器件时，指导学生在相关网站上（如：http://www.alldatasheet.com/）下载生产厂家提供的产品数据手册，应弄清生产厂家提供的产品数据测试条件和典型应用电路。

（11）介绍常用元器件标称值，帮助学生根据理论计算值和元器件标称值选用适合的元器件。

（12）指导学生正确使用实验室可以提供的仪器设备对实验电路进行调试、测试并纠错。

（13）组织学生申优答辩，指导学生整理实验数据、总结电路设计方法、交流系统设计方案、分享电路设计技巧，通过师生以及学生间的交流来拓展学生系统设计思路。

6 实验原理及方案

1）系统框图

音响系统主要包括麦克（MIC）、语音放大电路、前置混合放大电路、音调调节电路、音量控制电路、功率放大电路、放音器（音箱）等，其系统框图如图 2-1-1 所示。

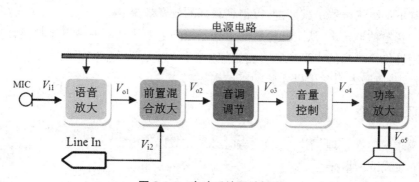

图 2-1-1 音响系统设计框图

2）实现方案

音响系统有多种实现方案，如图 2-1-2 所示。

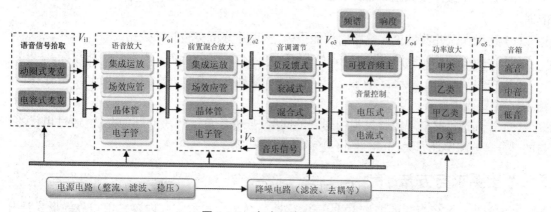

图 2-1-2 音响系统实现方案

语音信号的拾取多采用麦克实现。常用的麦克有动圈式麦克和电容式麦克。实验室通常可以提供的是驻极体麦克,属于电容式麦克。不同种类的麦克其输出信号形式和幅度不同,与之相对应的语音放大电路也应做相应调整。对于驻极体麦克,其内部有声电转换电路和阻抗变换电路,相应语音放大电路的输入阻抗和输入信号灵敏度也应与所选驻极体输出信号匹配。

前置混合放大电路负责将语音放大电路的输出信号和音乐播放机输出的音乐信号混合并放大。该放大电路可以采用多种不同的实现方式,如图 2-1-2 所示。

音调调节电路属于滤波器范畴,是本系统设计的难点。实验中可以通过具体的实例向学生介绍电路设计和分析方法、元器件参数的计算与设定、电路调试技巧等。

音量控制电路有多种实现方案,即使是同类音调控制电路,还有多种不同的电路实现方式,比如电压式音量控制电路可以采用线性控制电路实现,也可以采用指数控制电路实现。

功率放大器件种类繁多,是音响系统设计的重点和难点。常用的功率放大器件有硅功率晶体三极管、集成功率放大器等。功率放大电路可以采用多种形式:甲类、乙类、甲乙类以及现如今比较流行的数字功放(D类)来实现。设计功率放大电路时,应特别注意电源的去耦合滤波问题,应指导学生严格按照操作规范搭接实验电路。功率放大电路应具有一定的输出功率,测试功率放大电路的输出功率时,应记录电源电压,输入信号的频率、负载值等。根据实测电路参数值通过计算的方法得到功率放大电路的实际输出功率和效率。实验要求功率放大电路的输出阻抗必须与其下一级扬声器负载匹配,以得到较好的放音效果。

市场上的音箱种类繁多,从十几块钱的电脑音箱到上万块钱的专业音箱都很容易买到。实验室可以选用性价比较高的小型电脑音箱给学生使用,以保证学生在正确完成设计后可以用电路驱动音箱发声,以激发出学生做实验的兴趣和热情。

7 实验报告要求

本实验要求学生在整理、书写实验报告时必须完成以下内容:

(1) 分析系统设计指标。

(2) 对不同实现方案进行对比分析并论证。

(3) 设计并绘制系统设计框图。

(4) 逐级设计单元电路,进行必要的理论推导和计算。

(5) 计算元器件参数值,并根据元器件参数值标称值列表,详细说明主要元器件的选择依据。

(6) 逐级调试并测试单元电路的性能指标,整理并分析实验测试数据。

(7) 逐级级联单元电路,设计测试方法,记录实验数据,分析级联电路的性能指标。

(8) 注意观察每一级电路的输入、输出波形,整理并分析实验数据,找出电路中存在的问题,提出电路改进方案。

(9) 详细记录并整理实验过程中遇到的问题,分析并总结解决问题的办法,通过申优答辩与同学分享电路实现方案、电路设计经验和调试技巧等。

8 考核要求与方法

本实验采用实验过程的考核方式,层次化计分办法。基本实验内容采用扣分的形式计分;

提高拓展实验内容采用加分的形式计分,具体考核办法如下:

(1)实物验收:功能与性能指标的完成程度和完成时间等。

(2)实验质量:电路实现方案的合理性,电路布局、布线的规范性和整洁度等。

(3)自主创新:附加功能的构思与实现,自主思考与独立实践能力等。

(4)实验成本:材料与元器件选择的合理性,成本核算与实验损耗等。

(5)实验数据:实验数据表格设计的规范性与合理性,测试数据与数据分析是否详细等。

(6)实验报告:实验报告书写的规范性、完整性和整洁度等。

9 项目特色或创新

音响系统是人们日常生活中最为常用的电子系统,在很多电子产品中都会用到,如手机、电视机、笔记本电脑、车载音响、专用音响等。本项目的特色在于:

(1)项目背景的实用性:是人们日常生活中最为常用的电子系统。

(2)实现方法的多样性:每一级单元电路都有多种实现方案。

(3)知识应用的综合性:实验过程是对模拟电子技术基本理论知识的全面复习与总结。

(4)系统调试的趣味性:用音箱和音频柱作为系统电路的输出负载,学生可以亲耳听到实际的放音效果,并能在音频柱上直观地看到音频信号的频谱和响度变化,能激发出学生的学习兴趣和对实际问题的探究精神。

(5)考核方式的公平性和公正性:学生通过音箱播放效果和音频柱显示效果参与给同学打分,保证了实验考核的公平性和公正性。

实验案例信息表

案例提供单位	大连理工大学		相关专业	电信大类所有专业	
设计者姓名	程春雨		电子邮箱	chengchy@dlut.edu.cn	
设计者姓名	高庆华		电子邮箱	qhgao@dlut.edu.cn	
设计者姓名	孙 鹏		电子邮箱	sunpeng@dlut.edu.cn	
相关课程名称	模拟电子线路实验		学生年级	本科二年级	学时	12+
支撑条件	仪器设备	万用表、示波器、函数发生器			
	软件工具	Multisim、Altium Designer			
	主要器件	集成运放 NE5532,LM358,TL074,LM324;硅功率晶体三极管 TIP41,TIP42;集成功率放大器 TDA2030,LM1875,LM3886,TPA3125,TPA1517;电阻、电容、二极管若干			

2-2 信号采集与处理(2015)

1 实验内容与任务

1)基本任务

实验室有温度传感器 AD590、热电偶、压阻式压力传感器、光敏三极管等几种常见的传感器,它们的输出信号形式各不相同,运用已学过的知识,进行信号采集与处理电路的设计:

(1) 如果用电桥电路来检测传感器信号,应选哪种传感器进行测量?

(2) 采用差动放大电路检测传感器信号,应选哪种传感器?

(3) 采用电流变电压电路检测信号的传感器,应选哪个?

(4) 可以采用分离元器件放大检测信号的,是哪个传感器?

(5) 完成以上任一种传感器的采集放大电路,要求:

① 输出信号为电压;

② 增益 $A_d \geqslant 20$ dB(10 倍);

③ 输入阻抗 $R_i \geqslant 10$ MΩ;

④ 共模抑制比 $K_{cmr} \geqslant 60$ dB;

⑤ 信噪比 $S/N > 40$ dB;

⑥ 根据以上参数,为采集与处理电路选择合适的器件;

⑦ 自行设计温度、压力、光强测试环境及设定方法。

2)扩展任务

(1) 系统有失调电压或被测量发生改变后,发现放大电路输出信号不稳定有干扰,应该怎样改善电路性能?

(2) 如果后续电路需要 0～10 V 间的接口电压,又该如何改造电路?

2 实验过程及要求

(1) 实验预习及要求:

① 查阅所选传感器的英文数据手册,注意传感器测量范围、精度和输出信号形式;

② 复习所学过的各种放大器电路,能对输入/输出电阻、共模抑制比 K_{cmr} 及增益进行理论计算;

③ 通过网络进行开放性讨论,得出具体的实验方案。

(2) 用 Multisim 对所设计的电路进行仿真。

(3) 搭建硬件电路,测试参数以及整理数据。

(4) 课堂讨论与总结:

① 讨论检测电路的选择,比较检测电路不同形式对测量精度的影响。

② 讨论传感器不同输出形式下,采用的信号放大、转换、处理的方法。

③ 撰写设计实验报告,并通过分组演讲,学习交流不同解决方案的特点。

3 相关知识及背景

信号的采集和处理是任一实际电子系统的重要环节。实际系统中不同的传感器原理不同,输出的信号形式不同,所需采集的信号与放大电路的结构形式也就不同。而后续应用种类不同,所要求的接受电平范围也不同,信号处理电路也各异。本实验要求将传感器检测技术、信号放大、信号处理等诸多方面的知识融会贯通,能举一反三地解决实际问题。

4 教学目的

通过工程应用设计型实验,锻炼学生通过网络查找器件的 data sheet,阅读器件的工作原理、典型电路。充分利用网络进行开放式讨论,应用平时课堂学得的电子技术知识,联系实际解决工程问题。最后达到知识和应用能力的螺旋上升。

5 实验教学与指导

实验教学分为三个部分:开放式网上教学、课堂指导和讨论总结。

1)在学生进实验室之前展开网络化、开放式教学

(1)指导学生学会阅读英文技术手册,一看芯片的特性(Features)、应用场合(Application),二看芯片参数(Parameters),选定型号后再研究芯片管脚定义。

(2)以递进式问题引导学生结合实际传感器和实验要求,选择运放的类型和前置放大电路的结构形式。

(3)帮助学生选择具体方案,检查学生设计方案的规范性,如系统结构与模块构成,模块间的接口方式与参数要求;方案确定后让学生自主地在课前进行仿真。

(4)课前上传仪器使用的课件及视频,督促学生认真复习函数信号发生器、数字示波器等仪器和面包板的使用方法。

2)课堂指导

通过提问方式了解学生的预习和实施进展情况,合格后方能进入实验室。进实验室之后,教师不再讲解,以巡查方式现场解决实际问题。学生直接安装硬件电路。在安装、调试和测试过程中,要注意工作电源、参考电源品质对系统指标的影响,电路工作的稳定性与可靠性,在测试分析中,要分析系统的误差来源并加以验证。根据所选传感器和实验室所能提供的条件,搭建测试环境,并进行数据处理。

3)讨论总结

按传感器种类分组讨论实验安装、调试、测试中出现的问题以及解决方案,教师点评并总结小信号采集电路和处理电路的一般形式。

6 实验原理及方案

1)实验原理

通过传感器输入的信号,一般信号幅度很小(毫伏甚至微伏量级),且常常伴随有较大的噪声。对于这样的信号,第一步通常是采用合适的放大电路先将小信号放大。这个放大的最主要

目的不是增益,而是提高电路的信噪比,将需要的信号从噪声中分离出来;同时放大电路能够分辨的输入信号越小越好,动态范围越宽越好。放大电路性能的优劣直接影响到检测的输入信号范围。信号采集电路放大电路整体框图如图 2-2-1 所示。

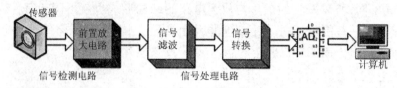

图 2-2-1 系统框图

(1) 信号检测电路

信号检测电路包括检测和前置放大,可供选择的有温度传感器 AD590、热电偶、光敏电阻、光敏三极管。这些传感器输出信号形式不同。AD590 输出信号为电流形式、热电偶输出是电压形式,光敏电阻光照不同电阻不同,光敏三极管输出形式为电流。注意参数修正。启发学生根据传感器输出信号形式选择采用分立元件还是集成运放进行放大,并确定几级放大较为合适。

信号检测电路根据传感器采集信号分为放大电路、电桥和电荷放大器三大类。根据题目所给传感器采用放大电路和电桥即可。

常用放大电路有晶体管基本放大电路、反相比例运算电路、同相比例运算电路、差分运算电路以及仪表放大器。

根据传感器输出信号进行转换,如温度传感器 AD590 输出信号为电流,就需要将电流信号转换为电压信号,转换后还要注意信号极性问题。第一级放大倍数不宜过高,以利于提高信噪比。

常用电桥为惠更斯电桥,它的工作模式有三种:单臂工作时电桥中只有一个臂接入被测量,其他 3 个臂采用固定电阻;双臂工作时如果电桥两个臂接入被测量,另两个为固定电阻就称为双臂工作电桥,又称为半桥形式;全桥方式时如果 4 个桥臂都接入被测量则称为全桥形式。传感器为电阻式类型的常用电桥来采集信号。

(2) 信号处理电路

信号处理单元设计包括滤波电路和信号转换。滤波电路有低通、高通、带通、带阻滤波电路。根据传感器信号特点选用适当的滤波电路。信号转换是为了后续接口电路要求转换测量信号,比如电压变电流信号、电流变电压信号、信号隔离、信号大小匹配,提高带负载能力等等。

2) 实验方案

实验方案以压阻式压力传感器为例介绍,压阻式应变压力传感器主要由电阻应变片按照惠更斯电桥原理组成,惠更斯电桥如图 2-2-2 所示。应变片在受力时产生的阻值变化通常较小,一般这种电阻应变片都组成应变电桥,并通过仪表放大电路进行放大,仪表放大电路如图 2-2-3 所示。这一级放大要选择信噪比高的电路,放大后再传输给消除电桥不平衡的处理电路,最后转换电平给后级电路(通常是 A/D 转换和 CPU)显示或执行机构。

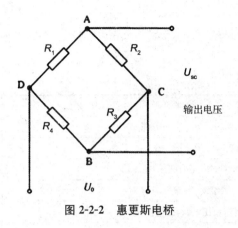

图 2-2-2 惠更斯电桥

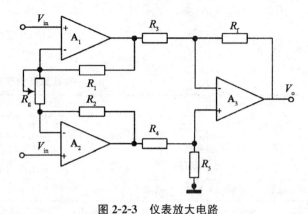

图 2-2-3 仪表放大电路

7 实验报告要求

1）预习报告

（1）查阅所用传感器的使用方法，注意它的注意事项、测量范围、精度、输出信号形式和典型应用电路。

（2）根据传感器选择前置放大电路、信号处理电路。

（3）仔细分解设计过程：将设计任务进行分模块仿真。

2）实验报告

（1）简述实验目的、实验器材、实验原理。

（2）写出每个设计任务的详细设计步骤，画出单元模块电路图。

（3）记录实验测试结果。

（4）总结设计方法，分析各种方法的特点。

（5）总结实验收获及体会，包括实验中遇到的问题及其处理方法。

8 考核要求与方法

（1）实物验收：功能与性能指标的完成程度（如温度测量精度、控制精度），完成时间。

（2）实验预习：学生课前设计出方案和仿真电路，教师通过网络检查方案的合理性。

（3）实验内容：基本实验内容全体学生必做，扩展内容可以单独调试，也可以和前置电路整体联调，可适当加分。

（4）实验操作过程：教师巡回观察学生动手操作情况，并根据实验结果现场给出操作分数。

（5）实验成绩：分为两部分。基础部分包括：实验预习、操作和报告；加分部分包括：方案创新性、扩展内容、课堂讨论。两部分按照 70%，30% 综合给出成绩。

9 项目特色或创新

（1）工程实践性——实验内容贴近实际，使学生所学理论知识更有效地与工程实际相结合。

（2）知识拓展性——激发学生科研兴趣，去研究新知识，挖掘他们的潜能，发挥主观能动性,提高教与学的效果。

(3) 教学开放性——网络化、开放式的教学讨论,引导学生自主思考,建立一种全新的互动教学模式。

实验案例信息表

案例提供单位		青岛大学		相关专业	电类专业	
设计者姓名		宫 鹏	电子邮箱	gongpeng_2003@hotmail.com		
设计者姓名		范秋华	电子邮箱	qhf_hh@163.com		
设计者姓名		杨 艳	电子邮箱	13906486315@139.com		
相关课程名称		模拟电子技术实验	学生年级	二年级	学时	4+2
支撑条件	仪器设备	4 位半数字万用表 1 台;数字双踪示波器 1 台,直流稳压电源,面包板,导线,剥线钳等				
	软件工具	NI Multisim 10.0				
	主要器件	常用阻容元器件,集成运放,温度传感器 AD590,热电偶,压阻式压力传感器,光敏三极管等				

2-3　高频谐振功率放大器的设计(2015)

1　实验内容与任务

(1) 设计一个能对频率范围 3~30 MHz,幅度为 50~200 mV 的高频信号进行功率放大的丙类高频谐振功率放大器,要求输出可到 5 W/15 V,效率尽可能高;同时可以对功率放大器的负载特性、调制特性、放大特性进行测试。

(2) 电路自带高频正弦振荡器、倍频器、甲类/乙类谐振放大器,以便为丙类高频谐振功率放大器提供信号源及相关驱动。

(3) 可以外接天线单元,进行信号的发射。

(4) 电路可以内插电流表、电压表,同时提供各种保护功能。

2　实验过程及要求

(1) 学习高频电子线路的电路基础,甲、乙、丙类谐振放大器原理和设计测试方法。

(2) 尽可能多地查找高频小、中、大功率管或集成功放,查找高 Q 值电感及高 Q 值的中周。

(3) 根据要求设计高频谐振功率放大器的总体方案,并用 Multisim 进行仿真优化。设计正弦波振荡器,可自行选用方案,产生基波高频信号。

(4) 设计并调试甲类谐振放大器对基波高频信号进行放大,以便驱动下一级的丙类倍频器。

(5) 设计并调试丙类倍频器对基波高频信号进行倍频,以保证倍频后的输出信号最大。

(6) 设计并调试乙类谐振放大器,对倍频后的信号进行放大。同时设计相关衰减网络,以便为后级提供不同强度的信号。

(7) 设计并调试丙类谐振功率放大器,可以对功率放大器的负载特性、调制特性、放大特性进测试。

(8) 对电路进行统调。

(9) 撰写设计总结报告,并通过分组演讲,学习交流不同解决方案的特点。

3　相关知识及背景

这是一个涉及高频谐振放大器设计全部内容的实验案例,包括高频正弦振荡器、倍频器、甲乙丙类谐振放大器。高频谐振功率放大器一般多用于发射机的末级电路,是发射机电路的主要组成部分。高频谐振功放电路的电流消耗往往要占到整机耗电量的绝大部分,所以功率放大器工作状态的优劣以及工作效率的高低就相当重要。通过实验,能够使学生掌握高频电路的调整技巧,学会使用基本仪器对高频电路进行测量及对电路进行分析。

4　教学目的

在较为完整地设计高频谐振功率放大器的项目实现过程中,引导学生学会射频电路设计调试方法及测量技术;从多样化的实现方法中比较选择适合的技术方案;引导学生根据需要分析、设计各类高频电路、选择元器件,构建测试环境与条件,并通过测试电路、分析原始数据,结合理论知识对高频谐振功率放大器项目作出定量的技术评价。

5 实验教学与指导

本实验可以使学生学会项目设计的整个过程,包括:需求分析、文献查阅、方案论证、软件仿真、单元设计、系统设计、单元调试、参数测试调整、系统统调、设计总结等过程。在实验教学中,应在以下几个方面加强对学生的引导:

(1) 首先进行需求分析,全面弄清本实验的技术指标,要实现的整体功能,画出功能框图。

(2) 复习高频电子线路基础知识,了解高频的有源元件、无源元件、谐振网络、匹配网络、中周;复习掌握谐振放大器的主要技术指标,如选频特性、放大倍数、增益带宽积、输入/输出阻抗;学习高频的基本电路,包括:正弦振荡器,倍频器,甲、乙、丙、丁类谐振放大器原理和设计测试方法。

(3) 学习使用高频仿真软件,在(1)(2)基础上,利用 Multisim 对设计的电路进行仿真,然后根据查阅的元器件设计实际的正弦振荡器、倍频器、甲/乙/丙类谐振放大器。

(4) 设计正弦波振荡器,可自行选用晶体振荡器、克拉泼振荡器、西勒振荡器等方案,产生基波高频信号,当然也可用集成振荡器,注意电路的稳定性,确保产生稳定的高频信号。

(5) 学习甲、乙、丙类高频谐振放大器分析方法,包括:等效电路法、图解折线法等。同时介绍甲、乙、丙类高频谐振放大器设计方法,重点介绍电路的差异、特点,特别是直流配电网络、导通角、匹配网络的设计;同时,给出部分参考设计电路,鼓励学生自己通过查阅文献给出不同设计电路。设计时应注意以下几点:

(1) 设计甲类谐振放大器对基波高频信号进行放大。设计时要确保输出失真度最小、信号幅度足够大,以便驱动下一极的丙类倍频器。

(2) 设计丙类倍频器对基波高频信号进行倍频,设计电路时要注意导通角的正确选择,以保证倍频后的输出信号最大。

(3) 设计乙类谐振放大器,对倍频后的信号进行放大。该电路设计时要保证输出信号足够,输出失真最小,同时设计相关减减网络,以便为后级提供不同强度的信号。

(4) 设计丙类谐振功率放大器,可以对功率放大器的负载特性、调制特性、放大特性进行测试,同时预留电流表、电压表的接入点,注意保护电路的设计。

(5) 对电路进行统调。这需要对谐振功率放大器的静态工作点、动态点、激励特性、调谐特性、负载特性有基本的了解,并且对放大器正常工作时电压、电流、功率、效率的变化规律有较全面的了解,才能够熟练掌握它的变化规律,从而在调试中做到心中有数,达到事半功倍的效果。

(6) 撰写设计总结报告。实验报告应给出实测数据、实测波形,并对数据的合理性给出分析。

(7) 在实验完成后,可以组织学生以项目演讲、答辩、评讲的形式进行交流,了解不同解决方案及其特点,拓宽知识面。

6 实验原理及方案

（1）电路参考总体设计框图

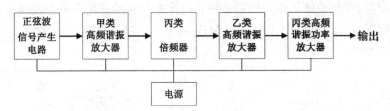

图 2-3-1 参考总体设计框图

其中，乙类高频谐振放大器及丙类高频谐振功率放大器为必做电路。

（2）电路参考实现方案框图

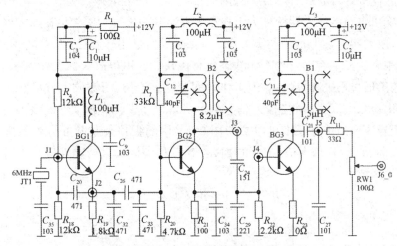

（a）振荡器，甲类谐振放大器及倍频电路

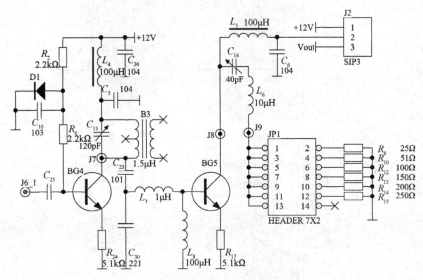

（b）乙类谐振放大器及丙类谐振功率放大器

图 2-3-2 参考实现方案

首先,设计正弦波振荡器,可自行选用考皮斯振荡器、哈特来振荡器;为了提高稳定性可以考虑晶体振荡器、克拉泼振荡器;若在提高稳定性的同时希望扩大调节频率动态范围,可考虑使用西勒振荡器等方案;当然也可用集成振荡器。注意电路的稳定性,确保产生稳定的高频信号。弄懂振荡器的起振条件、平稳条件和稳定条件是设计振荡器的理论基础。振荡电路的三极管应选用高频小功率管,如:9014、3AGl-3AM、3AGll-3AGl4、3AG53、3AG54、3AG55 等,图 2-3-3 是部分参考的三极管的管脚分配图。选型时主要看特征频率 f_T。

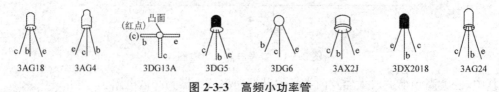

图 2-3-3 高频小功率管

其次,是设计甲乙类高频谐振放大器、丙类倍频器及丙类谐振功率放大器。凡是采用谐振选频网络作为输出电路的放大器统称为谐振放大器。其中又分为甲类谐振放大器、乙类谐振放大器、丙类谐振放大器等几种常用类型。图 2-3-4 是放大器工作在三种不同状态时的输入、输出波形。从图中可明显地看出三种工作状态各有优缺点。甲类放大器工作状态具有所需输入信号幅度小、输出信号不失真等优点,但工作效率较低。乙类、丙类放大器虽然工作效率较高,但是存在着输出信号失真大、所需输入信号幅度大等缺点。而倍频器一般采用丙类谐振放大器,不同的倍频导通角的选择原则可以参考图 2-3-5 中的尖顶余弦脉冲分解系数,从图中还可以看出:$\theta_c = 60°$时,α_2 达到最大值;$\theta_c = 40°$时,α_3 达到最大值。以后我们将会知道,这些数值是设计倍频器的参考值。

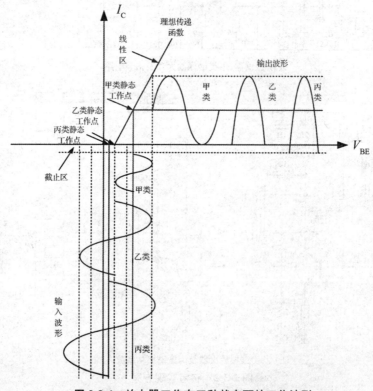

图 2-3-4 放大器工作在三种状态下的工作波形

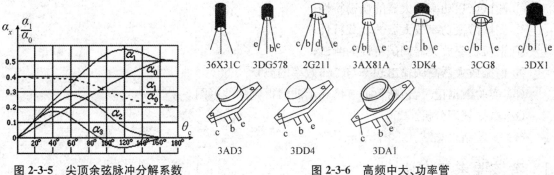

图 2-3-5 尖顶余弦脉冲分解系数　　　　图 2-3-6 高频中大、功率管

在谐振放大器设计中,三极管和谐振回路选型特别重要。我们会提供一些参考型号的中、大功率三极管,如图 2-3-6 所示。

谐振回路采用高 Q 值的电感、中周尤为重要,也是电路能否实现的关键。中周的原理如图 2-3-7 所示。匹配网路的设计也非常重要,可采用 T,Ⅱ 型网络。

在直流馈电的设计上,可采用串馈和并馈的形式。

丙类谐振功率放大器的负载特性、调制特性、放大特性见图 2-3-8,图 2-3-9。在进行统调时,主要通过观察电压电流的变化来进行调谐,详见图 2-3-9。

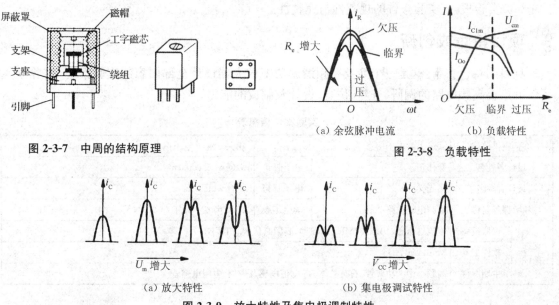

图 2-3-7 中周的结构原理　　　　（a）余弦脉冲电流　　　（b）负载特性

图 2-3-8 负载特性

（a）放大特性　　　　　　　（b）集电极调试特性

图 2-3-9 放大特性及集电极调制特性

7 实验报告要求

（1）实验需求分析:根据案例要求完成高频谐振功率放大器设计的分析。

（2）实现方案论证:对高频谐振功率放大器方案做理论推导和计算,软件仿真论证。

（3）电路设计与参数选择:通过软件仿真论证参数的可行性,并对参数进行微调。

（4）电路测试方法:至少应给出以下几点:

①倍频器、谐振功放电路的特性统调;

② 测试谐振功率放大器的激励特性;

③ 测试谐振功率放大器的负载特性;

④ 谐振功率放大器调试特性的测试;

⑤ 谐振放大器高频输出功率与工作效率的测量。

(5) 实验数据记录:包括数据表格和示波器得到的波形图。

(6) 数据处理分析。

(7) 实验结果总结。

8 考核要求与方法

(1) 基本要求及提高要求:图 2-3-1 中,乙类高频谐振放大器及丙类高频谐振功率放大器为必做的基本要求,其他电路为提高要求选做项。

(2) 实物验收:完成"实验内容与任务"与性能指标的程度、进度,处理故障的能力。

(3) 实验质量:电路方案的合理性、焊接质量、组装工艺。

(4) 自主创新:自主思考与独立实践能力,电路设计的创新性。

(5) 实验材料:元器件选择的合理性及可采购性。

(6) 实验数据:测试数据、测量波形、对故障的分析及失真的分析。

(7) 实验报告:实验报告的规范性与完整性。

9 项目特色或创新

项目的特色在于:这是一个涉及高频谐振功率放大器设计全部内容的实验案例,培养学生了解并掌握高频电路的调研、查新、仿真、设计及制成的能力。

实验案例信息表

案例提供单位	武汉大学电子信息学院		相关专业	电子信息		
设计者姓名	金伟正		电子邮箱	jwz@whu.edu.cn		
设计者姓名	杨光义		电子邮箱	ygy@whu.edu.cn		
相关课程名称	高频电子线路		学生年级	2 年级	学时	8+16
支撑条件	仪器设备	直流稳压源,4 踪 200MHz 示波器,高频毫伏表,扫频仪				
	软件工具	Multisim、ADS				
	主要器件	高频小中大功率管、石英晶体、高 Q 值电感及中周、电阻电容若干				

2-4　基于锁相环的高频信号源的设计(2015)

1　实验内容与任务

在为期四周的时间内,完成课程设计。用频率合成技术设计高频信号源电路,提供无线电通信系统多个能任意切换的频率点。要求信号源输出频率 f_0 在 28～34 MHz 之间。频率误差小于 0.15 kHz;频率稳定度优于 10~3;振荡波幅度 $U_{om} \geqslant 1$ V。

具体任务如下:

(1) 比较常用频率合成技术,根据指标选择芯片。基于集成频率合成芯片,构建频率合成模块电路。

(2) 基于单片机设计频率设定与显示电路,要求可修改最小步进为 10 kHz。

(3) 设计高频放大输出电路,使输出阻抗不大于 50 Ω。

(4) 完成原理图和 PCB 图,布线中注意尽量减少干扰。外送制作 PCB 板。

(5) 完成焊接、调试,记录各部分关键数据,分析误差原因。

(6) 撰写课程设计报告。

2　实验过程及要求

(1) 独立进行文献检索,搜集常用频率合成方法,比较其成本、分辨率、频率转换速度等参数及其应用领域。

(2) 在文献阅读和教师指导下,借鉴典型电路、典型元件参数计算方法,构建包含集成频率芯片、环路滤波器、压控振荡器的锁相环频率合成系统。

(3) 独立设计频率设置和显示电路,选择主控芯片及输入、输出元件构成电路。

(4) 根据设计要求,设计输出缓冲电路。

(5) 完成系统原理图和 PCB 图。

(6) 分步骤完成硬件装配、调试,考查电源、频率芯片、压控振荡、频率设置显示、输出缓冲等各部分能否达到设计要求。

(7) 撰写设计总结报告,分析方案误差来源。

3　相关知识及背景

这是一个运用数字和模拟电子技术解决现实生活和工程实际问题的典型案例,需要运用传感器及检测技术、信号放大、模/数信号转换、数据显示、参数设定、反馈控制、PID 控制及参数设定等相关知识与技术方法。并涉及测量仪器精度、线性度,硬件及软件反馈,仪器设备标定及抗干扰等工程概念与方法。

4　教学目的

通过具有工程意义的课题,强化理论知识,培养文献检索、资料梳理能力,训练综合多种因素选择方案的能力,掌握设计软件和电路设计方法。通过硬件电路的设计、装配、调试和性能指标测试,提高学生的工程意识和实践能力。

5 实验教学与指导

本课题要求学生设计完成高频信号源,主要内容包含频率合成电路、频率设定及显示电路、输出电路的设计与制作。课程进行过程中应注意理论与实际的密切结合,对出现的问题及时进行总结。教师可以根据学生的实际情况,拓展相关实践知识。

(1)课题开始前,要求学生收集频率合成、分频、滤波等相关资料。课上由学生介绍常用频率合成方法,各种方法在成本、分辨率、频率转换速度、应用领域等方面的差异。教师作出补充。

(2)教师介绍锁相环 PLL 电路的结构和工作原理,分析其在通信系统的调频和解调电路中、频率合成电路中的应用。复习 V/F 转换电路,重点介绍频率合成中相位频率比较器的输出波形。复习滤波电路,选择环路滤波器的参数。环路滤波器的时间常数与 PLL(锁相环)控制有很大的关系,具体计算较为繁琐,在指导书上描述详细过程,不要求学生掌握,了解即可,实际选择时,可根据经验,选择大约为基准频率周期($1/f_r$)的数百倍。

(3)不同频率合成芯片的数据输入位数、内部结构、可设分频比、输出信号的频率、波形、幅度等参数存在差异。常用的 MC145146、ADF4106、NE564D 等芯片的使用说明中都有对应介绍。高频频率合成器中会存在高的输出频率与可变分频器的最高工作频率之间的矛盾,解决的方法是在可变分频器前加一个前置固定分频器。

(4)以文献和典型应用为参考,帮助学生构建以含锁相环和可变分频器的集成频率合成芯片、环路滤波器、压控振荡器为核心的频率合成器框架。

(5)学生自行设计以单片机为核心的输入控制和显示控制模块、输出放大缓冲模块。

(6)在部分电路设计、搭试、调试完成后,用标准仪器设备进行实际测量,记录数据,分析理论计算与实际数据间的误差原因。

(7)在课题完成后,可以组织学生以项目演讲、答辩、评讲的形式进行交流,拓宽知识面。

在设计中,要注意引导学生借鉴典型方案;在装配调试中,要注意提醒学生分模块、分步骤焊接、调试,确保每部分电路能在外接标准源的作用下各自正常工作;在数据分析中,要让学生思考系统的误差来源。

6 实验原理及方案

1)系统简化结构

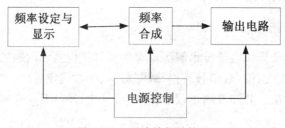

图 2-4-1 系统简化结构图

实际的频率合成设备通常采用以下三种技术:

(1)直接频率合成 DDS。优点是响应快,缺点是成本高,且不能做到任意频率的合成,主要用于军事通信。

（2）锁相环频率合成技术 PLL。优点是成本低,可合成任意频率,缺点是响应慢,主要用于民用设备。

（3）DDS+PLL 技术。结合上述两者优点,主要用在专业领域。

本课题建议使用锁相环 PLL 技术。学生可以有自己的方案。

2）锁相环 PLL 频率合成系统详细结构

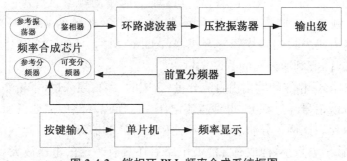

图 2-4-2　锁相环 PLL 频率合成系统框图

3）频率合成系统的核心组成部分——锁相环路 PLL 原理

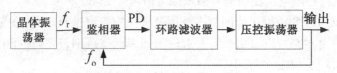

图 2-4-3　锁相环 PLL 原理图

锁相环路的基本组成由鉴相器(PD)、环路滤波器(LPF)和压控振荡器(VCO)三部分组成。锁相环路是一种相位负反馈控制系统,它利用输出与输入量之间的相位误差来实现输出频率对输入频率的锁定,即"锁相",实现锁相的方法称为"锁相技术"。

相位/频率比较的波形图如图 2-4-4 所示。

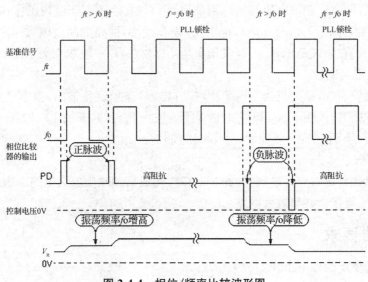

图 2-4-4　相位/频率比较波形图

如果基准信号频率 f_r 大于压控振荡器 VCO 的输出频率 f_o 时,鉴相器的输出 PD 会产生正脉波信号,使 VCO 的振荡器频率提高。相反的,如果 f_r 小于 f_o 时,会产生负脉波信号。PD 脉波信号经过环路滤波器的积分,可以得到直流电压 V_R,控制 VCO 电路。在 f_r 与 f_o 的相位一致时,PD 端子会变为高阻抗状态,使锁相环 PLL 被锁栓(Lock)。

4)锁相环路频率合成的几个部分

(1)锁相环路集成频率合成芯片:各大公司都有适合不同频段的系列芯片。芯片内都包含鉴相器和可变分频器,有些芯片内包含环路滤波器。典型的如:MOTOROLA 公司的 MC145146 串行输入码方式的双模频率合成器,ADI 公司的 ADF4112 芯片,ADF4360-8 整数分频频率合成器芯片,飞利浦公司的 NE564D 等。

(2)环路滤波器:鉴相器的输出由直流分量(希望的)和高频分量(不希望有的)组成。将鉴相器输出的高低脉波信号经过积分,得到直流电压 V_R,所以环路中需要低通、积分滤波器。常用的环路滤波器有无源比例积分滤波器、有源比例积分滤波器等。集成运放的开环电压增益和输入阻抗均很高,输出电阻小,构成有源滤波电路后还具有一定的电压放大和缓冲作用。有源滤波滤除谐波,还可以动态补偿无功功率,反应动作迅速。无源滤波成本低,运行稳定,技术相对成熟,容量大,谐波滤除率一般只有 80%,对基波的无功补偿也是一定的。

(3)压控振荡器:控制电压在稳态时必须保持恒定。

① 高频常用 LC 振荡,根据工作的频率范围及波段宽度来选择电路:在短波范围,电感反馈振荡器、电容反馈振荡器都可以采用。若要求输出频率调节范围较宽,选择电感反馈振荡器;若要求频率较高,常采用克拉泼、西勒电路。

在中、短波收音机中,为简化电路常用变压器反馈振荡器做本地振荡器。

② 晶体管选择:从稳频的角度出发,应选择 f_T 较高的晶体管,这样晶体管内部相移较小。通常选择 $f_T > (3\sim10) f_{1max}$。同时希望电流放大系数 β 大些,这既容易振荡,也便于减小晶体管和回路之间的耦合。

振荡回路元件选择:

从稳频出发,振荡回路中电容 C 应尽可能大,但 C 过大,不利于波段工作;电感 L 也应尽可能大,但 L 增大后,体积增大,分布电容也增大,若 L 过小,回路的品质因数过小,因此应合理地选择回路的 C、L。在短波范围,C 一般取几十至几百皮法,L 一般取 0.1 至几十微亨。

(4)频率设定与实现

此部分原理较简单,单片机为主控芯片,按键输入,显示设备输出,要求学生独立完成。采用单键开关设置频率,按一下 S_1,频率加 10 kHz;按一下 S_2,频率加 100 kHz;按一下 S_3,频率加 1 MHz。显示为十进制,分频控制数据是二进制。

(5)输出部分

利用金属氧化物场效应甚高频管,如 3SK122,构成高频输出放大电路。为达到输出缓冲和阻抗要求,在输出级接入共集放大电路。

7 实验报告要求

课题报告需要反映以下工作:

(1)课题的背景

（2）课题的目的

（3）课题的设计

（4）各部分调试

（5）心得

（6）附录（原理图、PCB图、单片机源程序）

其中（4）各部分调试要求记录：

① 压控振荡器电路的调试

焊接压控振荡器，暂时不焊接频率合成芯片、双模前置分配器和滤波器，将稳压电源调到9 V接入VCO电路电压输入端，示波器CH1接VCO输出端，示波器CH1显示。

记录参数，VCO输出电压周期及峰峰值记录：_____ μs，_____ V。

② 双模前置分频方波信号观察与测量

焊接压控振荡器、双模前置分配器，暂时不焊接频率合成芯片和滤波器，将稳压电源调到9 V接入电路，示波器CH1接双模前置分配器的输出引脚，示波器CH1显示。

记录参数，双模前置分频器的输出波形的周期与电压峰峰值：_____ μs，_____ V。

③ 压控振荡器在外加电压条件下的频率变化

焊接压控振荡器、双模前置分频器，暂时不焊接频率合成芯片和滤波器，将一路稳压电源调到9 V接入电路，另一路可调稳压电源接入VCO的输入端，示波器CH1接VCO输出引脚，示波器CH1显示。调节可调电源从0~7 V变化，观察输出波形变化，并记录相关参数。输出为正弦波，数据记录见表2-4-1。

表 2-4-1　压控电压变化对频率的影响

外加电压(V)	周期(μs)	频率(MHz)
0		
1		
2		
3		
4		
5		
6		
7		

④ 场效应管静态工作电压调试

通电情况下，在外加电压时调节可变电阻 R_{V_1}，用万用表测量源极静态工作电压为_____ V。

8　考核要求与方法

考查学生综合设计能力，包括资料收集、方案设计、软硬件设计、装配与调试、测试与查错、数据分析、报告撰写等全过程。最终成绩＝资料收集、方案设计、出勤（30%）＋焊接、装配、测试（40%）＋实习报告、数据分析（30%）。

考核按项目进行,在文献检索梳理、总体方案实现、电源和频率合成部分装配、频率设置显示和输出部分装配调试,设时间点进行验收,根据情况评分。文献、方案部分重点考查是否能继承、创新,根据参考文献和典型电路,加入自己的思路。功能电路装配调试主要考查是否有对应现象产生,是否会排查错误,焊点美观程度,元件布局合理程度。实验报告是否格式规范,条理清楚,能否对实验数据进行分析。

9 项目特色或创新

本课题基于无线通信系统中的多个高频率切换需要而提出,有很强的工程背景。需要运用模电、高频电路、单片机课程的频率合成、振荡器、滤波器、单级放大电路、单片机控制等知识。学生检索文献、梳理资料,学生与教师讨论决定设计方案。通过硬件电路的设计、装配、调试和性能指标测试,提高学生的工程意识和实践能力。

实验案例信息表

案例提供单位		东南大学成贤学院		相关专业	电子信息		
设计者姓名		黄丽薇	电子邮箱	liwei8203@163.com			
设计者姓名		王迷迷	电子邮箱	104658509@qq.com			
设计者姓名		陈玉林	电子邮箱	4817382@qq.com			
相关课程名称		模拟电子电路、高频电路、单片机	学生年级	大三		学时	80+40
支撑条件	仪器设备	直流稳压电源,60M 示波器,函数信号发生器,数字万用表等					
	软件工具	Protel99SE、Keil C、Flash Magic					
	主要器件	MC145146、MB504L、LM358、AT89C52、3SK122、电阻、电容、电感等					

2-5 D类功率放大器的设计与实现(2016)

1 实验内容与任务

(1) 设计一个功率放大器,要求工作在 D 类工作模式下。

(2) 要求最大输出功率不小于 2 W,效率不小于80%。

(3) 完成硬件电路的电路设计,仿真及实际调试,并在 8 Ω 标准负载上测试输出功率及效率。

2 实验过程及要求

(1) 了解 D 类功放的工作原理,及其高效率特性的本质原因;

(2) 理解基于脉宽调制(PWM)的 D 类功率放大器的基本原理;

(3) 设计出模拟 PWM 波产生及模拟调制的基本实现电路;

(4) 设计驱动负载的桥式驱动电路;

(5) 对设计电路利用 Multisim 软件进行仿真,并进行期间选型;

(6) 选择电路的实现方式:用 PCB 制板或通用板实现;

(7) 进行电路调试,完成模拟信号的脉宽调制,并通过桥式驱动电路驱动负载;

(8) 观察输出波形在空载和带载条件下有无明显失真,并且通过标准负载测定其效率;

(9) 撰写设计总结报告,并通过分组演讲,学习交流不同解决方案的特点。

3 相关知识及背景

这是一个综合运用模拟电路知识的典型应用。涉及三极管、场效应管、放大电路、振荡电路及运放典型电路的综合运用,还涉及脉宽调制法实现功率放大等较新的概念和应用。由于功率放大器是功率型器件,在设计调试中有一些针对功率电路设计调试的特有方法,这些都是学生比较欠缺的内容。可以大大提高学生的模拟电路调试能力,特别是功率电路的调试能力。

4 教学目的

理解和掌握各类功率放大器,特别是 D 类功率放大器的基本工作原理和实现方案。能够灵活运用模拟电路中三极管、场效应管、放大电路、振荡电路、运算放大器等基本知识,综合应用到实际中来。掌握电路设计仿真的基本流程和方法。掌握简单电路的制作、实现及调试方法。掌握功率电路的调试及测量方法。

5 实验教学与指导

本实验将现实应用中较新的技术引入本科实验中来。D 类功放是近几年来一种新型的功放类型,本实验利用课堂教学中传统的模拟电路基础知识来实现现实中较新型的器件,让学生能够了解自己所学基础知识在实际工程实践中的应用。通过这样的方式激发学生的学习兴趣,培养学生基本的电路设计仿真调试能力。本实验主要着重于以下几个方面的讲解和引导。

(1) 讲解各类功率放大器的原理特点,使学生能够明白不同类型功率放大器的效率存在差别的原因,特别要求学生理解 D 类功率放大器采用 PWM 进行功率放大的原理及其高效率的原因。

(2)针对 D 类功放的工作原理给出实现的框图,要求学生根据框图去寻找具体的实现电路,如实现 PWM 波需要有一个三角波发生器和比较器,可以要求学生提出不同的三角波发生器的方案并进行优缺点比较,并且根据具体实现时所需要的参数选择合适的方案。

(3)通过电路仿真和理论计算完成器件的选型和主要参数的设定。如三角波电路通常采用方波发生器和积分器来实现。那么方波发生器的输出频率以及幅度和外围阻容器件的参数之间的关系要求进行理论分析,并且通过仿真进行验证。要根据 PWM 载波频率的要求选择合适带宽的运算放大器。根据最后的输出功率和驱动信号频率决定桥式驱动电路中桥臂所选用的三极管或者场效应管的型号。

(4)功率放大电路调试的一般方法和效率测定的一般方法。在设计中,要注意学生设计的规范性,如系统结构与模块构成,模块间的接口方式与参数要求;在调试中,要注意工作电源、参考电源品质对系统指标的影响,电路工作的稳定性与可靠性;在测试分析中,要分析系统的误差来源并加以验证。

6 实验原理及方案

1)系统结构

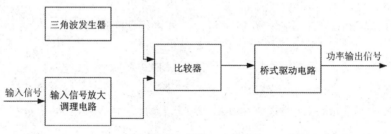

图 2-5-1 系统结构框图

2)实现方案

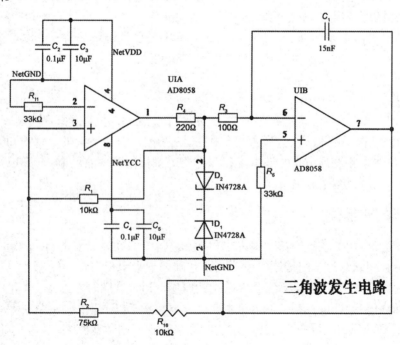

图 2-5-2 三角波发生电路

三角波发生电路采用两个运放的结构,其中后一个运放是积分电路,利用反馈原理构成正反馈,积分器输出的电压部分反馈到输入端,当积分常数固定时通过调整反馈信号的幅度可以控制第一级电路翻转的时刻,从而起到调节输出频率的作用。这种方法进行频率调节的同时也会改变输出信号的幅度,因此当完成频率调节后需要在后面加一级电压调整电路将三角波的电压调整到一个合适的输出值。

输入信号先经过一个放大调理电路后与标准的三角波信号进行比较得到 PWM 波。由于后续驱动桥式电路时需要一对互补的驱动信号,比较电路采用了两个运放构成一组互补的比较电路来产生一组互补的 PWM 信号。

采用桥式驱动电路主要是为了在输出端能够得到一个直流信号,也就是所谓的 OCL 电路。在很多应用中由于系统电源电压有限,为了在负载上得到更大的功率,采用桥式电路驱动,负载上电压的幅值可以增大一倍。

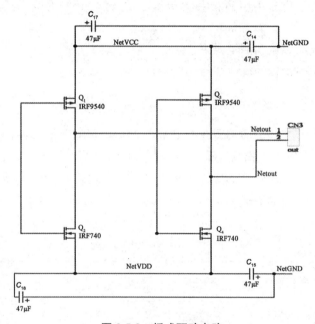

图 2-5-3　桥式驱动电路

在器件选择问题上,运放选用的是高速运放,在进行运放电路设计时要考虑运放的类型,如果是电流反馈型运放,其外围电路的设计和电压反馈型的有较大差异,如反馈电阻的取值不宜过大,否则很容易造成自激。学生实际设计时也出现过这种现象。在电桥的设计上主要是考虑场效应管的电流和开关速度。另外当三极管和场效应管作为开关使用时,对于高压侧开关和低压侧开关在选型上是有一定原则的。设计时一定要掌握这个原则。

7　实验报告要求

实验报告需要反映以下工作:

(1) 实验需求分析;

(2) 实现方案论证;

(3) 理论推导计算;

（4）电路设计与参数选择；

（5）电路测试方法；

（6）实验数据记录；

（7）数据处理分析；

（8）实验结果总结。

8　考核要求与方法

（1）实物验收：功能与性能指标的完成程度（输出波形有无明显失真，实测效率），完成时间。

（2）实验质量：电路方案的合理性，焊接质量、组装工艺。

（3）自主创新：功能构思、电路设计的创新性，自主思考与独立实践能力。

（4）实验成本：是否充分利用实验室已有条件，材料与元器件选择的合理性，成本核算与损耗。

（5）实验数据：测试数据和测量误差。

（6）实验报告：实验报告的规范性与完整性。

9　项目特色或创新

项目的特色在于：模拟电路本身是一门经典的学科，其知识结构往往较为陈旧。目前市场上使用的器件和教学中使用的脱节严重，如教学中讲到的 AB 类功率放大器，目前市场份额已经逐渐被 D 类取代。本实验利用经典的理论和器件来实现技术上较为新颖的器件，使得经典的学科也可以和时代的发展紧密结合。这样就很好地回答了学生经常问到的知识学了有什么用的问题。

实验案例信息表

案例提供单位	南京理工大学		相关专业	电子信息工程	
设计者姓名	薛　文	电子邮箱	xuewen@njust.edu.cn		
相关课程名称	模拟电子线路	学生年级	2	学时	3.5+1
支撑条件	仪器设备	函数信号发生器、数字示波器			
	软件工具	Multisim			
	主要器件	运算放大器、场效应晶体管、电容、电阻、8 Ω 1 W 喇叭			

2-6 多功能模拟信号处理与波形发生器(2016)

1 实验内容与任务

（1）基本功能：以运算放大器 μA741 和电压比较器 LM393 为硬件基础，设计并制作一块电路板，包含基本的模拟信号处理功能（包括模拟信号的正、反比例放大，加减运算，误差放大，微积分运算，高、低通滤波器等）和基本的波形发生功能（包括方波、正弦波和三角波等）。

（2）发挥部分：通过上述基本模块间的各种组合去自主设计、开发多种高级功能，例如：模拟信号的综合运算、有源滤波器的设计、脉宽可调 PWM 波输出、SPWM 波输出、信号的闭环控制、PI 调节器等等，来满足不同阶段、不同工程应用中的实际需要。

（3）对仿真、实验等环节可能出现的测量值与理论值不符、波形失真、误差较大、谐波含量高等大量实际问题，让学生自主分析问题所在，并加以解决。

2 实验过程及要求

（1）熟练掌握集成运放和电压比较器的基本应用；了解 μA741 和 LM393 的基本性能及参数。

（2）设计基本模块，电源为 ± 12 V，电压放大倍数可调，误差不大于 5%。

（3）设计正弦波和三角波形发生器。正弦波幅值在 1～5 V，频率在 20～100 Hz 连续可调；三角波幅值在 3～6 V，频率在 1～5 kHz 连续可调，波形失真度不大于 5%。

（4）基本模块通过 Multisim 的仿真验证；在发挥部分自主设计、确定设计方案，题目不限。

（5）使用 DXP 2004 画原理图和 PCB 图，外协制板。电路板尺寸不大于 4 000 mil×6 000 mil（100 mm×150 mm）。

（6）焊接元器件，调通基本模块。发挥部分通过基本模块的组合来实现。

（7）撰写设计总结报告并通过分组演讲，交流心得与体会。

3 相关知识及背景

在开关电源技术中和自动控制系统中都需要使用模拟信号处理，如波形发生器、电压比较器等基本模块，通过基本模块间的组合可灵活实现多种功能。

本实验基本功能中需要的知识就是最基本的模拟电子技术。在发挥部分需要电力电子技术、自动控制原理、传感器及检测技术和其他相关知识等来满足不同开发方向的需要。

4 教学目的

以较简单的理论知识入门，引导学生走完设计、仿真、制作电路、器件的选择与计算、器件的焊接技巧、阅读英文手册、构建系统测试环境与条件整个过程，全面提高学生的实践能力。

5 实验教学与指导

本实验的过程是一个比较完整的工程实践，需要经历学习研究、方案论证、系统设计、实现

调试、设计总结等过程。实验教学中,应在以下几个方面加强对学生的引导:

(1)指导学习运算放大器和电压比较器的原理,掌握基本放大电路和电压比较电路的拓扑结构及主要器件的选择;阅读 μA741 和 LM393 英文使用手册,了解芯片的使用方法和参数性能;充分认识利用 Multisim 仿真工程电路的重要性,并熟练应用于工程实践中。

(2)指导学习 DXP 2004 设计软件,能画基本的电路原理图,制作最简单的双层 PCB 板,能将自己的设计意图转化为实际的电路;指导学习一些基本的元器件、芯片焊接技巧,结合原理图能把器件准确地焊接在 PCB 板上;指导学习基本仪器仪表的使用,熟练掌握直流稳压电源、万用表、示波器、波形发生器等仪器的使用。

(3)积分电路的负反馈如果按照理论上只需接一电容 C_F,但在实验中,这种积分电路对直流信号或直流分量效果很差,引导学生发现问题并查阅资料加以解决。

(4)集成运放构成的基本运算电路有很多运算方式,但电路结构上具有很大的相似度,为了使电路板简化和受尺寸的限制,尽量使单一电路多功能化,可以采用跳线的方式或者做好元件位置和接口预留,根据实际需要选择接不接,接什么来灵活实现多功能。

(5)电压比较器 LM393 的 4 号引脚接地为单极性输出,接负电源为双极性输出,让一个电路能实现单双极性输出,可采用跳线的方式。需要注意的是 LM393 芯片的输出方式为集电极开路,所以与理论上不同的是,要在 LM393 的 1 脚(OUT1)与 8 脚(电源)之间接上拉电阻,而上拉电阻的阻值不能太大,否则会引起输出方波失真。

(6)在电路设计、搭试、调试完成后,必须要用标准仪器设备进行实际测量,标定所完成的测量电压误差和波形失真度。

(7)在实验完成后,可以组织学生以项目演讲、答辩、评讲的形式进行交流,了解不同解决方案及其特点,拓宽知识面。

在设计中,要注意学生设计的规范性;如系统结构与模块构成,模块间的接口方式与参数要求;在调试中,要注意工作电源、参考电源品质对系统指标的影响,电路工作的稳定性与可靠性;在测试分析中,要分析系统的误差来源并加以验证。

6 实验原理及方案

1)基本功能

本实验基本功能部分的原理就是模拟电子技术中集成运放和电压比较器的基本使用,所以器件就选择我们常用的芯片 μA741 和 LM393,但考虑到需要输出值连续可调、模块间组合要便利和电路板尺寸的限制等因素,在设计时要尽可能地灵活。以图 2-6-1 为例说明。

图 2-6-1 所示电路主要实现减法运算,也可实现信号的多种处理运算:

反相比例运算:JP5 接输入信号 u_i,JP9 悬空,通过跳线将 JP1 的 2、3 短路,调节 R_5,可实现 $u_o = -ku_i$。

正相比例运算:JP9 接输入信号 u_i,JP5 接地,R_{14} 不接,通过跳线将 JP1 的 2、3 短路,调节 R_5,可实现 $u_o = ku_i$。

减法运算:JP9 接 u_{i1},JP5 接 u_{i2},通过跳线将 JP1 的 2、3 短路,可实现 $u_o = k(u_{i1} - u_{i2})$,通过跳线将 JP1 的 1、2 短路,可实现 $u_o = u_{i1} - u_{i2}$。JP9 接 u_{i2},JP5 接 u_{i1} 可实现反相。

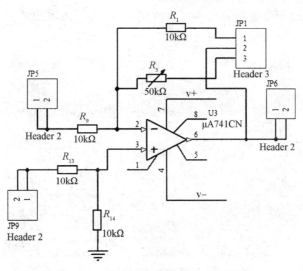

图 2-6-1　可实现多种运算的减法电路

微积分运算：JP5 接 u_i，JP9 悬空，通过跳线将 JP1 的 1、2 短路，R_1 替换成电容 C_F，可实现 $u_o = -\dfrac{1}{R_1 C_F}\int u_i \mathrm{d}t$ 。将 R_1 替换成 C_F，JP1 的 1、2、3 短接，或将 R_1 替换成 C_F 和电阻的串联均可实现不同要求的 PI 运算；同样的思路可做出 PD 运算、PID 运算等。

高、低通滤波器：JP9 接输入信号 u_i，JP5 接地，通过跳线将 JP1 的 1、2 短路，R_{14} 位置用电容 C 替换即为低通滤波器，R_{13} 位置用 C 替换，即为高通滤波器。

在上述电路中，输入、输出接口均采用多针的方式以便于模块间互联和测试，用可变电阻实现参数可调，采用跳线的方式灵活的实现多种功能。各电阻、电容数值根据实际需要计算得出。

基于上述思路设计，制作另外 5 个基本电路，包括加法运算电路（多功能）、误差放大电路（多功能）、正弦波振荡电路（幅值、频率可调）、三角波发生器（幅值、频率可调）和电压比较器（单、双极性）。

2）发挥部分

通过上述 6 个基本电路的灵活组合和应用可实现多种高级功能，学生可自主发挥的空间很大。以生成 SPWM 波为例，具体阐述如下：

在实际应用中 SPWM 波主要由调制法实现，即将调制波（正弦波）与载波（三角波）进行电压比较，如图 2-6-2 所示。

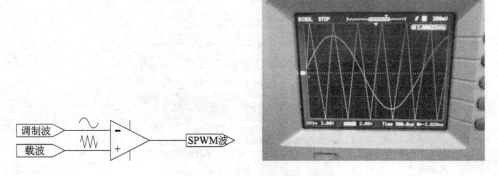

图 2-6-2　SPWM 波的生成原理

调制波可以由电路板中正弦波振荡电路模块给出,载波由三角波发生器给出,电压比较器已有,通过这三个模块的正确连接即可输出 SPWM 波,如图 2-6-3 所示。

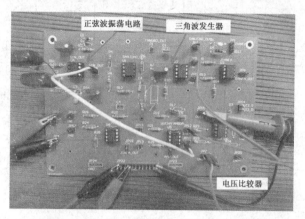

图 2-6-3　开环输出 SPWM 波的模块连接

由于调制波由正弦波振荡电路给出,幅值和频率虽可由可变电阻调节,但无法实现自动控制,所以这种输出方式为开环控制,此电路板亦可实现闭环控制,如图 2-6-4 所示。

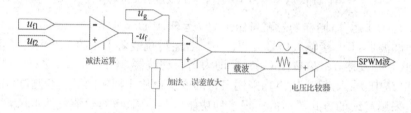

图 2-6-4　SPWM 波的闭环生成原理

与直流信号不同,正弦电压信号的采样需要从交流负载两端与地取反馈信号 u_{f1}、u_{f2},那么 $u_f = u_{f1} - u_{f2}$,再和给定信号 u_g 做减法并作 PI 运算(由于减法器已用,可用加法器来实现),之后的输出即为调制波,其中 u_g 由单片机或其他 DDS 芯片给出,这样 u_f 会无静差跟踪 u_g 形成闭环控制。按照此原理,将电路板中减法器、加法器、三角波发生器、电压比较器和电源、信号源正确连接,如图 2-6-5 所示。

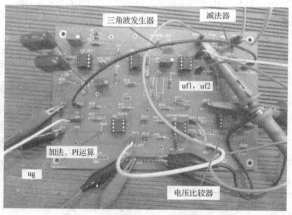

图 2-6-5　闭环输出 SPWM 波的模块连接

正确调试即可实现闭环控制下的 SPWM 波生成,如图 2-6-6 所示。

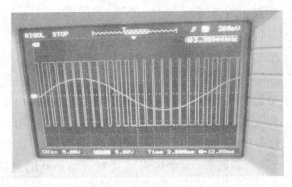

图 2-6-6 闭环输出 SPWM 波形

在发挥部分,不同能力、不同层次、不同阶段的学生可根据自己的实际情况进行自主、灵活的设计。比如对学到《模拟电子技术》的大二学生,可把基本模块完成,并可设计信号的综合处理运算实验,波形的微积分实验,复合信号的高、低通滤波等;对于学到《电力电子技术》的学生可设计脉宽可调 PWM 波的输出、SPWM 波的输出、全控型器件的开关实验等;对于学到《自控原理》的学生,可设计开、闭环控制规律的验证,P、PI、PD 等控制规律的验证探索,PI 调节器的具体实现等实验;对于参加竞赛、课程设计、毕业设计的学生可结合其他电路部分实现直流稳压电源,逆变器,D 类音频功率放大器,交、直流电机的驱动控制等系统级的开发。

7 实验报告要求

实验报告需要反映以下工作:

(1) 实验需求分析;

(2) 实现方案论证;

(3) 理论推导计算;

(4) 电路设计与参数选择;

(5) 电路测试方法;

(6) 实验数据记录;

(7) 数据处理分析;

(8) 实验结果总结。

8 考核要求与方法

本实验依托本校开放性实验项目,20 学时,由感兴趣的学生选修,学过《模拟电子技术》的均可参加。由于学生的层次、水平不同,在实验内容和考核方式上也应进行个性化安排,主要考核点在以下方面:

(1) 实物验收:功能与性能指标的完成程度。

(2) 实验质量:电路方案的合理性,焊接质量、组装工艺。

(3) 自主创新:功能构思、电路设计的创新性,自主思考与独立实践能力。

(4) 实验成本:是否充分利用实验室已有条件,材料与元器件选择的合理性,成本核算与损耗。

　　(5)实验数据:测试数据和测量误差。

　　(6)实验报告:实验报告的规范性与完整性。

9　项目特色或创新

　　(1)容易上手:基本功能的原理图教科书上就有,实践需要条件也是最基本的。

　　(2)工程背景强:在开关电源、自动控制系统中都有很实际的应用。

　　(3)创新空间大:通过模块间的组合可以实现多种高阶功能。

　　我们不过给了学生一颗创新的种子,学生自己浇灌开出不同的创新之花,这就是我们"园丁"的责任吧!

实验案例信息表

案例提供单位		空军勤务学院		相关专业	电工电子教研室	
设计者姓名		卢　佳	电子邮箱	lujia4444@163.com		
设计者姓名		耿夫利	电子邮箱	gengfuli@126.com		
设计者姓名		王　浩	电子邮箱	wh-xzjs@163.com		
相关课程名称		电工电子学	学生年级	二年级及以上	学时	20
支撑条件	仪器设备	示波器、稳压电源、信号发生器、万用表				
	软件工具	Multisim 12、DXP 2004				
	主要器件	μA741、LM393				

2-7 简易电子琴键电路的设计(2016)

1 实验内容与任务

1）实验内容

音调主要由声音的频率决定,乐音(复音)的音调更复杂些,一般可认为主要由基音的频率来决定,也即一定频率的声音对应特定的乐音。已知八个基本音阶在 C 调时所对应的频率不同,根据《模拟电子技术》所学的实验电路结构能够产生特定频率的乐音信号这个原理,制作简易电子琴电路,实现简单乐谱的演奏效果。

2）实验任务

简易电子琴电路,一般是由文氏桥正弦波振荡电路、集成运放、功率放大电路组成。通过 RC 串并联网络和集成运放产生一个稳定的正弦波(要产生 8 种不同的音调,在输入端并联 8 种不同的 RC 支路)。按下不同琴键即改变 RC 值,可改变输出信号的频率,使得电路发出 C 调的八个基本音阶,用集成功放实现电路输出。

2 实验过程及要求

1）实验开始——未雨绸缪

（1）从有趣的、大众熟知的电子琴开始,提炼出与模拟电子技术密切相关的工程技术问题;

（2）查阅乐音与频率关系、运放、桥式振荡电路、选频网络、功率放大电路的文献资料。

2）实验进行——水到渠成

（1）学生自行设计电路原理图;

（2）仿真软件实现,通过虚拟仿真验证设计方案,调整参数,修改方案;

（3）设计测试方案(包括测试仪器仪表选择、测试步骤、数据记录要求、结果分析等);

（4）元器件选择、购买,构成电路;

（5）观察实验现象,测试实验数据,完善实验电路,实现电路功能。

3）实验进行——柳暗花明

（1）实验过程遇到的问题,如何正确的记录实验现象、分析和解决问题;

（2）掌握分析、排查不同故障(如电路设计、器件选型、测试仪器仪表)的工程实践能力。

4）实验结果——苦尽甘来

（1）提交完整的全套设计方案和测试数据,形成系统的实验报告;

（2）制作幻灯汇报,成果展示,实物验收设置故障排查环节,现场答辩,专家综合考评。

3 相关知识及背景

这是一个运用模拟电子技术解决现实生活和工程实际问题的典型案例,需要运用文氏桥振荡电路、信号放大、选频网络、功放输出、反馈控制、稳幅设计及参数设定等相关知识与技术方法。并涉及测量仪器精度、线性度,硬件反馈及仿真软件应用,仪器设备标定及抗干扰等工程概念与方法。

4 教学目的

通过项目引导学生运用所学模拟电子技术单元电路结构,培养学生的问题抽象、资料查找、方案设计、软件仿真、元器件选择、电路搭建、电路测试、仪器仪表使用、故障排查和解决、实验报告撰写和幻灯片汇报等综合技能。

5 实验教学与指导

"电子琴键电路的设计和调测"是模拟电子技术综合实验的具体项目之一,本次综合实验是模拟电子技术实验教学具体单元电路全部学习完之后的综合体现。题目设置来源于学生学习生活中喜闻乐见的,并且可以综合运用所学知识的工程实践案例。需要经历具体问题与电路结构之间的解读、方案论证、系统设计、实现调试、测试与故障排查、总结与汇报等过程。在综合实验过程中教师要把控以下几方面,做好引导:

1)起——方案设计阶段的引导

首先查阅相关资料进行题目解读,找出电子琴键电路的实现与模拟电子技术的具体单元电路的对应关系;其次补充乐音与频率的相关知识;再进行方案的设计及修正:实验原理图的设计、仿真软件虚拟仿真验证方案、参数调整、测试方案的设计、测试仪器仪表的选择。

2)承——方案实施过程的引导

在具体实现电路过程中,引导学生如何选择并采购合适的元器件,重点是运放的选择;电路构成过程中应注意工程规范操作;重点注意供电的安全性;测试仪器仪表的使用注意事项,如合理地选择量程等;逐级按照测试方案进行,测试数据和输出波形的规范记录。

3)转——排查解决问题的引导

这是学生首次系统的自主完成一个项目,所以出现各种故障是正常现象,针对问题,观察实验现象,分析原因,逐级排查故障。引导学生查找故障原因,培养其解决问题的工程实践能力。

4)合——总结汇报展示的引导

引导学生针对一个项目的完整资料进行记录、呈现和展示,提交完整的实验报告,报告中要求有详实的设计方案和测试方案、完整的逐级测试报告、故障现象描述和分析总结。汇报环节展示团队合作成果,在培养学生工程实践能力的同时加强协作的具体体现。

6 实验原理及方案

1)项目设计原理

本次设计首先采用RC正弦振荡电路产生正弦波,引入正反馈电路和稳幅电路,调节电位器达到起振的要求,然后通过示波器观察波形是否失真,输出到下一级功率放大单元电路,最后驱动扬声器输出声音信号。

2)电路原理图

图2-7-1是八音阶微型电子琴的电路原理图,8个开关对应着电子琴8个音阶琴键,为达到

实验效果,同时闭合两路开关,即可出现对应的声音频率。通过调节电位器使输出电压的频率达到理论值,从而输出不同音色的乐音,达到电子琴的效果。

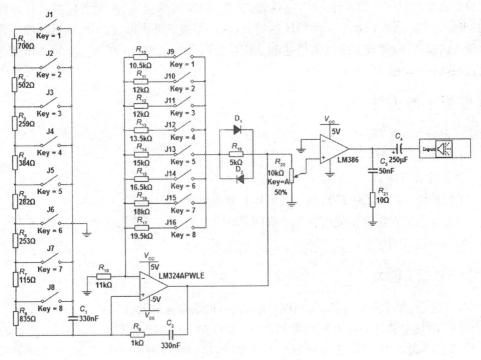

图 2-7-1 八音阶微型电子琴的电路原理图

3)实验电路

本次简易电子琴的实物图如图 2-7-2 所示,通过按键,扬声器能发出清脆的 1~i 八个音阶,而且每个音阶区分清楚。

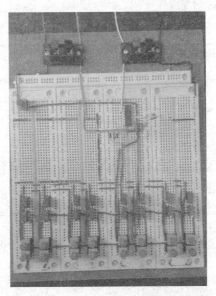

图 2-7-2 八音阶微型电子琴的实物展示

7 实验报告要求

实验报告要求有详实的设计方案(电路原理、理论推导、参数设置、元器件的选择);测试方案(测试步骤、测试点设置、每个单元模块的测试参数、参数记录表格、选用的测试仪器仪表);完整的逐级测试报告;故障现象的具体描述和分析排查解决方法总结;综合实验的心得体会和意见建议;规范的文本书写和参考文献引用。

8 考核要求与方法

考核过程分为5个环节:

(1) 小组幻灯片汇报;

(2) 成果展示;

(3) 实物验收,专家设置故障,学生现场排查解决问题;

(4) 考核小组针对实验相关内容现场提问,学生回答;

(5) 考核小组现场评定。

9 项目特色或创新

(1) 项目选题:源于生活,趣味与功能密切统一,理论与实际紧密联系

案例基于生活中常见的音阶发生实例,将枯燥的 *RC* 正弦波振荡电路具体化,巧妙改进运放端输入,发出8种不同音阶,通过调节与LM386连接的电位器来改变音量,呈现电子琴的基本功能。调动学生积极性,理论联系实际,激发学习的成就感。

(2) 项目管控:层次递进,科研综合技能的系统培养

整个实验项目演绎完整"三部曲":理论设计、仿真实现、电路实践。科研综合技能的系统培养:通过综合报告撰写、项目汇报、考核小组提问等环节进行考核,培养学生知识技能转化、实践操作、团队协作和演讲答辩的综合能力。

实验案例信息表

案例提供单位	第四军医大学生物医学工程系		相关专业	生物医学工程		
设计者姓名	张 华		电子邮箱	zhanghuajiayuan@163.com		
设计者姓名	李 钊		电子邮箱	lizhaofmmu@fmmu.edu.cn		
设计者姓名	梁福来		电子邮箱	liangfulai@fmmu.edu.cn		
相关课程名称	模拟电子技术		学生年级	本科大二	学时	2周
支撑条件	仪器设备	鼎阳示波器 SDS1102X、信号发生器、交流毫伏表、鼎阳直流稳压电源 SPD3303S				
	软件工具	Multisim 10				
	主要器件	运放 LM324,功放 LM386				

2-8 甚高频 VHF 航空接收机的设计(2016)

1 实验内容与任务

（1）设计一个能接收甚高频(频率在 100～150 MHz 范围内)的接收机。要求：

接收机灵敏度不大于 1 μV；限幅灵敏度不大于 1.5 μV；音频输出功率不小于 50 mW；最大调制频偏不小于 ±3 kHz；信号选择性不小于 50 dB(±25 kHz)；电池供电电压为 12 V。

（2）可以接收调频广播节目(至少 3 个电台)。

（3）改进电路及天线，使接收距离增加，能接收到飞机与机场塔台的通信信号，实现航空接收机的功能。

2 实验过程及要求

（1）学习甚高频 VHF 接收机的原理及相关电路，包括直放接收机和超外差接收机的原理。弄清评价接收机性能的主要指标。

（2）尽可能多地查找接收机中要使用的元件、器件及集成电路。

（3）设计满足实验内容与任务要求的甚高频 VHF 接收机的方案，并使用相关仪器(信号源、示波器、网络分析仪、频谱分析仪)测试接收的性能指标。

（4）实测接收调频广播节目(至少 3 个电台)。

（5）改进电路及天线，使接收距离增加，能接收到飞机与塔台的通信信息，实现航空接收机的功能。

（6）撰写设计总结报告，并通过分组演讲，学习交流不同解决方案的特点。

3 相关知识及背景

使学生通过对甚高频 VHF 接收机的设计、安装与调试，能对接收机的电路形式、各单元间的耦合方式及信号传送波形和结果，有更深入的了解。同时，也对各类型高频电路的工作原理、电路形式、调试方法、测量技术、整机电路统调技巧等方面知识，进行全面的、系统的训练。并涉及接收机灵敏度、限幅灵敏度、最大调制频偏、信号选择性、电路供电、电路板布线等工程概念与方法。

4 教学目的

从一个完整的甚高频 VHF 接收机的设计项目实现过程中，引导学生了解接收机的原理、类型及设计、安装与调试方法；引导学生根据项目性能要求去选择最优电路、选择元器件，构建测试环境与条件，并通过外场测试、原始数据分析对甚高频 VHF 接收机作出定量的技术评价。

5 实验教学与指导

本实验是一个涉及甚高频 VHF 接收机全部内容的实验案例，在实验教学中，应在以下几

个方面加强对学生的引导:

(1) 首先根据"实验内容与要求",全面弄清本实验的技术指标,要实现的整体功能。

(2) 学习甚高频 VHF 接收机的原理及相关电路,包括直放接收机和超外差接收机的原理。弄清评价接收机性能的主要指标含义。

(3) 尽可能多地查找接收机中要使用的元件、器件及集成电路。

(4) 设计满足实验要求的甚高频 VHF 接收机的方案,并使用相关仪器(信号源、示波器、网络分析仪、频谱分析仪等)测试接收机的性能指标。

(5) 实测接收调频广播节目效果(如 FM103,FM108 等电台)。

(6) 改进电路及天线,使接收距离增加,能接收到飞机与塔台的通信信息,实现航空接收机的功能;可以在外场(如高楼平台当有飞机经过时或机场附近)进行测试。

(7) 撰写设计总结报告,实验报告应给出实测数据、实测波形,并对数据的合理性给出分析。

(8) 在实验完成后,可以组织学生以项目演讲、答辩、评讲的形式进行交流,了解不同解决方案及其特点,拓宽知识面。

6　实验原理及方案

1) 系统结构

如果采用直放结构,则去掉系统结构中的混频电路和本地振荡电路。

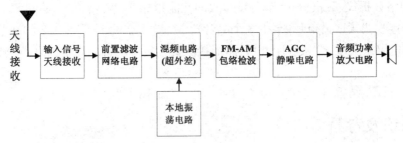

图 2-8-1　系统结构图

2) 电路参考实现方案框图

实验电路原理图如图 2-8-2 所示。天线接收到的信号首先进入一个带通滤波器,本参考实现方案的带通滤波器是确保 118~136 MHz 的信号可以进入 2SC3355 高放,其他信号被最大程度的衰减。经过滤波后的信号经 Q_1(2SC3355)进行放大,然后进入 NE602 混频,同时 NE602 内部有一个压控振荡器,其频率因 D_1 的结电容变化而变化,设计覆盖约 120~150 MHz,因本机是按超外差机原理设计的,加上前面带通滤波器的抑制,最终可确保 118~136 MHz 信号全部覆盖。如果需要接收其他的频段,则可根据要求重新设计滤波器。

本机中频为 10.7 MHz,经过 NE602 混频的信号送给 10.7 MHz 的陶瓷滤波器,其功能是滤除混频产生的无用信号,然后把信号再送给 Q_2 做中放,最后送给 MC1350 做进一步中频放大。通过 MC1350 放大的信号,经中周 T_1 选频后,变成调频调幅波,然后送入 D_2 进行包络检波。

检出来的音频信号经过 U4A 和 U5B、LM386 放大后再送给扬声器输出。其中,AGC 功能由 U4A 和 U4B 配合完成,静噪功能由 U5A 和 U5B 配合完成。

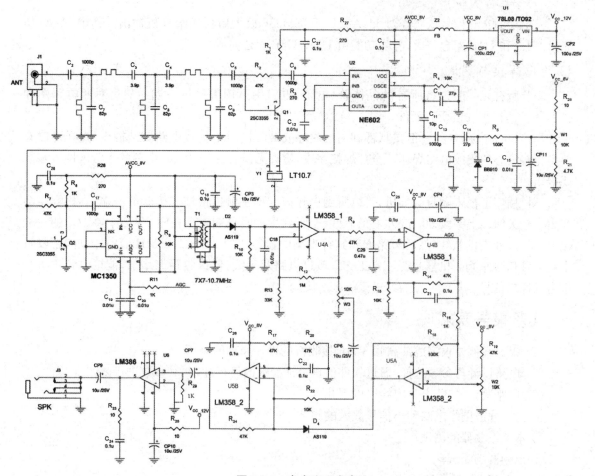

图 2-8-2 参考实现方案

3）电路设计与器件选型

（1）电源输入

本实验采用 12 V 电源输入，并利用二极管、电容、电感等设置相应的保护电路。

（2）滤波混频及频带设计

输入的信号通过电容和电感组成的滤波电路进行滤波。滤波后的信号经 Q_1（2SC3355）进行放大。选用 NE602 作为接收机的变频器，其输出端连接中频变压器以选出混频后的中频，并滤掉其他不需要的频率分量。NE602 的 4、5 脚是平衡输出，故在本电路中用作单端输出时，输出电路可接其中任意一只脚（本实验选用 4 脚），另一只脚悬空不用。NE602 内部有一个压控振荡器，其频率因 D_1 的结电容变化而变化，设计覆盖约 120～150 MHz，因本机是超外差机，加上前面带通滤波器的抑制，最终可确保 118～136 MHz 信号全部覆盖（航空接收机频段）。

（3）中频放大及包络检波

中频的频率因 D_2 的结电容变化而变化，设计覆盖约 120～150 MHz，因本机是超外差机，加上前面带通滤波器的抑制，最终确保 118 MHz～136 MHz 信号全部覆盖。

(4) 音频放大输出

检出来的音频信号依次经过 U4A～U5B、LM386 放大后再送给耳机输出。其中,AGC 功能由 U4A 和 U4B 配合完成,静噪功能由 U5A、U5B 配合完成。

4) 电路焊接与调试

安装所有元件前先将所有的晶体管、电阻、电容用万用表测试一遍。然后对照电路图和 PCB 板上的标识安装所有元件。

焊接每一个元件时,一般按从低到高的次序安装。同时给集成电路安装插座,这样可以有效避免将核心的集成电路焊坏。全部焊接完成,检查无误后,接上电源,电源的正负极性一定不要接错。

耳机插座上插入随身听耳机,可以听到白噪声。用手触摸检波二极管的一端,耳机噪声会变大。给天线接上一段 60 cm 左右的软线,会听到噪声明显变大。在图 2-8-2 中,从 C_5 的一端接上 60 cm 左右的软线,然后短路 R_{21},这样本振的覆盖达到 100～150 MHz 左右,以能否收听本地 FM 信号来判断机器是否正常工作。改进电路及天线,使接收距离增加,能接收到飞机与塔台的通信信号。

7 实验报告要求

(1) 根据案例要求完成甚高频 VHF 接收机的设计原理的分析。

(2) 电路设计与参数选择:通过软件仿真论证参数的可行性,并对参数进行微调。

(3) 电路测试方法:至少应给出以下几点:

① 前置滤波网络电路和小信号放大的测试;

② 本地振荡器的测试;

③ 混频器的测试;

④ FM-AM 检波器测试;

⑤ 统调。

(4) 实验数据记录:包括数据表格和示波器得到的波形图,收到电台信息,飞机与塔台的通话记录等。

(5) 数据处理分析。

(6) 实验结果总结。

8 考核要求与方法

(1) 基本要求及提高要求。基本要求:实现图 2-8-1 甚高频 VHF 接收机,使用实验室仪器测试接收机灵敏度,限幅灵敏度,最大调制频偏,信号选择性等。提高要求:可以接收调频广播节目(至少 3 个电台)。进阶要求:改进电路及天线,使接收距离增加,能接收到飞机与机场塔台的通信信号,实现航空接收机的功能。

(2) 实物验收:完成"实验内容与任务"与性能指标的程度、进度,处理故障的能力。

(3) 实验质量:电路方案的合理性、焊接质量、组装工艺。

(4) 自主创新:自主思考与独立实践能力,电路设计的创新性。

(5) 实验数据:测试数据、测量波形、对故障的分析及失真的分析。

(6) 实验报告:实验报告的规范性与完整性。

表 2-8-1　实验结果考核表

要求	内容	得分
基本要求	完成甚高频 VHF 接收机电路设计	20
	达到指标要求	30
提高要求	接收 FM 电台 2～3 个	10
	实现航空接收机的功能	20
实验报告	实验报告	20

9　项目特色或创新

项目的特色在于:甚高频 VHF 航空接收机的设计集综合性和趣味性于一体,实现方法多样,具有很强的工程背景,深受学生喜爱。

实验案例信息表

案例提供单位	武汉大学电子信息学院		相关专业	卓工计划,通信工程		
设计者姓名	金伟正		电子邮箱	jwz@whu.edu.cn		
设计者姓名	杨光义		电子邮箱	ygy@whu.edu.cn		
设计者姓名	代永红		电子邮箱	dyh@whu.edu.cn		
相关课程名称	高频电子线路、高频电子线路实验	学生年级	卓越工程师班,2 年级	学时	8+16	
支撑条件	仪器设备	DG4162 信号源、Agilent DSOX2024A 示波器、Agilent E5061B 网络分析仪、Agilent N9320B 频谱分析仪				
	软件工具	ADS				
	主要器件	高频小功率三极管、变容二极管、集成乘法器、集成中频放大器、中周等				

2-9　数字调频收音机(2016)

1　实验内容与任务

本实验要求学生完成一套完整的数字调频收音机,实现以下功能:

(1) 立体声调频收音功能。能够接收5个以上的电台,能进行手动搜台,可扩展为自动搜台。

(2) 频道存储功能。可以把接收到的电台存储下来,每次开机,保证播放上次关机时的频道,实现固定频率接收。

(3) 实时显示功能。能通过LCD显示屏显示接收频率、当前操作、时间、环境温度等信息,并且能对时间进行调整。

(4) 音量调节功能。能对音量进行手动控制,可扩展为按键控制。

实验中要求学生对各电路模块芯片进行选型、软硬件设计和电路焊接,测试并记录收集到的电台频率,思考未接收到电台信号时,电路输出的噪声很大的原因和解决方案。

2　实验过程及要求

(1) 了解频率调制和解调的原理和过程,了解数字调频收音机的结构组成;

(2) 了解数字调频收音机各模块中芯片的功能、特点及用途,学会对芯片进行选型;

(3) 学会使用51单片机,通过编程对调频收音机的工作模式、音量等功能进行控制;

(4) 学会简单功能电路的设计,掌握系统设计的流程和方法;

(5) 熟练电路的焊接,将各功能模块级联起来,实现功能;

(6) 学会对电路进行调试,对电路出现的问题进行分析并解决;

(7) 撰写设计总结报告,并通过分组演讲,学习交流不同解决方案的特点。

3　相关知识及背景

调频收音机是生活中常见的物件,它涵盖高频电路中许多重要的知识点,如高频小信号放大、混频、振荡、功率放大、鉴频等知识。同时单片机作为电子类专业的重要部件,可通过软件编程实现对硬件的功能控制,使得硬件设备有更好的体验和交互感。

4　教学目的

本实验将高频电子线路知识点和单片机完美融合,旨在完成数字调频收音机的设计制作。通过软件和硬件相结合,实现了电子线路的综合设计,提升学生对专业的理解和动手能力。

设计过程中,调频信号接收、调频、放大、声音控制、单片机控制、LCD显示等内容都有涉及,对学生的知识要求涵盖了单片机和高频电路。用单片机通过程序设计,与收音机硬件电路连接起来,作为对调频收音机功能的创新和完善,能加强学生的电路设计、电路理解、编程等能力。综合设计的过程中,知识的交叉融合也将加深学生对专业的理解和兴趣,锻炼学生发现问题、思考问题、解决问题的能力。

5 实验教学与指导

本实验是一个综合设计型实验,对学生的要求较高,除要求学生独立完成以外,应在以下几个方面加强对学生的引导:

(1) 针对实验内容和设计任务,如何在保证系统功能的前提下,兼顾性价比,确定系统方案,是迈向成功的第一步;

(2) 信号输入部分是系统效果的关键之一,因此天线(包括天线的接口)的设计选型尤为重要,每个组应该根据自身的 FM 模块选型情况,确定合适的天线;

(3) 如果想要在空旷的地方实验,系统供电是一个需要考虑的问题;

(4) 在雷电等极端天气下,如何有效保护系统电路?

(5) 系统输出可以根据功放电路的不同设计,灵活选择耳机或喇叭;

(6) 系统软件采用模块化设计,便于维护升级;

(7) 各部分电路焊接完成后,建议先分别调试每个独立的功能模块,再进行系统联调;

(8) 实验完成后,可以鼓励完成速度快、实验效果好的学生以 PPT 的形式给大家交流经验,提高大家的学习积极性,激发各种不同的思路。

整个实验过程中,尤其要注意系统电源的稳定性和可靠性,建议在正式上电以前,采用试触的方法,确保系统供电安全。调试过程中如果遇到问题,一定要学会借助手上的仪器和软件发现、定位问题,尽可能多的利用能够找到的各种资源,比如百度、图书馆等,分析、解决问题,也可以跟同学互相讨论交流,或与老师沟通。

6 实验原理及方案

1) 系统结构

基于 MCU 的数字 FM 收音机需要用到的主要硬件组成有天线、FM 收音模块、音频功放模块、MCU 主控模块和按键/显示等部分。各个硬件之间互相连接后,组成整个收音机的硬件系统,系统参考设计框图如图 2-9-1 所示。

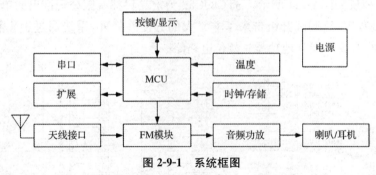

图 2-9-1 系统框图

2) 参考电路

(1) FM 模块

FM 模块电路如图 2-9-2 所示。FM 模块的核心芯片采用 RDA 公司的 RDA5807SP。该芯片为数字立体声 FM 芯片,采用 SOP16 封装,工作电压为 2.7~5.5 V;RF 接收频率范围是76~108 MHz。根据 RDA5807SP 的接收频率范围,结合当地电台的工作频率,选择适当的天线,为系统获取最佳的调频信号输入。

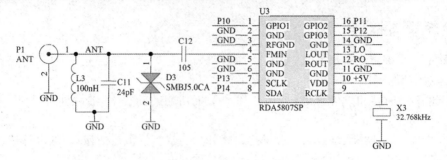

图 2-9-2　FM 模块电路

（2）音频功放

音频功放电路如图 2-9-3 所示。RDA5807SP 输出的信号功率可以直接推动 32 Ω 耳机工作,如果需要外接喇叭(扬声器),则需要单独设计音频功放电路。TS4962 为双输入、双输出立体声音频功放,外接 8 Ω 喇叭时,可最大输出 1.7 W,满足一般场合的需求。

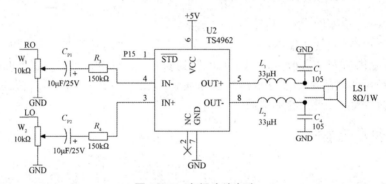

图 2-9-3　音频功放电路

（3）MCU 主控模块

MCU 主控模块如图 2-9-4 所示。STC89C52 为宏晶科技有限公司推出的单片机,可以通过串口或 ISP 下载程序,给调试升级带来了非常大的方便。另外,系统通过 JP1 和 JP2 将 MCU 的引脚全部引出,方便扩展其他功能。复位电路略。

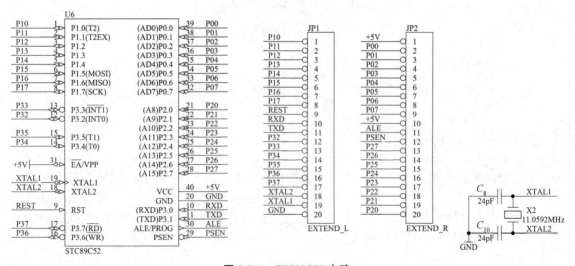

图 2-9-4　STC89C52 电路

（4）时钟/存储模块

时钟/存储模块如图 2-9-5 所示。时钟电路选用 DS1302，晶振频率选取 32.768 kHz，主电源 V_{CC1} 采用＋5 V 供电，备用电源 V_{CC2} 采用电池供电，可实现时钟记忆。存储电路选用 24C16，通过单片机控制，可实现电台存储等功能。

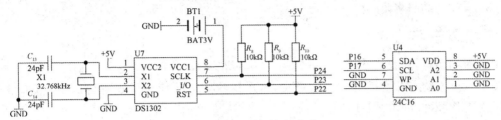

图 2-9-5　时钟/存储电路

（5）按键/显示/温度模块

按键/显示/温度功能电路如图 2-9-6 所示。系统可接 1602 或 128＊64 液晶屏，实时显示频率、时间、温度等信息。可以通过按键实现电台选择、时钟调整等功能，DS18B20 可实现环境温度的采集。

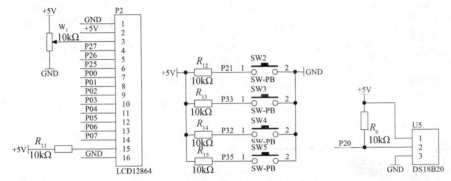

图 2-9-6　按键/显示/温度功能电路

（6）电源模块

电源电路如图 2-9-7 所示。系统可接受 7.4～12 V 宽范围的电压输入，并设计了过压、过流保护功能。通过凌特公司生产的三端稳压芯片 LT1086IT-5，为系统提供＋5 V 的工作电压。

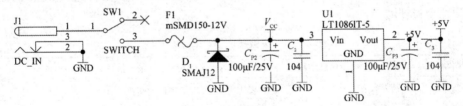

图 2-9-7　电源电路

7　实验报告要求

实验报告需要反映以下工作：

（1）实验基本原理；

（2）系统实现方案；

（3）器件选型；

(4) 硬件电路设计和电路焊接;

(5) 程序设计与调试;

(6) 问题分析和解决方案;

(7) 电路功能测试与数据记录;

(8) 实验总结与实验心得。

8 考核要求与方法

(1) 时间节点:实验共持续 4 周的时间,早完成早验收。

(2) 考核方法:学生焊接实验电路,调试完成后找老师当场检查实验效果,课后完成实验报告。

(3) 考核标准:如表 2-9-1 所示。

表 2-9-1　考核标准表

要求	内容	得分
基本要求	焊接可靠、布局美观	5
	实验效果良好	40
	实验思路清晰	10
提高要求	电路设计有创新性	5
	完成基本方案以外的功能	5
报告要求	电路图设计和功能代码完整	10
	实验报告规范整洁	10
	数据记录完整	5
其他要求	实验完成速度快	5
	系统性价比高	5

9 项目特色或创新

(1) 本项目是一个完整的系统,工程性很强,可以全面考查学生综合运用所学知识的能力。

(2) 对学生的知识要求涵盖了单片机和高频电路等方面,加强了学生的电路设计、电路理解、编程等能力,培养学生软件、硬件相结合的能力。

(3) 将综合性实验引入高频电路实验教学,跳出实验箱的局限性,将极大地提高学生的动手能力和综合设计能力。

实验案例信息表

案例提供单位	武汉大学电子信息学院		相关专业	电子信息类		
设计者姓名	杨光义		电子邮箱	ygy@whu.edu.cn		
设计者姓名	金伟正		电子邮箱	jwz@whu.edu.cn		
设计者姓名	王晓艳		电子邮箱	wan.xy@whu.edu.cn		
相关课程名称	高频电子线路实验		学生年级	大二	学时	16+16
支撑条件	仪器设备	信号源、示波器、稳压源、万用表				
	软件工具	Altium Designer、Keil、STC-ISP				
	主要器件	STC89C52、RDA5807SP、DS1302、LCD12864、TS4962				

2-10　锁相环正弦波信号发生器(2016)

1　实验内容与任务

在短学期 20 天的实训时间内,完成电子电路课程设计:

课题要求:输入电压为直流电压 9 V,输出波形为正弦波,频率范围 28~35 MHz,频率指标为:频率误差小于 0.15 kHz;频率稳定度优于 10~3;正弦波幅度:$U_{om} \geqslant 1$ V。采用数码管显示频率。

具体任务如下:

(1) 理解频率合成概念及其性能指标,对比分析几种常用频率合成技术,根据设定指标选择符合要求的芯片,构建频率合成模块电路;

(2) 选用低功耗、高性能的单片机设计作为系统的 MCU,对频率进行设定与输出显示电路,要求可修改最小步进为 10 kHz;

(3) 设计输出电路,使输出阻抗不大于 50 Ω;

(4) 运用 Protel 99SE 或 Altium designer 软件完成原理图和 PCB 图绘制,布线中注意尽量减少干扰,外送制作 PCB;

(5) 对印刷电路板进行元件安装,完成焊接、调试,记录各部分关键数据,分析误差原因;

(6) 撰写课程设计报告。

2　实验过程及要求

(1) 进行文献检索查阅,理解频率合成概念及其性能指标,对比分析几种常用频率合成技术,了解市场供给,比较其成本、分辨率、频率转换速度等参数及其应用领域;

(2) 在文献阅读和教师指导下,查找芯片数据手册,构建锁相环正弦波信号发生器;

(3) 选择合适的 MCU 完成频率设计及数码管显示电路;

(4) 学习绘图软件,完成系统的原理图和 PCB 版图;

(5) 分步骤完成硬件装配、调试,电系统等各部分是否达到设计要求;

(6) 撰写设计总结报告,重点在系统设计及调试部分。

3　相关知识及背景

课程设计完成的是一种基于锁相环设计的高稳定高频正弦信号发生器,可以作为频率信号源来使用。涉及模拟电路和高频电路中的锁相环电路、输出缓冲电路以及单片机最小系统、按键输入控制、数码管显示控制技术等相关知识。使学生掌握常用电子仪器设备使用及焊接调试技术。

4　教学目的

学生在学习完模拟电路和单片机后,需要通过课程设计巩固所学理论知识。通过课程设计,可以帮助学生强化模拟电路和单片机的理论知识,会使用模拟和单片机设计一个高频信号源的电路,掌握常见元器件的基本知识和电子线路的设计方法,掌握仿真软件的使用,熟练运用 Protel 99SE 或 Altium designer 软件完成 PCB 的设计。通过电路的装配、调试和性能指标测试,掌握常见仪器设备的使用,提高学生的工程实践能力。

5　实验教学与指导

本实验项目的实现过程是一个比较完整的工程实践过程,需要经历学习研究、资料查找、方案论证、系统设计、系统仿真、实现调试、设计总结等过程。在教学中,应在以下几个方面加强对学生的引导:

(1) 针对实验的内容和要求,引导学生仔细研究题目,明确设计要求;

(2) 针对设计要求,要求学生广泛查阅资料,广开思路,提出尽可能多的方案,仔细分析每个方案的可行性和优缺点,从中选择最优方案;

(3) 按照模块化的设计思想,将系统分成若干个模块,明确每个模块的功能、各模块间的连接,构建总体方案和框图,引导学生学会利用仿真软件分析电路,依据设计的结果正确选择元器件;

(4) 讲解一些超出目前能力范围的解决方案,鼓励学生自主学习、探索,并尝试实现;

(5) 要求学生实物制作美观、布局合理、留有测试点,注意焊接的规范性,注意不能出现虚焊、短路等现象;

(6) 在设计中,注意学生设计的规范性,如系统结构和模块构成,模块间的接口方式和参数要求;在系统调试中,注意各个模块对系统性能的影响,系统工作的稳定性和可靠性;

(7) 在系统设计完成后,组织学生以课题演示、说明、答辩的形式进行成果验收。

6　实验原理及方案

本实验案例的总体结构如图 2-10-1 所示,该系统主要器件有单片机芯片、PLL 芯片、运放、双模前置分频器等;电路部分有电源电路、显示电路、隔离放大电路、射级输出电路、前置分频电路、压控振荡电路、环路滤波电路等。

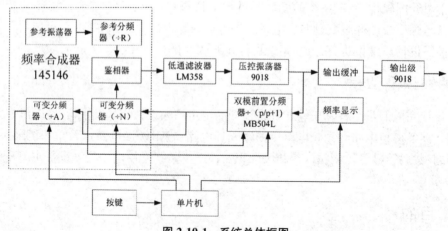

图 2-10-1　系统总体框图

1）电源电路

本项目使用的 LM7805 属于三端固定输出式集成稳压器，这种稳压器只有输入端、输出端和公共端，并具有较完善的过流、过压和过热保护功能。

2）显示电路

需要输出 28～35 M 的电信号，频率变化最小是 10 kHz，因此在单片机 P3 口的低 3 位上接了 3 个开关分别调节，S_1 按一次，输出增加 10 kHz，S_2 按一次，增加 100 kHz，S_3 按一次，增加 1 MHz。

3）前置分频和频率合成电路

参考振荡器信号经 R 分频器分频后形成 f_r 信号。压控振荡器信号经双模 MB504L($P/(P+1)$)分频器分频，再经 A、N 计数器分频后形成 f_V 信号，$f_V = f_0/(NP+A)$。f_r 信号和 f_V 信号在鉴相器中鉴相，输出的误差信号(ϕ_V, ϕ_R)经低通滤波器形成近似直流信号，直流信号再去控制压控振荡器的频率。当环路信号锁定后，$f_V = f_r$ 且同相，$f_0 = (NP+A) \cdot f_V = (NP+A) \cdot f_r$，便可产生和基准频率具有同样稳定度和准确度的任意频率。

4）环路滤波器

采用三次有源环路滤波器，提高了滤波器对杂波和噪声的滤除能力，还能防止偏置漂移，构成稳定的，且滤除纹波能力强的环形滤波器。

5）压控振荡电路

用西勒振荡器作为主要的压控振荡部分，采用晶体管的限幅式振荡电路。

6）输出隔离放大电路

在本电路中，VCO 输出的信号，经双栅极场效应管隔离放大，使其输出功率达到激励电平的要求。再输入到 9018 的共集电极放大电路中输出。

7 实验报告要求

实验报告需要反映以下工作：

（1）课题需求分析：阐述所设计系统的应用背景、目的和意义，以及系统的功能与技术指标等；

（2）系统电路原理图：系统各电路方案论证，明确指出各个模块的划分和组成、功能；

（3）系统调试过程：调试过程中所遇到的问题，对问题的分析、解决、处理的结果；

（4）实验结论：对实验结果进行总结，提出可进一步优化的地方，或者功能可扩展的意见；

（5）心得体会：对所设计的系统进行综合评价，对完成实验的收获、体会以及如何通过综合实验培养学生的几种能力(知识应用能力、实践动手能力、创新能力)提出建设性意见。

8 考核要求与方法

（1）实物验收：功能与性能完成程度，完成时间。

（2）实验质量：电路方案的合理性，焊接质量、组装工艺。

（3）自主创新：功能构思、电路设计的创新性，自主思考与独立实践能力。

(4) 实验成本:是否充分利用实验室已有条件,材料与元器件选择合理性,成本核算与损耗。

(5) 实验报告:实验报告的规范性与完整性。

9 项目特色或创新

项目的特色在于:

(1) 工程实际的训练题目,使学生的实验内容和训练项目具有工程化的特点;

(2) 该案例贴近生活,为实际应用的设计任务,让学生可以更好地学会系统的搭建和设计,具备系统设计的能力,同时也提高了学生的学习兴趣;

(3) 分层次教学,有基本要求和提高、扩展要求,使具有不同能力和层次的学生都能充分调动自己的学习兴趣,增加每位学生动手、动脑的机会。

实验案例信息表

案例提供单位	东南大学成贤学院		相关专业	电子信息工程	
设计者姓名	徐玉菁	电子邮箱	49508317@qq.com		
设计者姓名	郁佳佳	电子邮箱	285179237@qq.com		
设计者姓名	左 梅	电子邮箱	1378096673@qq.com		
相关课程名称	模拟电子电路、高频电路、单片机	学生年级	大三	学时	80＋40
支撑条件	仪器设备	直流稳压电源,60 M示波器,函数信号发生器,数字万用表等			
	软件工具	Protel99SE 或 Altium designer、Keil C、FLASH MAGIC			
	主要器件	MC145146、MB504L、LM358、AT89C52、3SK122、电阻、电容、电感等			

第三部分

数字逻辑电路及数字系统实验

3-1 基于 FPGA 的 8 位 ALU 设计(2016)

1 实验内容与任务

(1) 以 CPU 内部 ALU 功能模块为对象,采用硬件描述语言设计一个基于 FPGA 的 8 位 ALU 功能模块,能够提供基本的算术逻辑运算、移位操作及程序状态字计算等功能,自行设计外围接口电路,并在 FPGA 开发板上验证所设计功能的正确性,实现控制信号及操作数据的输入,运算结果的输出显示,状态信息可以通过总线方式或按位方式显示。

(2) 8 位 ALU 的基本功能要求包括以下几种:

① 总线结构:单总线结构;

② 基本算术功能:不带进位的加/减法,带进位的加/减法;

③ 基本逻辑功能:相与、相或、取非;

④ 移位功能:逻辑左移、逻辑右移;

⑤ 程序状态字:进位标志、零标志位。

(3) 8 位 ALU 的扩展功能要求包括以下几种功能:

① 基本算术功能增加 5 种操作:参考 74181 芯片的算术运算操作;

② 基本逻辑功能增加 5 种操作:参考 74181 芯片的逻辑运算操作;

③ 移位功能增加 3 种操作:算术右移、循环左移、循环右移、带进位的循环左移、带进位的循环右移;

④ 程序状态字增加 3 种状态:符号标志位、溢出标志位、奇偶标志位;

⑤ 考虑低功耗方面的要求,或者考虑速度要求,改进基本的 ALU 体系结构。

2 实验过程及要求

(1) 学习掌握 ALU 的基本原理以及设计方法,注意分析算术逻辑运算指令在 ALU 中的具体运算执行过程及信号时序关系。

(2) 学习 ALU 与处理器其他功能模块的信号传递关系。

(3) 根据功能要求设计 8 位 ALU 的基本功能结构,采用硬件描述语言进行编程设计实现。

(4) 通过 EDA 工具的时序仿真方法验证 ALU 每个功能模块以及每种运算操作的正确性。采用 FPGA 原型方法验证 ALU 的基本功能,自行设计 ALU 的输入及输出接口,通过拨动开关输入控制信号及操作数据,数码管显示运算结果,LED 显示程序状态字信息。注意开关需要进行消抖操作,数码管采用动态扫描方式显示。

（5）撰写设计总结报告,并通过分组讨论交流不同实现方案的特点。

3 相关知识及背景

这是一个综合运用数字电路、计算机组成原理、硬件描述语言及 FPGA 的典型案例,需要运用数字电路设计、ALU 原理与结构、硬件描述语言设计、FPGA 设计应用、数据输入及显示、数码管动态扫描及控制信号时序等相关知识与技术方法。并涉及 EDA 软件仿真验证、FPGA 原型验证、总线结构、数据总线、控制总线及按键消抖等工程概念与方法。

4 教学目的

在较为完整的综合设计项目实现过程中引导学生了解计算机内部原理及结构,掌握硬件描述语言设计方法及 FPGA 设计验证方法;引导学生根据需求设计功能结构,设计并验证功能要求,并通过测试与分析提高综合实践能力。

5 实验教学与指导

本实验的过程是一个比较完整的综合实践,需要经历学习研究、需求分析、方案论证、结构设计、仿真验证、FPGA 验证、设计总结等过程。在实验教学中,应在以下几个方面加强对学生的引导:

（1）学习 ALU 设计的基本方法,了解 ALU 功能与指令集之间的关系,了解不同总线结构的差异,在不同总线结构下控制信号的时序及指令执行的过程也有所不同。

（2）不同的指令需要用到不同的控制信号,需要对每条指令进行分析以获取完整的控制信号及时序关系。

（3）在功能模块设计实现时,注意控制信号的先后顺序以及模块间信号传递关系。对于同一功能要求,硬件描述语言设计时可以采用不同的描述方式及不同的逻辑语句实现。

（4）可以简略地介绍控制信号的时序分析方法,要求学生自学整理出不同指令执行的控制信号时序关系。

（5）简略介绍功能仿真验证及 FPGA 验证方法,在逻辑功能设计完成后,要求学生对每条指令操作进行功能仿真验证。验证每条指令功能正确后,需要根据实验室所能够提供的条件,自行设计输入/输出接口电路,进行 FPGA 验证。

（6）在实验完成后,可以组织学生以项目演讲、答辩、评讲的形式进行交流,了解不同实现方案及其特点,拓宽知识面。

在设计中,要注意学生设计的规范性;如模块接口的规范性及可扩展性;并且要注意按键消抖、时钟频率对计算及结果显示的影响。

6 实验原理及方案

1) ALU 结构

本实验所设计的 ALU 包括算术运算、逻辑运算、移位运算和程序状态信息计算等功能,通过 CPU 控制总线和数据总线进行运算所需的数据及控制信号输入,运算结果及状态信息通过数据总线输出,状态信息可以进行按位访问。

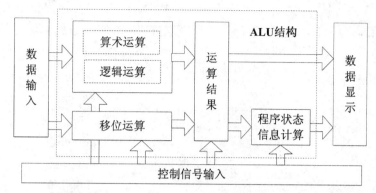

图 3-1-1　ALU 实验基本结构

2) 实现方案

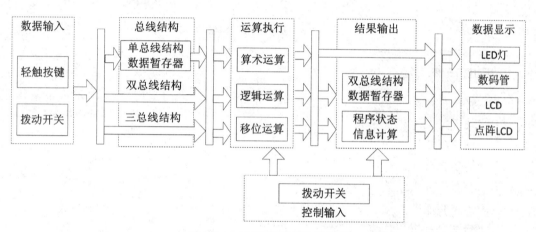

图 3-1-2　ALU 实现方法多样性

　　首先,可供选择的数据输入方式包括轻触按键(四脚按键)和拨动开关,输入的数据格式可以采用二进制或者十进制方式输入,控制信号输入主要采用拨动开关实现。输入信号需要进行按键消抖操作,以实现信号的正确输入。

　　其次,选择 ALU 内部总线结构,可选择的总线结构包括单总线、双总线和三总线结构。不同的总线结构的 ALU 内部结构也有所不同,控制信号的时序关系也不相同。选择单总线结构时,需要进行数据暂存后再输入 ALU 运算单元。选择双总线结构时,需要进行结果暂存后才能进行输出。

　　在 ALU 具体运算过程中,算术运算、逻辑运算和移位运算的控制信号各不相同,输入时注意控制信号与运算的对应关系。

　　在数据显示方式上,可采用 LED 灯、数码管、字符型 LCD 或点阵 LCD 等形式。输出数据格式可以采用二进制、十进制或者十六进制。程序状态字信息输出可实现按位输出或者数据总线方式输出。

3) 验证系统结构

　　采用硬件描述语言设计 ALU 功能模块,经仿真验证后下载到 FPGA 开发板进行板级验证。在基于 FPGA 开发板基础上,学生自行设计输入和输出接口电路。输入接口可采用拨动开关、矩阵键盘或并行接口键盘,实现操作数据及控制信号输入。输出接口可采用多个 LED 灯、并行或串行数码管、并行/串行字符型 LCD 或点阵 LCD,实现数据和运算结果的显示以及状态信息的输出。

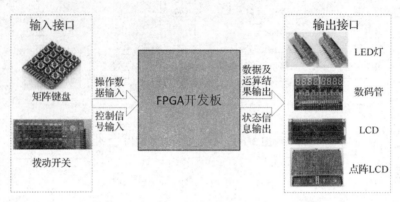

图 3-1-3　实验验证系统结构

7　实验报告要求

(1) 实验需求分析;

(2) 实现方案设计;

(3) 逻辑功能设计;

(4) 功能仿真验证;

(5) 信号时序分析;

(6) FPGA 验证;

(7) 实验结果分析与总结。

8　考核要求与方法

(1) 考核时间:课内 4 个学时,学生完成后可提出验收申请。

(2) 基本功能考核:功能的完成程度(如算术、逻辑及移位操作的运算指令条数、程序状态字的位数)及正确性,完成时间。

(3) 扩展功能考核:扩展部分的完成程度及正确性。

(4) 自主创新:功能构思、逻辑设计的创新性,自主思考与独立实践能力。

(5) 实验报告:实验报告的规范性与完整性。

(6) 考核标准:ALU 实验共 100 分,其中 ALU 基本功能占 50 分,实验报告占 20 分,可扩展性占 20 分,创新性占 10 分。

9　项目特色或创新

(1) 项目特色:知识应用的综合性,实现方法的多样性。

(2) 项目创新点:以硬件描述语言设计 ALU,实现了计算机专业多门硬件课程的有机结合。通过设计功能单元搭建 ALU 的方法,提高了学生对计算机体系结构的认知能力和关键原理的掌握程度。在实验教学中,引导学生进行创新性设计,增强了学生综合运用基础知识的实践能力。

实验案例信息表

参赛单位		西安电子科技大学计算机学院	相关专业	计算机科学与技术		
设计者姓名		张剑贤	电子邮箱	jianxianzhang@mail.xidian.edu.cn		
设计者姓名		周 端	电子邮箱	dzhou@xidian.edu.cn		
设计者姓名		周佳社	电子邮箱	jshzhou@mail.xidian.edu.cn		
相关课程名称		SoC 微体系结构设计	学生年级	大四(卓越班大二)	学时	56+32
支撑条件	仪器设备	Xilinx Spartan—3E FPGA 核心板				
	软件工具	Xilinx ISE 集成开发环境				
	主要器件	学生自行设计按键/开关、数码管/LCD/LED 接口电路				

3-2 基于 FPGA 的 FIR 滤波器实现(2015)

1 实验内容与任务

1)掌握环节

(1)加性高斯基础噪声信号去噪实验的实现;理解滤波器系数的生成原理;

(2)掌握基于 FPGA 的滤波器实现、调试和观测方法;

(3)噪声信号的评测和去噪指标的观测;观测滤波器去噪性能。

2)归纳环节

(1)各类型基础噪声:加性/乘性;高斯/非高斯;线性/非线性噪声的实验观测总结。

(2)在线性 FIR 滤波器基础上发展各种滤波器方法,实现对各种噪声的去除并进行观测。

3)扩展环节

(1)真实语音带噪信号的恢复,观察并将其归纳于前面归纳的基础噪声的类型或其组合,考虑使用某种类型的滤波器或其组合进行去噪,通过主观和客观指标评价得到较好的去除效果。

(2)硬件设计上可考虑并行算法与并行结构滤波器的设计实现。

2 实验过程及要求

学生实验前应做好预习,熟悉相关背景知识介绍中所讲解的内容,并思考本实验的归纳与扩展部分。

使用 Matlab 软件完成针对给定语音信号滤波器的指标参数的 FIR 滤波器系数设计,使用 DSP Builder 或者自行完成 HDL 程序编制。实现编译、下载等验证过程。使用 Modelsim 观察仿真波形,使用 SignalTap Ⅱ 截取真实信号,对比仿真图形,验证实现效果。

一般要求 1~2 人一组完成实验,学生实验时可以相互讨论进行探索。实验平台使用 Altera 联合实验室的 DE2-115 教学实验系统。自行设计实验步骤。记录实验过程中的异常情况,分析问题,解决问题。记录设计的程序代码,记录仿真波形,用 SignalTap Ⅱ 截取真实信号波形,记录综合结果,记录时序分析结果。总结报告中必须有上述记录的结果。按自身能力与要求,完成掌握、归纳、扩展部分的实验要求。报告必须每人独立完成,合作完成实验的报告中要报告自己主要负责完成的任务工作。

实验结果必须由教师验收确认。完成扩展部分实验的同学可申请演讲,交流报告自己的实验成果。

3 相关知识及背景

本实验的提前预修课程包括:信号与系统、数字信号处理、语音信号处理、数字逻辑电路、集成电路设计实验(FPGA 验证部分)等理论与实践课程。

需要掌握 Matlab、Quartus Ⅱ软件的使用,DE2-115 设备的使用,需要具备基本的程序调试能力。

预习知识:去噪技术;噪声类别特点;噪声信号的评测和去噪指标;去噪技术实现;FIR 滤波器设计;DE2-115 设备的使用。

4　教学目的

运用信号处理课程中关于滤波器的基本知识,使用 FPGA 设计技术完成指定指标的 FIR 滤波器的硬件实现。提升学生的动手能力,培养学生的工程实践素质。

(1) 实现基于 FPGA 的滤波器设计。

(2) 通过对噪声信号、滤波器原理、性能的掌握、归纳,实现对滤波器设计和噪声信号的深入理解。

(3) 在系统分析和掌握滤波器实现和噪声类别的基础上引申出现实滤波器在真实语音信号去噪上的应用。

5　实验教学与指导

教师在实验前对本次实验进行知识讲解、方法引导、背景解释;在实验中进行间接引导与直接指导。

为了达到每个实验的教学预期效果,学生实验前必须认真预习背景知识,实验中必须遵守实验安全规则、操作细则,实验结束后必须认真撰写实验报告进行总结。

实验中的指导采用学生自学、讨论为主,教师讲解、答疑为辅,实验完成后验收的模式。

6　实验原理及方案

使用 Matlab 完成指定指标的 FIR 滤波器设计,使用 Matlab 的 dsp builder 工具箱完成滤波器的硬件描述语言设计或者自行完成 HDL 代码设计,在 FPGA 上实现验证。

以一个 4 阶滤波器为实例,介绍如何实现 FIR 滤波器,同学们需要根据性能要求自己进行扩展设计。滤波器的冲激响应函数为:

$$Y(n)=0.155\ 1n+0.239\ 9(n-1)+0.273\ 1(n-2)+$$
$$0.239\ 9(n-3)+0.155\ 1(n-1) \tag{1}$$

这是一个奇对称且具有线性相位的 FIR 滤波器。为了能够写成可综合的 HDL 程序,应该把这些浮点类型的数据转换成定点数据类型,可以把这些系数同时乘以 2^{10},即 1 024,这样近似的保留到小数点后三位。程序中还应当保证计算过程中不能溢出,为此将求和寄存器位数设定为 32 位。

直接实现的 FIR 滤波器代码:

```
module FIR_filter(clk,clk_enable,filter_in,filter_out);
    input clk,clk_enable;//clk:同步时钟,clk_enable:FIR 滤波使能
    input signed [15:0]filter_in;//输入信号
    output signed [31:0] filter_out;//滤波后输出信号
        //定义滤波器系数
    parameter signed[15:0] coeff1=16'b0000_0000_1001_1111;//0.1551
    parameter signed[15:0] coeff2=16'b0000_0000_1111_0110;//0.2399
    parameter signed[15:0] coeff3=16'b0000_0001_0001_1000;//0.2731
```

```
parameter signed[15:0] coeff4＝16'b0000_0000_1111_0110;//0.2399
parameter signed[15:0] coeff5＝16'b0000_0000_1001_1111;//0.1551
    //内部中间信号
reg signed [15:0]delay_pipeline[0:4];
wire signed[31:0]product5,product4,product3,product2,product1;
wire signed[31:0]sum1,sum2,sum3,sum4;
reg signed [31:0]output_register;
always@(posedge clk)
    begin：Delay_Pipeline_process
            if(clk_enable==1'b1)begin
            delay_pipeline[0]<=filter_in;    //保存前几次输入信号
            delay_pipeline[1]<=delay_pipeline[0];
            delay_pipeline[2]<=delay_pipeline[1];
            delay_pipeline[3]<=delay_pipeline[2];
            delay_pipeline[4]<=delay_pipeline[3];
            output_register<=sum4;    //同步输出
                end
        end
    //Delay_Pipeline_process
assign product5＝delay_pipeline[4]＊coeff5;//FIR滤波中的乘法实现
assign product4＝delay_pipeline[3]＊coeff4;
assign product3＝delay_pipeline[2]＊coeff3;
assign product2＝delay_pipeline[1]＊coeff2;
assign product1＝delay_pipeline[0]＊coeff1;
assign sum1＝product1＋product2;//FIR滤波中的加法实现
assign sum2＝sum1＋product3;
assign sum3＝sum2＋product4;
assign sum4＝sum3＋product5;
assign filter_out=output_register;//信号输出
endmodule//FIR_filter
```

RTL View 中观察到的综合结果：

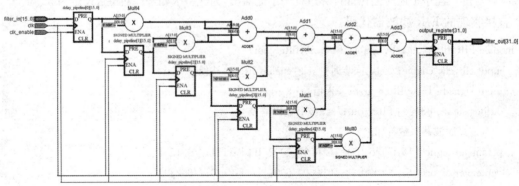

图 3-2-1　FPGA 综合结果

上面的例子只是一个简单粗糙的例子。学生在实现时,可以考虑系统实现算法结构、存储结构与运算器实现方法上的改进。

7　实验进程

1) 实验前

结合实验指导书,预习并准备以下内容

(1) 理解 FPGA 相关工具的使用方法;

(2) 根据基本内容编写相应代码;

(3) 软件仿真进阶和创新的实验内容。

2) 实验中

(1) 讲解内容:

① 编写、调试、仿真、验证 FIR 滤波器的实验代码。

② 工具使用:连接 DE2-115 设备,使用 Quartus Ⅱ下载验证,使用 SignalTap Ⅱ工具实时捕获实验数据。

③ 电路设计流程:推导理论公式,理论浮点仿真;研究系统并行程度需求;推导标号并行公式,并行算法浮点仿真;算法定点化,并行算法的定点仿真;存储结构设计,运算单元流水线设计,运算单元字长设计。

(2) 完成基本内容:实现 FIR 滤波器并对仿真信号进行处理。

(3) 完成进阶内容:语音去噪实验。

① 语音信号通过 DE2-115 上的 WM8731 获取 MIC 上输入的语音信号;

② 使用数字直接频率合成技术生成高频正弦干扰信号;

③ 设计 FIR 低通滤波器,实现语音信号高频干扰的实时滤除。

(4) 完成创新内容:图像边缘提取实验。

① 图像信号通过 D5M500 万像素 CMOS 传感器获取;

② 使用 VGA 接口实时输出处理结果;

③ 设计 FIR 高通滤波器,实现图像的边缘提取。

3) 实验后

撰写实验报告,重点体现以下内容:

(1) FPGA 实现、调试过程,程序流程分析;

(2) FIR 滤波器类型、参数选择依据和最终方案;

(3) 记录实验现象、出现问题、解决的方法;

(4) 语音信号去噪和图像信号边缘提取结果,选取不同参数获得的效果对比,最终选定的参数以及相应结果;

(5) 分析实际项目实现时,与理论模型的可能偏差出现的原因与解决办法。

8　实验报告要求

实验总结报告中必须有:设计的程序代码,记录的仿真波形,SignalTap Ⅱ截取的真实信号波形,记录的综合结果,记录的时序分析结果,并完成结果分析。按自身能力与要求,完成掌握、归纳、扩展部分的实验要求。报告必须每人独立完成,合作完成实验的报告中要报告自己主要负责完成的任务工作。

9 考核要求与方法

基础部分在实验室用 4 学时完成,其他扩展部分课后完成。

(1)基础考核:重复规定指标参数的滤波器实现;
(2)优秀考核:滤波器和噪声信号的归纳总结能力;
(3)延伸考核:真实语音信号去噪实验(没有最优结果,直接通过主、客观指标进行评测)。

10 项目特色或创新

(1)创新理念,突破传统信号处理基于纯软件的实验体系与模式,改用 FPGA 硬件平台实现。注重培养学生科学精神、科学素养和实践能力,有效地融入了主动学习和多层次项目导向的教育理念,突破传统信号处理基于纯软件的实验体系与模式,打通了电子信息学院信息与通信工程系列核心内容——信号处理系列课程的教学和实验内容,按知识群设置课程模块,按知识点设置课程系列,体现综合性、分层次和创新能力培养方式,为电工电子相关课程体系改革试点提供了新思路。

(2)设计、实现模块化。实验中,通过模块化的实现方式,降低学生的实现难度。使学生将主要精力用于本次实验的关键知识与技术的运用和理解上。复杂的电路模块,事先由教师设计完毕,提供接口给学生。

(3)利用校园网环境整合完整教学链条的教学过程设计,技术方案具有先进性,实现模式具有可推广性,在激励考核引导下培养学生的主动学习理念,注重学生综合素质和创新能力培养,创新实验鼓励学生运用不同的方案策略,探索不同结果。

实验案例信息表

案例提供单位	武汉大学		相关专业	通信工程
设计者姓名	何 楚	电子邮箱	chuhe@whu.edu.cn	
设计者姓名	徐 新	电子邮箱	xinxu@whu.edu.cn	
设计者姓名	曹华伟	电子邮箱	chw@whu.edu.cn	
相关课程名称	信号2硬件	学生年级	大三	学时 36
支撑条件	仪器设备	计算机、电源		
	软件工具	Quartus II 10.0		
	主要器件	DE2-115 教学实验系统、耳麦、音箱		

3-3 移位寄存器的应用——串行通信原理实现(2015)

1 实验内容与任务

用多功能移位寄存器模拟实现两台微机/单片机之间的串行通信原理。

1) 基本功能

(1) 发送端实现4位数据的并行输入和串行移位输出,输入数据用DIP开关或钮子开关给定;

(2) 接收端实现数据的串行移位输入和并行输出,输出数据用发光二极管指示;

(3) 按下启动按钮,实现数据从发送端到输出端的串行通信功能。

2) 扩展功能

(1) 发送端实现8位数据的并行输入和串行移位输出,接收端实现相应8位数据的串行移位输入和并行输出;

(2) 用555电路和必要的计数器、门电路芯片等实现周期为1 s的方波,作为移位寄存器的输入脉冲信号。

3) 提高功能

(1) 发送端和接收端的数据校验功能;

(2) 数据传输速率(波特率)可选并计算相应的波特率;

(3) 全双工数据通信的实现。

2 实验过程及要求

(1) 根据任务要求,设计实验电路,注意多功能移位寄存器功能选择端与数据发送端和数据接收端以及启动按键之间的配合;

(2) 用Multisim对所设计的电路进行仿真验证;

(3) 分别完成发送端和接收端电路的连接与调试;

(4) 完成联调,注意发送端与接收端数据移动的一致性,纠正设计方案的不足和错误之处;

(5) 撰写实验总结报告,学习交流不同解决方案的特点和现象。

3 相关知识及背景

多功能移位寄存器中的数据可以在移位脉冲作用下依次逐位右移或左移,数据既可以并行输入、并行输出,也可以串行输入、串行输出,还可以并行输入、串行输出,串行输入、并行输出,十分灵活,用途也很广。串行通信是数据通信中最为重要的一种传送方式。串口是微型计算机、单片机以及其他各种微处理器的必备功能,是各种自动化仪器设备的标配接口。

4 教学目的

通过该实验,让学生不仅掌握移位寄存器的工作原理,而且了解数字串行通信的基本工原理,对于学生今后学习和掌握微机原理与接口技术、单片机原理与接口技术以及嵌入式系统中串口通信接口及应用打下坚实基础。

5　实验教学与指导

本实验是一个综合性实验,不仅需要掌握移位寄存器的基本原理,还要正确理解数字串行通信的基本实现方式。在实验教学中,应在以下几个方面加强对学生的引导:

(1) 数据发送端将实现并行数据输入、串行数据输出,模拟微处理器中 CPU 将数据发送给串口数据寄存器,同时还需要注意左移或右移(数据由低位向高位还是由高位向低位移动)的方向。

(2) 数据接收端将实现串行数据输入、并行数据输出,模拟微处理器中 CPU 将读取串口数据寄存器,同时还需根据发送端数据移动方向注意确定左移或右移方向,以便使发送和接收到的数据格式一致(高位在前还是低位在前)。

(3) 一片多功能移位寄存器(如 74LS194)只有 4 位并行输入,如需扩展至 8 位数据,则应采用级联方式。

(4) 数据传输速率可选,可以通过 555 定时器产生一定频率的方波,通过计数器分频后,由多路数据选择器选择不同频率的方波脉冲实现。

(5) 为什么需要进行数据校验? 导致数据传输出错的可能原因有哪些? 本实验数据校验可采用奇偶校验,提示学生实际的微处理器串口一般采用循环冗余校验。

(6) 给出波特率的定义和计算公式。

(7) 全双工通信的概念和实现方式。

(8) 在实验完成后,可以组织学生进行交流,了解不同解决方案及其特点。

6　实验原理及方案

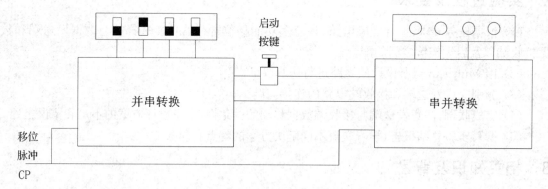

图 3-3-1　基本功能框图

1) 本实验基本功能的实现

本实验可选择的器件:74LS194,74LS00,LM555,74LS161、74LS163,74LS151,DIP 开关,微型 3 脚 2 挡钮子开关、发光二极管等。

2）时钟脉冲电路

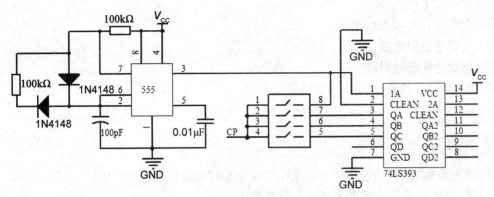

图 3-3-2 时钟脉冲电路

利用 LM555 芯片产生周期为 2 s 的时间脉冲信号，信号通过 74LS393 进行分频得到周期分别为 2 s、4 s、8 s、16 s 的时间脉冲，利用拨码开关对时间脉冲进行选择，实现波特率可调。

使用 74LS194 进行模拟微机的串行通信，74LS194 仅在时间脉冲为上升沿时才能将数据进行移位，即在一个脉冲的周期内数据只传输一位，则波特率的计算公式为：

$$S=1/T$$

其中，S 表示波特率，T 为时间脉冲的周期。

3）并串转换及串并转换原理

串并转换及并串转换都是利用 74LS194 芯片，其功能表如表 3-3-1 所示，本实验通过 2 挡拨动开关对串并转换以及并串转换进行控制，当 2 挡处于断开状态时控制端 S_0、S_1 都被拉高，此时并行输入端将输入端的数据输出至其输出端；当 2 挡拨动开关拨至第一挡位时 S_0 被拉低，S_1 被拉高，此时当有时间脉冲输入时，数据进行左移，将数据通过串行的方式传送到接收端并进行串并转化；当 2 挡拨动开关拨至第二挡位时控制端 S_0 和 S_1 都被拉低，74LS194 处于锁存状态，将串行数据转换为并行输出并保持该状态。

表 3-3-1 74LS194 功能表

控制端		功能
S_1	S_0	
0	0	锁存
1	0	左移
0	1	右移
1	1	并行输出

7 实验报告要求

实验报告需要反映以下工作：

（1）实验任务与要求；

(2) 实验仪器与主要器件;

(3) 设计方案;

(4) 电路设计与参数计算;

(5) 完整电路原理图;

(6) 调试方法与过程;

(7) 实验结果(现象);

(8) 心得体会。

8　考核要求与方法

(1) 实物验收:基本功能和扩展功能在实验台上的完成程度,完成时间。

(2) 实验质量:电路方案的合理性与创新性。

(3) 虚拟仿真:提高功能的设计方案和实验电路虚拟仿真的验证及方案比较。

(4) 参数计算:器件参数选择计算方法与合理性。

(5) 实验报告:实验报告的规范性与完整性。

9　项目特色或创新

(1) 利用多功能移位寄存器的并行置数、并串转换、串并转换和数据的并行输出等功能模拟实现串行通信原理,有利于理解和掌握移位寄存器的原理和串行通信技术的概念与基本原理。

(2) 综合应用组合逻辑和时序逻辑电路的基本知识和常用芯片。

(3) 提高学生综合运用知识的能力和创新能力。

实验案例信息表

案例提供单位	湖南科技大学电子与电气技术实验教学中心		相关专业	电子信息	
设计者姓名	吴亮红		电子邮箱	lhwu@hnust. edu. cn	
设计者姓名	卢 明		电子邮箱	mlu@hnust. edu. cn	
设计者姓名	吴新开		电子邮箱	xkwu@hnust. edu. cn	
相关课程名称	数字电子技术	学生年级	二年级	学时	4+4
支撑条件	仪器设备	数字电子实验台(箱)			
	软件工具	Multisim 7.0			
	主要器件	74LS194、74LS00、LM555、74LS161、74LS163、74LS151、DIP 开关、微型 3 脚 2 挡钮子开关、发光二极管等			

3-4 基于 FPGA 的简易数字频率计的设计(2015)

1 实验内容与任务

简易数字频率计主要用于测量 TTL 逻辑电平的脉冲信号的频率值。

1) 基本功能

(1) 测量频率范围:分三挡:1~999 Hz;0.01~9.99 kHz;0.1~99.9 kHz。

(2) 测量结果:显示 3 位有效数字。

(3) 测量精度:±5%。

(4) 可手动或自动切换量程挡位。

2) 扩展功能

可以测量信号的周期和脉冲宽度,测量范围 1 ms~1 s。

2 实验过程及要求

(1) 学习了解测量数字信号频率、周期、脉宽的各种方法;注意测量精度对电路设计的要求。

(2) 选用合理的方案设计电路,选择将测量结果以数字的形式显示出来,注意小数点的位置。可以适当考虑扩展功能的实现方法。画出电路原理图。

(3) 学习并掌握可编程器件在数字电路设计中的应用。

(4) 选择合适的可编程器件以及外围电路(包含挡位选择开关、数码管显示电路等),将设计电路通过 EDA 软件下载到可编程器件中。

(5) 连接外围电路,搭建测试平台。

(6) 设计合理的测试方案,选用测试仪表;设计完整的测试数据表格。

(7) 记录实验测试数据,整理、分析,验证指标要求。

(8) 撰写设计总结报告,并通过分组答辩,学习交流不同解决方案的特点。

3 相关知识及背景

这是采用可编程器件来解决工程实际问题的典型案例,涉及的知识点有:频率计测量原理、精准时基产生、可编程器件使用、测试算法分析、误差分析、数据显示、报告撰写等。

4 教学目的

通过本次较为完整的实验项目,使学生了解频率计的基本原理;掌握数字小系统的设计方法、方案论证方法;了解基本的算法研究;掌握可编程器件的使用方法。提升学生解决实际问题的能力;培养学生的硬件素质。

5 实验教学与指导

本实验是学生掌握计数、译码、显示等基本数字单元电路后,设计实现的一个比较完整的综合实践项目,需要经历学习研究、方案论证、系统设计、实现调试、数据分析、设计总结等一系列过程。在实验教学中,需要在以下几个方面加强对学生的引导:

(1) 学习周期信号频率测量的几种基本方法,分析各种测量方法的优缺点,根据指标要求,选择合理的设计方案。

(2) 测量结果的显示需要稳定清晰,设计时要考虑清零、计数、显示的节拍分配。

(3) 实验要求的精度并不高,主要取决于时基信号的精度,设计时应考虑精准时基信号产生方法。

(4) 在电路设计、装配、调测完成后,必须要用精度更高的仪器设备进行实际测量,标定所有被测挡位频率值的误差。

(5) 在实验完成后,可以组织学生以演讲、答辩和教师点评的形式展开交流,了解不同解决方案及其特点,拓宽知识面。

(6) 在设计中,要注意学生设计的规范性,如系统结构与模块划分,信号的时序要求;在调试中,要注意时基信号频率的测量,控制电路的调测;在测试数据分析时,要分析误差来源。

6 实验原理及方案

1) 系统结构

图 3-4-1 基于 FPGA 的简易数字频率计系统结构框图

2) 算法研究

测量脉冲信号频率的方法主要有直接测频法和间接测周法。所谓的直接测频法,是指在确定的闸门时间内,通过计数器记录待测信号周期次数,并根据频率的定义计算待测信号的频率。框图如图 3-4-2 所示。在测试电路中设置一个闸门产生电路,用于产生脉冲宽度为 T_s 的闸门信号,控制闸门电路的导通与断开。在闸门开通的时间内,被测信号的脉冲被送至计数电路进行计算。假设计数电路的计数值为 N,则被测信号的频率为 $f_x = N/T_s$。

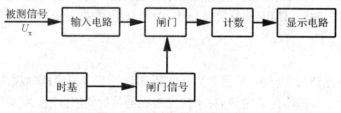

图 3-4-2 直接测频法方框图

间接测周法是指在被测信号一个周期内记录下时基信号脉冲的个数 N,通过计算被测信号

周期 $T_x = N \times T_s$,得出信号频率 $f_x = \dfrac{1}{T_s}$。图 3-4-3 是间接测周法框图。

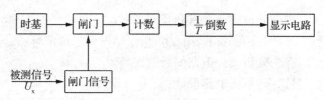

图 3-4-3 间接测周法框图

直接测频法在被测信号周期大于闸门周期时会出现严重错误,设计时应根据挡位考虑改变闸门周期。间接测周法要增加周期转频率的电路,被测信号频率较高时要求时基信号的频率也相应提高,否则精度变差。设计时也可以考虑结合两种方法,在不同的频段选择不同的方法测量。

3) 设计方案

在设计精度要求不太高的情况下,可以采用直接测频法。实现框图如图 3-4-4 所示。直接测频的误差主要由两项组成:±1 量化误差和时基信号频率误差,设计时要注意振荡器的设计方法。

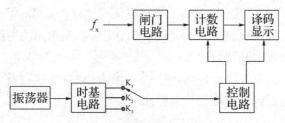

图 3-4-4 直接测频法实现框图

控制电路包含测量挡位的选择和清零、计数、显示的节拍分配。挡位选择可以采用手动也可以采用自动。采用自动切换,需要增加比较电路。

7 实施进程

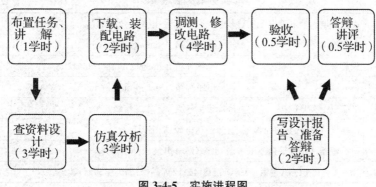

图 3-4-5 实施进程图

8 实验报告要求

(1) 实验需求分析:透彻分析实验要求和技术指标;

(2) 实现方案论证:分析各种测量算法优劣,根据精度要求选定算法;

(3) 理论推导计算:理论分析设计电路的系统误差;

(4) 电路设计与参数选择:单元电路设计;

(5) 电路测试方法:根据指标要求拟定测试方案;

(6) 实验数据记录:详细记录测量结果;

(7) 数据处理分析:计算每挡测量误差;

(8) 实验结果总结:总结并提出改进意见。

9 考核要求与方法

(1) 仿真验收:项目数字电路部分的可编程器件设计,要求学生设计过程中进行功能仿真和时序仿真,指导教师验收仿真结果是否符合频率计设计指标要求;

(2) 实物验收 1:所有基本功能、指标是否符合设计要求,记录完成的时间;

(3) 实物验收 2:选做功能是否符合指标要求;

(4) 实物验收 3:学生的创新设计验收,根据具体情况分析记录;

(5) 提问环节:对设计、调测等实验内容进行个别提问,根据回答情况记录;

(6) 实验数据:测试数据和测量误差;

(7) 实验讨论:学生自愿上讲台讲解,包括实验创新、遇到的问题及解决方法、实验收获等;

(8) 实验报告:实验报告的规范性与完整性。

10 项目特色或创新

数字频率计是常用实验仪表,融合了计数、选择、译码、显示、比较等数字单元电路,有一定的设计技巧和很强的综合性。用可编程器件实现,既节约电路装配时间,也可打破器件的限制,使实现方法多样化。也可以进阶采用 VHDL 语言实现,在设计上提高难度,将系统做大、做精。

实验案例信息表

案例提供单位	南京邮电大学电工电子实验教学中心		相关专业	通信与信息工程	
设计者姓名	薛 梅		电子邮箱	xuem@njupt.edu.cn	
设计者姓名	朱震华		电子邮箱	zhuzh@njupt.edu.cn	
设计者姓名	肖 建		电子邮箱	xiaoj@njupt.edu.cn	
相关课程名称	电工电子实验(二)	学生年级	二年级	学时	4+8
支撑条件	仪器设备	高精度频率计、数字示波器、直流稳压电源、数字万用表			
	软件工具	可编程器件开发平台 Xilinx 公司 ISE12.4 开发软件			
	主要器件	Xilinx 公司 FPGA 芯片 XC3S50TQ144;12M 晶振;译码驱动器;数码管			

3-5 直流电机测速装置的设计（2015）

1 实验内容与任务

设计一个测量电机转速的装置,电机速度由可调直流电源来控制,电机在一定时间内旋转的圈数可由数码管显示。

1）基本要求

（1）电机供电电源为 3～9 V 可调直流电源;

（2）设计出计数、译码、显示电路,可显示出一定时间内电机旋转的圈数。

2）提高要求

（1）设计一个时间控制部分,如 5 s 时间到,电机停止旋转,数码管停止计数,再过 5 s,数码管清零,电机再次开始旋转,数码管重新计数;

（2）时间控制部分中的定时时间可调。

3）发挥要求

利用其他方式,如单片机等来实现此设计。

2 实验过程及要求

（1）采用分立元件或三端集成稳压器设计直流稳压电源,输出可调电压范围为 3～9 V;

（2）调整电压大小,观察其对电机转速的影响;

（3）将简易码盘及测速装置与电机连接,以实现将电机的转速转换成光电脉冲信号;

（4）设计并搭建整形电路使测速装置得到的脉冲信号可作为计数电路的计数脉冲信号;

（5）设计并搭建计数译码显示电路,要求搭建一个 4 位十进制计数器,异步计数器与同步计数器均可;

（6）设计并搭建一个 5 s 定时电路,并考虑如何将其设计为一个时间可调的定时电路;

（7）设计并搭建控制电路,控制电机工作一定时间后自动停止,在等待一段时间后再次开始工作,循环往复;

（8）将各系统模块进行联机调试,实现整机电路工作;

（9）完成实验报告,画出各模块原理图及 PCB 图,部分优秀设计作品可在实验室完成 PCB 制版。

3 相关知识及背景

本实验是数电知识的一个综合实验,将门电路与组合逻辑、555 时基电路的应用、计数译码显示电路、触发器的应用等内容相结合,同时,在实验过程中,需要运用模拟电路技术、信号检测技术、信号处理、数据显示等相关知识与技术方法。既提高了综合设计及动手实践能力,也对系统设计有了初步认识。

4　教学目的

通过一个较完整的工程项目对前期所学理论知识与实验知识融会贯通,并加以综合应用,根本目的就是解决学生常问的"有什么用"的问题。引导学生从电路设计、元器件选用到电路调试,既锻炼学生综合能力,同时又提高了学生分析问题、解决问题的能力。

5　实验教学与指导

本实验是一个综合性设计实验,需要经过查阅文献、方案论证、系统设计、制作调试、总结归纳等过程。在实验教学过程中,应以学生为主体,在各个模块的基本知识已经具备的前提下,每个学生各自设计的电路不要求统一一致,实验结果达到任务要求均可,对于实验中出现的问题,可由教师集中讲解,也可由学生分组讨论,重点在以下几个方面加强对学生的引导:

(1)复习直流稳压电源的制作原理,设计出题目所需的电源,注意电源的性能指标对后续电路的影响;

(2)转速测量模块:课堂中关于本部分的知识涉及不多,可介绍几种光敏器件、红外器件的基本工作原理,供学生选择;

(3)实验中,可用示波器观察测速模块的输出信号,虽然有脉冲,但由于其电流过小,并不能驱动计数电路进行计数,故需要设计一个整形电路,可采用 555,也可采用运放,学生可自行选择;

(4)控制电路的设计部分并不统一要求,该部分电路设计是对数电基础知识应用能力的一个考查,门电路、触发器、继电器等均可实现;

(5)在电路设计完成后,可用仿真软件,如 Multisim 软件等进行仿真,并根据仿真结果改进实验电路;

(6)在电路调试过程中,可利用仪器设备来检查每个模块电路是否达到要求,比如用示波器观察光电器件的输出脉冲频率是否与数码管的计数频率一致;

(7)实验完成后,可以组织学生以项目演讲、答辩、评讲的形式进行交流,了解不同解决方案及其特点,拓宽知识面。

在设计中,要注意学生设计的规范性;如系统结构与模块构成,模块间的接口方式与参数要求;在调试中,要注意工作电源、参考电源品质对系统指标的影响,电路工作的稳定性与可靠性;在测试分析中,要分析系统的误差来源并加以验证。

6　实验原理及方案

1)系统结构

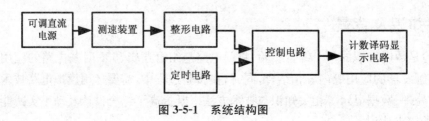

图 3-5-1　系统结构图

2）实现方案

本设计的原理较为简单,每个模块拆开均是基础内容,所以设计时可分模块设计,测试时,也可逐个模块进行测试,方便找出电路设计的问题所在。

（1）稳压电源的设计:可采用分立元件,也可以选择三端集成稳压器;

（2）由电机的内阻、驱动电流确定电源的最大输出电流,再确定三端集成稳压器(或调整管)的型号,滤波电容耐压范围的选择,整流桥堆(整流二极管)参数的选择;

（3）电机测速模块的设计,一般采用含有整形芯片的一体化模块,也可以采用分立元件搭建,分立元件可选用常用的红外对管;

（4）控制电路部分的形式最为多样,是学生最容易发挥的部分,该部分可选用门电路,如74LS00、继电器、触发器等来实现;

（5）定时电路部分,可根据学过的模拟电子技术的知识,利用555、比较器、一阶电路等来实现。

7 实施进程

（1）提前两周布置实验任务,提出实验要求。

（2）课前准备:3人组队、查阅文献、设计电路、电路仿真。

（3）课堂讲解:学生以项目讲解、答辩、讲评的形式进行交流,了解不同解决方案及其特点,拓宽知识面。

（4）开放实验,电路搭建、验证功能、改进完善、实物制作。

（5）课后总结:总结归纳、实验报告、提交实物。

8 实验报告要求

（1）实验需求分析;

（2）实现方案论证;

（3）理论推导计算;

（4）电路设计与参数选择;

（5）元器件的选择;

（6）电路仿真结果;

（7）电路测试方法;

（8）实验数据记录;

（9）数据处理分析;

（10）实验结果总结。

9 考核要求与方法

（1）作品展示:按课程的计划结束时间提交实物作品,完成指标测试。（40%）

（2）答辩验收:需用PPT形式展示整个系统的设计思想,就设计调试过程中遇到的问题、出现问题的原因及解决问题的方法进行重点说明。（30%）

（3）整机焊接质量、元件布局的合理性,操作与观察的方便性综合评价。（10%）

（4）材料与元器件选择合理性,损耗与成本核算。（10%）

（5）实验报告:实验报告的规范性与完整性。（10%）

10 项目特色或创新

本实验的特色在于每个电路模块均是所学的基础重点内容,将所学理论知识综合应用到实际电路中,通过亲历电子装置从设计到调试组装的全部动手、动脑的实践过程,走出只见树木,不见森林的误区,逐步培养学生的工程意识,并且鼓励学生在不同的学习阶段打牢基础,开阔思路,合理、灵活运用已有知识,通过创意组合实现创新。

实验案例信息表

案例提供单位	空军工程大学		相关专业	电子技术	
设计者姓名	马静囡	电子邮箱	52389425@qq.com		
设计者姓名	张 君	电子邮箱			
设计者姓名	李少娟	电子邮箱			
相关课程名称	电子技术实验	学生年级	大二	学时	(4+4)
支撑条件	仪器设备	示波器、电烙铁、焊锡、万能板			
	软件工具	Multisim、Altium Designer			
	主要器件	LM317、红外对管、555、74LS00、74LS161、数码管、74LS247 等			

3-6 组合逻辑电路——多功能数字密码锁的实现(2015)

1 实验内容与任务

实验任务:设计数字密码锁,满足不同层次功能要求。可选器件包括74LS00,74LS10,74LS20,74LS138,74LS151,74LS153,可编程逻辑器件EPM7128S。

1) 基本功能(必做)

(1) 设置密码输入端A、B、C、D,控制信号输入端E,开锁信号端Z1,报警信号端Z2;

(2) E=0时,既不开锁也不报警;E=1时,如果密码正确,则开锁,如果密码错误,则报警。

2) 扩展功能(选做)

(1) 密码用4位十进制数表示,在开锁状态下可重新设置密码,密码存于EEPROM中,掉电不会丢失;

(2) 输入的密码用七段数码管显示,最后输入的数字显示在最右边,每输入1位数字,密码在数码管上的显示左移1位,系统设有删除键,用于删除误输入的数字,每按1次,删除最右边的1位,同时密码右移1位;

(3) 系统功能键包括系统整体复位键、激活电锁键、解除电锁键、修改密码键,都需要在输入密码后才能操作;

(4) 当4位密码输入正确时,数码管显示全"F",呈开锁状态,按下退出系统键,则又回到锁存状态,数码管熄灭;

(5) 连续3次输入错误密码,系统发出报警;

(6) 系统接收到有效的按键输入,会发出提示音。

2 实验过程及要求

1) 实验预习

(1) 选择合适的器件,查阅器件的管脚定义及性能指标,设计逻辑图及实验方案;

(2) 完成必做内容;

(3) 编写VHDL程序,完成选做内容。

2) 软件仿真

(1) 在Multisim环境下,对必做内容的电路进行仿真;

(2) 在QuartusⅡ环境下,编译VHDL程序,仿真波形,验证选做内容的功能。

3) 硬件测试

(1) 在数字实验箱上连接电路,测试必做内容的功能,记录测试结果;

(2) 下载程序至芯片,测试选做内容的功能,记录测试结果。

4) 课堂讨论与总结

(1) 实验预习过程中,方案设计有哪些方法? 进行方案比较。

(2) 实验过程中出现了哪些问题? 如何排除故障?

(3) 数字密码锁在生活中使用的案例,作为课外选做内容。

(4) 课堂总结。

3 相关知识及背景

这是一个运用数字电路和数字系统技术解决现实生活和工程实际问题的典型案例,需要运用小规模集成逻辑门、中规模集成器件的逻辑功能和使用方法,组合逻辑电路的设计方法,EDA 软件(Multisim 和 Quartus Ⅱ)的使用,VHDL 语言的编程方法,数字实验箱的使用,硬件电路的连接及调试方法,排除硬件电路故障的方法,常用电子仪器的使用方法。

4 教学目的

培养学生运用所学知识解决工程问题的能力,引导学生根据实际问题查阅相关技术资料、设计合理的方案,选择合适器件,掌握组合逻辑电路的设计方法,以及仿真、安装调试等实践技能。

5 实验教学与指导

本实验是一个组合逻辑电路的设计应用实验,采用传统和现代相结合的数字电路设计方法实现。在实验教学与指导中,应在以下几个方面加强对学生的引导:

(1) 组合逻辑电路设计基本流程;

(2) SSI 和 MSI 器件的使用方法;

(3) EDA 仿真软件使用要点;

(4) 数字实验箱及常用电子仪器的使用注意事项;

(5) 实验中可能遇到的故障及排查方法。

6 实验原理及方案

在数字系统中,按逻辑功能的不同,可将数字电路分为两类,即组合逻辑电路和时序逻辑电路。组合逻辑电路在任何时刻的稳定输出仅取决于该时刻电路的输入,而与电路原来的状态无关。下面给出组合逻辑电路设计的一般流程。

1) 建立逻辑函数

(1) 根据设计要求,定义输入逻辑变量和输出逻辑变量;

(2) 列出真值表;

(3) 写出逻辑表达式。

2) 利用 SSI、MSI 实现基本功能(必做)

(1) SSI 和 MSI 属于传统的数字系统设计,其思路是自底向上进行设计。自底向上的设计方法是根据系统功能要求,从具体的器件、逻辑部件或者相似系统开始,通过对其进行相互连接、修改和扩大,构成所要求的系统。组合逻辑电路的设计流程图如图 3-6-1 所示。在使用 SSI 进行设计时,应将逻辑函数式化简成最简形式。在使用 MSI 进行设计时,需要根据设计要求将最简逻辑表达式变换为相应的形式。

(2) 根据简化或变换的逻辑函数式分别画出逻辑电路图。

(3) 逻辑测试。

方案一:利用 EDA 软件,在仿真平台上模拟设计的电路,进行逻辑测试。

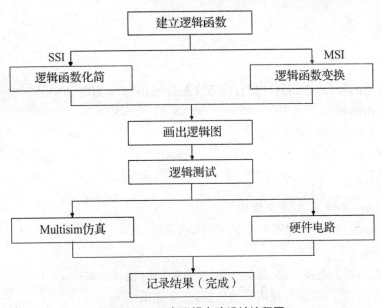

图 3-6-1 组合逻辑电路设计流程图

方案二:在数字实验箱上进行硬件连接,测试逻辑功能电路的实现。

3) 利用开发板上的 CPLD 实现数字密码锁的扩展功能(选做)

CPLD 是现代数字系统的设计方法,是自顶向下的设计流程。自顶向下的设计方法是对要完成的任务进行分解,对分解后的子任务进行定义、设计、编译和测试,最终完成整体任务。一般流程为:

(1) 采用硬件描述语言 VHDL 编程;

(2) 在软件环境下,编译、仿真,直至结果正确;

(3) 下载测试。

根据方案分析,数字密码锁的数据处理模块主要包括键盘处理模块、移位寄存器、计数器、七段数码显示模块以及响铃电路,如图 3-6-2 所示。

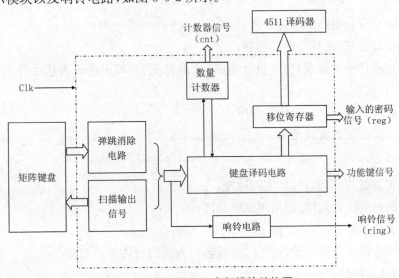

图 3-6-2 数据处理内部模块结构图

7 实施进程

1) 实验预习

(1) 选择合适的器件,查阅器件的管脚定义及性能指标,设计逻辑图及实验方案;

(2) 完成必做内容;

(3) 编写 VHDL 程序,完成选做内容。

2) 实验过程

(1) 软件仿真

① 在 Multisim 环境下,完成必做内容;

② 在 QuartusⅡ环境下,编译 VHDL 程序,仿真波形,验证选做内容的功能。

(2) 硬件测试

① 在数字实验箱上连接电路,测试必做内容的功能,记录测试结果;

② 下载程序至芯片,测试选做内容的功能,记录测试结果。

3) 讨论总结

(1) 讨论节点:

① 实验预习;

② 实验结束。

(2) 讨论方式:

① 一对一讨论;

② 分组讨论;

③ 全体讨论。

8 实验报告要求

1) 预习报告

(1) 复习组合逻辑电路的设计方法;

(2) 根据设计要求,选择合适的器件;

(3) 根据实验任务与要求,独立设计电路,列出真值表,写出逻辑表达式并化简,画出逻辑电路图;

(4) 根据设计要求,编写 VHDL 程序;

(5) 预计可能出现的实验现象。

2) 实验报告

(1) 简述实验目的、实验器材、实验原理;

(2) 列出详细的设计步骤,画出逻辑电路图;

(3) 记录实验结果;

(4) 总结组合逻辑电路的设计方法,分析各种方法的特点及适用场合;

(5) 实验总结,包括收获、体会及建议。

9 考核要求与方法

1）考核节点

（1）器件的选型、测试及使用方法；

（2）组合逻辑电路的基本设计过程；

（3）逻辑电路的仿真测试；

（4）VHDL 语言编程；

（5）EDA 软件的使用；

（6）硬件电路连接、安装和调试。

2）考核时间

（1）开始实验前，对预习报告进行评价；

（2）随堂；

（3）实验结束后。

3）考核标准

（1）器件选用的合理性和经济性，器件功能测试方法的正确性；

（2）设计方案的创新性、电路设计过程的完善性；

（3）电路仿真运行正常，结果正确；

（4）硬件电路的完成情况；

（5）报告内容完整、书写规范。

4）考核方法

考核内容注重过程与结果，分预习、实验过程、课堂讨论、实验报告、课后总结 5 个环节考核，最后综合各环节的完成情况，评出实验的综合成绩。

10 项目特色或创新

（1）层次化实验任务设计，因材施教，满足不同层次学生的需求；

（2）贴近生活实际的实验内容，引导学生建立学以致用的工程实践意识；

（3）仿真电路与硬件电路相结合的实验手段，逐步培养学生严谨、缜密的科研素养；

（4）引入课堂讨论、课后反思总结环节，逐步让学生变被动为主动，培养学生独立解决实际问题的能力。

实验案例信息表

案例提供单位	中国矿业大学信息与电气工程学院		相关专业	信息专业	
设计者姓名	徐书杰		电子邮箱	sjxu_cumt@126.com	
设计者姓名	王 军		电子邮箱	Wj999lx@163.com	
设计者姓名	毛会琼		电子邮箱	Mhq0123456789@126.com	
相关课程名称	数字电路和数字系统设计	学生年级	大二	学时	4+4
支撑条件	仪器设备	计算机、数字实验箱、CPLD 实验箱			
	软件工具	Multisim 软件、Quartus II 软件			
	主要器件	EPM7128S、74LS00、74LS10、74LS20、74LS138、74LS151、74LS153			

3-7 基于 FPGA 心电信号的采集与重现综合设计实验(2015)

1 实验内容与任务

(1) 以频率与幅度可调的模拟心电信号为对象(由函数信号发生器产生),在 FPGA 开发平台上设计一个能够测量并显示心率,同时可在数字示波器上实现重现测量心电波形的简易心电采集装置。

(2) 心率的显示方式采用七段四位数码管显示,显示的有效位数为 3 位;并设计心率超限预警功能。

(3) 模拟心电信号与一定幅度的白噪声叠加输入时,保证仍然能够准确测量出心率,具体的解决方案可自行设计。

(4) 在 Quartus Ⅱ 自带的 SignalTap Ⅱ 逻辑分析仪上以波形的数据格式观察 A/D 转换后波形的形状与原始波形、D/A 重现后与原始波形的区别,并分析说明原因及解决方法。

(5) 设计出适合的方案,并给出所涉及的电路原理图、相关模块的时序分析图,并做出详细说明。

2 实验过程及要求

(1) 学习了解心电信号频率特性、白噪声特性、A/D,D/A 芯片温度测量范围和测量精度及转换频率等特征参数,选取合适的模拟心电输入信号及 A/D、D/A 转换频率;须注意输入信号的极性、频率、叠加白噪声的幅值等参数的选取以及 A/D、D/A 转换波形频率与点频率之间的关系。

(2) 根据所给的硬件电路,设计适合自己方案的电路结构,并说明相关电路的功能;FPGA 程序设计采用模块化编程方式,并给出各个模块的时序仿真图。

(3) 在 Quartus Ⅱ 自带的 SignalTap Ⅱ 逻辑分析仪上以波形的数据格式观察 A/D 转换后波形的形状与原始波形、D/A 重现后的原始波形三者之间的联系与区别,并分析说明原因及解决方法。

(4) 选择合适的滤波方式、心率算法。

(5) 撰写设计总结报告,并通过分组演讲,学习交流不同解决方案的特点。

3 相关知识及背景

这是一个运用 EDA 电子技术解决生物医学医疗仪器设计中相关问题的典型案例,需要运用常用仪器测试技术、模/数信号转换、数据信号处理、人机交互技术、数/模信号转换、EDA 技术等相关知识与技术方法。

4 教学目的

以处理生物医学电子信号中最常见的心电信号(叠加噪声)为对象,结合 FPGA 设计实验案例,引导学生深入掌握信号采集处理技术,EDA 技术,数/模、模/数转换技术等在生物医学工程领域的应用能力。实验要求心率显示及对比 A/D 转换后波形的形状与原始波形、D/A 重现后的原始波形,通过测试数据分析,对设计方案做出技术评价。对提高学生利用所学知识来解决生物医学中的工程应用能力及专业认知能力起到了促进作用。

5 实验教学与指导

本实验是一个比较贴近工程实例的实践项目,需要经历学习研究、理论分析与计算、方案论证、电路设计、调试、测试、数据分析、设计总结等过程。在实验教学中,应在以下几个方面加强对学生的引导:

(1) 学习心电信号的特性,了解原始输入信号在叠加不同形式的噪声后的各种处理方式,使得学生在处理白噪声信号时采取正确而优化的设计方案。

(2) A/D、D/A 转换芯片在转换频率、转换分辨率及输入电压等指标方面的要求不同,因此需要学生根据芯片的相关参数及心电信号特性来调节函数信号发生器的输出信号幅值、偏移量、叠加噪声幅度等参数。

(3) 由于叠加的噪声信号为白噪声,因此选取合适的去噪方式尤为重要;常规的高低通滤波器无法满足设计要求,最具性价比的去噪方式为中值滤波。合理选取中值滤波相关参数,对于后续心率计算、波形重现的准确性与精确度有重要影响。

(4) 确定心率测量的算法,最简单的是采用阈值设计法;学生也可根据自己要求来设计算法。

(5) 重点强调在用 FPGA 设计整个系统时,模块化编程、仿真、测试的重要性;FPGA 作为整个系统工作核心,分布设计、测试的方法有助于学生理解与掌握各个模块的功能、时序配合方式等特性,以便根据自己的设计方案来构建最优化的时序电路,以实现整个实验的功能要求。

(6) 特别强调要实现波形重现功能,A/D 转换频率、中值滤波参数选取、D/A 转换频率三者之间有必然的联系。需要学生根据输入信号的特性及方案设计中相关参数的选取来说明并验证其结论。

(7) 要求学生根据自己的方案及实验要求设计人机交互功能。

(8) 在调试程序时,按照模块化调试,合理利用 Quartus Ⅱ自带的 SignalTap Ⅱ逻辑分析仪,分析各模块中节点信号是否达到自己设计方案的时序要求。

(9) 在实验完成后,可以组织学生以项目演讲、答辩、评讲的形式进行交流,了解不同解决方案及其特点,拓宽知识面。

6 实验原理及方案

实验原理:用按键控制整个系统的工作状态,当"开始"键有效后,FPGA 控制 A/D 转换芯片工作,此时带噪声的心电信号经 A/D 转换后进入 FPGA 进行数据去噪处理;通过 FPGA 处理后的数据可通过心率算法测出心率,并通过数码管将心率显示出来;同时,经 FPGA 进行数据去噪处理后的数据还可以通过数据重组及 D/A 转换后在示波器上将去噪后的原始信号还原出来。

实验方案:该实验主要的设计工作是在 FPGA 中完成的;要完成该实验首先要根据硬件资源相关参数、所确定的采样频率来设计相关时序及算法。板载资源 A/D 转换采样 ADS7822 芯片(转换精度 12 位,转换范围 0~3.3 V,最大转换点频率为 75 kHz),D/A 转换 TLC5615 芯片(转换精度 12 位,转换范围 0~3.3 V,最小转换点周期为 12.5 μs)。

设定函数信号发生器偏移量为 1.5 V,叠加噪声后的心电信号幅值约为 3 V,A/D 采样率为 20 kHz,中值滤波点数为 20 点,则可算出重现波形时 D/A 转换的频率为 1 kHz。

实验的具体实施方案如图 3-7-1 所示,下面介绍各个模块的实施方案:

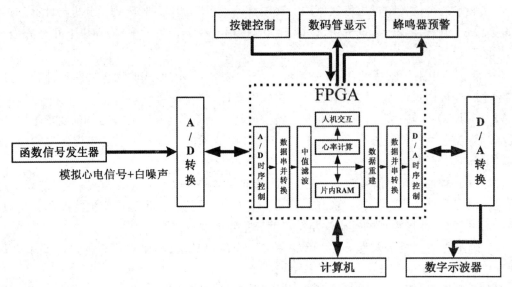

图 3-7-1　实验系统方案图

1) A/D 时序控制模块、D/A 时序控制模块

A/D、D/A 芯片均采用的是串行转换芯片,由其时序控制图 3-7-2、图 3-7-3 可以看出,转换时序基本相同,区别之处在于读取与发送数据的方式:ADS7822 中,串行数据是根据所产生的时序时钟读取转换后的数据;TLC5615 是根据所产生的时序时钟发送待转换数据。

以 ADS7822 控制时序为例:

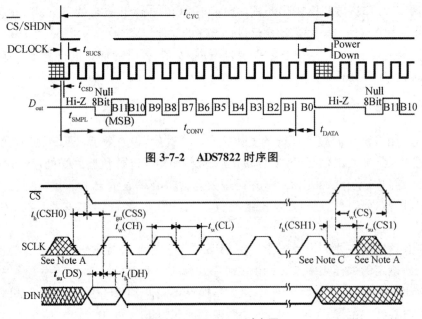

图 3-7-2　ADS7822 时序图

图 3-7-3　TLC5615 时序图

A/D 时序控制模块主要由两个模块构成,用于产生满足图 3-7-2 所示的时序逻辑。

(1) 时钟模块:产生 A/D 转换所需的时钟。

(2) ADS7822 时序产生模块:产生如图 3-7-2 所示的转换时序。

对于 FPGA 而言,该模块有两个输出:CS、SCLK;分别连接到 ADS7822 使能端及时钟端。ADS7822 时序产生模块可以用状态机的形式实现,如图 3-7-4 所示。

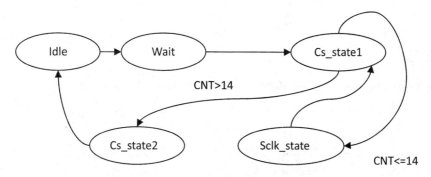

图 3-7-4　ADS7822 时序产生流程图

Idle:CS 为高,SCLK 为低。CNT 计数器的值置零。

Wait:等待一个时钟周期。

Cs_state1:CS 为低,SCLK 为低。并判断 CNT 计数器的值是否大于 14。

Sclk_state:CS 为低,SCLK 为高,CNT 计数器加 1。

Cs_state2:CS 为高,SCLK 为低。

2)数据串/并转换

移位寄存器中的数据可以在移位时钟作用下依次逐位右移或左移,数据既可以并行输入、并行输出,也可以串行输入、串行输出,还可以并行输入、串行输出,串行输入、并行输出,十分灵活,用途也很广。

以 ADS7822 串/转换为例:Di 为串行数据,tmp 为并行数组。

```
IF (CLK'EVENT AND CLK='1') THEN
    tmp(14)<=Di;
    FOR I IN 1 TO 14 LOOP
    tmp(14-I)<=tmp(15-I);
    END LOOP;
END IF;
```

3)中值滤波

中值滤波用于去除原始信号中叠加的白噪声,将串/并转换后的数据每 20 个数据进行平均,平均后的数据作为后续心率计算及 D/A 转换的原始数据。

4)心率计算

心率计算方式采用阈值法来确定,阈值取值的大小通过输入信号 A/D 转换数值来确定;须保证一个完整心电波形中大于阈值大小只能有一个波峰通过(R 波),如图 3-7-5 所示;即平均后的数据经由阈值比较后,输出一个方波脉冲,通过计算 1 min 内方波脉冲个数来确定心率。

图 3-7-5　心率计算示意图

7　实施进程

(1) 合理分组;设计实验方案;根据方案确定硬件电路的连接方式。

① 学生自主:给足学生自由度,期望学生的设计有所创新;小组交流,发现不足,评估并完善设计方案。

② 老师主导:提出具体功能及设计方向,结合现有实验条件,把发散性的设计思路集聚到典型方案上。

(2) 根据完善后的设计方案,分模块编程、仿真、测试;系统调试,硬件功能验证。老师与学生、学生与学生之间进行有效互动。

① 关注实验异常现象,科学解释,让学生充分感知引起异常现象的原因并找到解决方法。如:输入信号频率过高或 A/D 采样率过低引起的波形异常。

② 巧妙设问,引发学生问题意识。如:不完善的心率计算方式下,改变输入信号频率。

③ 合理的引导,辅助解决问题。如:波形重现功能异常。

④ 学生间的"传、帮、带"。

(3) 实验答辩,小组交流,分享心得体会。

① 实验设计中存在的问题及解决方法。

② 实验设计的功能扩展或亮点。

③ 实验设计后的收获或疑问。

8　实验报告要求

(1) 实验要求分析;

(2) 理论分析与计算;

(3) 方案可行性论证;

(4) 相关电路的连接方式;

(5) FPGA 模块仿真波形及说明;

(6) SignalTap Ⅱ 模块测试及说明;

(7) 实验数据记录与比较;

(8) 实验结果总结。

9　考核要求与方法

(1) 实验初期:设计方案构建合理程度、硬件电路连接正确性、测试仪器操作的规范性,按照完成情况进行考核。(15 分)

（2）实验中期：功能与性能指标的完成程度及完成时间。

是否按照设计方案执行、各模块的仿真波形及结果分析是否正确合理、硬件验证功能是否基本实现及实现情况如何。（45 分）

（3）实验后期：从自主创新、项目答辩、实验报告三方面进行考核。

① 自主创新：模块的设计是否具有一定的创新性，相关算法及设计方式是否能体现学生的创新思维。（15 分）

② 项目答辩：对实验的实现方案是否理解透彻，各个模块的设计是否反映自主思考与独立实践能力，最终结果是否达到实验设计的相关要求。（15 分）

③ 实验报告：实验报告是否规范，相关设计步骤、设计资料、仿真参数、测试数据的对比与分析的完整性。（10 分）

10 项目特色或创新

用 EDA 技术中的相关知识结合信号的采集与处理、数据转换技术来解决生物医学中的相关问题，具有一定的专业背景。该实验不仅体现了 EDA 技术在生物医学电子应用的综合性及多样性，使学生掌握时序设计、测试等方面的方式方法，更有利于不同层次学生巩固所学课程知识，提高工程实际应用能力及创新能力。

实验案例信息表

案例提供单位		重庆大学生物工程学院		相关专业	生物医学工程	
设计者姓名		赵晓明	电子邮箱	cqu_zxm@163.com		
设计者姓名		万小萍	电子邮箱			
相关课程名称		EDA 技术基础	学生年级	大三下学期	学时	16
支撑条件	仪器设备	函数信号发生器、FPGA 开发装置、数字示波器、计算机、万用表等				
	软件工具	Quartus Ⅱ、Modelsim、Altium designer				
	主要器件	ADS7822、TLC5615、EP4E6F17C8				

3-8 正弦波信号的幅值测量(2015)

1 实验内容与任务

在工业场合和电子测量中,正弦波信号是最为常用的信号源,因此对其幅值的准确测量具有较好的现实意义。设计一个电路,使其能够准确测量 50 Hz~1 kHz 的幅值,幅值范围为 0~2 V。精度和方案自定,元器件自选,并适当考虑制作性价比。

2 实验过程及要求

1) 基本要求

(1) 完成规定频率正弦波信号幅值的测量,并实时显示,精度不低于 1%。

(2) 正弦波信号可由振荡电路产生。

(3) 用仿真软件对电路进行仿真。

(4) 两个同学一组,每组同学设计方案不得重复,以先提交方案同学为准。

(5) 每组同学提交实验报告一份。

2) 发挥部分

(1) 测量频率为 50 Hz~10 kHz 正弦波信号的幅值,并实时显示。

(2) 创新与其他。

3 相关知识及背景

正弦波振荡电路、运算放大器电路、数模 A/D 转换电路和 MCU 电路等知识。

4 教学目的

(1) 熟悉多谐振荡电路的原理和运算放大器的基本运算电路。

(2) 提高对组合逻辑电路、时序逻辑电路等所学知识的综合应用能力。

(3) 培养学生运用所学知识解决实际问题的能力。

(4) 提高学生的创新意识。

5 实验教学与指导

(1) 方案讨论课(1 学时):重点讨论定时电路实现方法,具体方法有:用模拟延时电路直接实现、数字计时实现和采用智能 MCU 控制器程序实现等。

(2) 实验中的指导或引导(3 学时):

① 实验中指导学生根据方案中功能划分模块;

② 对各模块分别调试;

③ 测试各模块逻辑功能;

④ 连接、调试控制电路;

⑤ 进行整体电路组装调试,观察电路的工作情况,并记录实验数据,计算测量误差情况。

6 实验原理及方案

正弦信号的幅值测量方法很多,可根据测量信号的频率和幅值大小进行选择,采用何种方法,可根据具体要求及功能进行设计,其测量常用电路组成如图 3-8-1 所示。

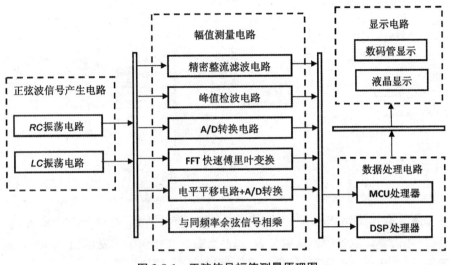

图 3-8-1 正弦信号幅值测量原理图

(1) 正弦波信号可由 RC 振荡电路或 LC 振荡电路产生。

(2) 幅值测量电路可根据具体情况采用不同的方案。

① 方案 1:采用精密整流滤波电路。

精密整流电路测试方法是一个传统的测试方法。首先把交流信号通过整流滤波电路转化成脉动的直流信号;然后进入模数(A/D)芯片进行测量,通过对直流信号的测量倒推出交流信号的有效值,进一步计算出交流信号的幅值大小。其典型的电路如图 3-8-2 所示。

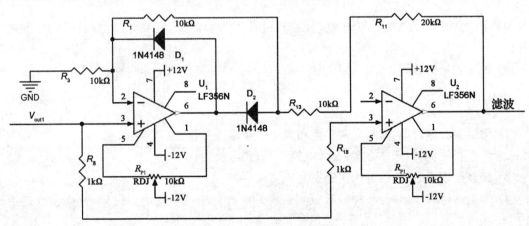

图 3-8-2 精密整流滤波电路

② 方案 2:峰值检波电路。

峰值检波电路的作用是对输入信号的峰值进行提取,产生输出 $V_o = V_{peak}$,为了实现这样的目标,电路输出值会一直保持,直到一个新的、更大的峰值出现或电路复位。

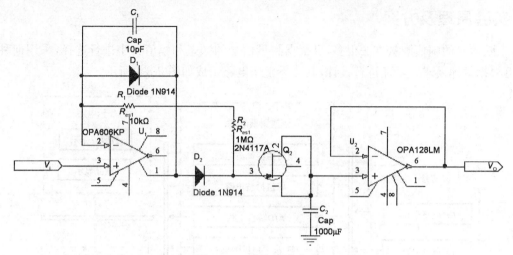

图 3-8-3　峰值检波电路

③ 方案 3:A/D 转换电路。

采用新型求真有效值 AD536 或 AD637 集成芯片直接测量,在设计应用电路时要格外小心,根据实际应用需要选取外围电路的参数,这些参数将直接影响测量的精度和响应时间,尤其是电容的选取,同学要详细查阅资料,进行具体设计。

④ 方案 4:FFT 快速傅里叶变换。

用加法电路叠加直流信号,送入 A/D 采样,采样 FFT 快速傅里叶变换求交流信号的幅值。建议采样 64 个点,并采用 DSP 计算,考虑速度问题。

⑤ 方案 5:多点采样电路。

周期内多点采样求平均值,然后求信号的幅值。

$$U = \sqrt{\frac{1}{n} \sum_{i=1}^{n} u_i}$$

(3) 采用 MCU 处理器或 DSP 处理器,通过其内部所含的 D/A 转换,对测量的数据进行处理。

(4) 采用普通的数码管,也可以采用 LED 显示器件完成幅值显示电路。

7　实施进程

(1) 学生实验进行前,教师先向学生布置本次实验,进行分组;

(2) 学生查阅资料,选择方案,设计电路,写出预习报告;

(3) 经教师审阅后,学生进入实验室完成实验;

(4) 学生进行演示,并与教师一起就实验中的一些现象或问题进行讨论,并提出改进措施或构思;

(5) 完成实验报告。

8 实验报告要求

(1) 列出设计要求。

(2) 画出总电路原理框图。

(3) 列出所用元件清单。

(4) 列出电路实现的具体功能。

(5) 画出经实验验证、能正常工作的测量电路图。

(6) 说明测量电路工作原理和使用说明。

(7) 总结在实验中出现的异常现象及解决的方法,有何收获体会。

(8) 说明电路的创新点,对所设计的电路提出改进意见。

9 考核要求与方法

(1) 实验时间:4 学时,其中 1 学时为方案讨论课;3 学时设计制作和验收。

(2) 考核方法:满分为 100 分,具体如下:

① 完成基本制作要求,60 分;

② 完成规定的实验报告,20 分;

③ 发挥部分,10 分;

④ 创新及其他,10 分。

10 项目特色或创新

(1) 实验内容设置:实验内容设置与所学知识联系紧密,同时又贴近实际生活,易提高学生兴趣。

(2) 实验教学方式:在实验环节上安排了一个学时的讨论课,防止盲目创新;其余 3 学时为操作和验收。

(3) 分类考核:基本和创新分类考核。

实验案例信息表

案例提供单位	中国矿业大学信电学院		相关专业	电气类		
设计者姓名	张晓春	电子邮箱	zxc750211@163.com			
设计者姓名	汤中于	电子邮箱	tangzhongyu@163.com			
设计者姓名	周书颖	电子邮箱	shuyingzhou55500@sina.com			
相关课程名称	电工学	学生年级	二年级	学时		4
支撑条件	仪器设备	数模综合实验箱、示波器、万用表				
	软件工具	Multisim				
	主要器件	集成运放、MCU 处理器等				

3-9 序列信号发生器自启动特性验证的软、硬件设计(2015)

1 实验内容与任务

时序逻辑电路中的给定序列信号发生器,通常采用 D 触发器构成移位寄存器来实现,D 触发器的个数 n 由给定序列的长度 N 确定,即 $n=\lceil \log_2 N \rceil$(向上取整),由此确定 2^n 个状态,其中 N 个状态的循环构成电路的有效循环。由于可编程逻辑芯片 FPGA/CPLD 开机启动时内部触发器的初始状态均为 0,即使序列中没有出现 n 个全 0 的片段,电路的工作也从全 0 的状态开始进入主循环,因此,仅将 2^n-N 个剩余状态中的 2^n-N-1 个非全 0 状态作为偏离态。

序列信号发生器的正常工作表现为 N 个有效状态的循环,一旦出现干扰,状态脱离主循环进入偏离态,其工作状态分为以下几种情况:

(1) 偏离态的自循环,即系统不能自启动。

(2) 偏离态回到主循环,即系统能够自启动。自启动所需的时钟周期数为 m,则 $1 \leqslant m \leqslant 2^n-N-1$,定义 $m=2^n-N-1$ 为慢速自启动,$m=1$ 为快速自启动,其余 $1<m<2^n-N-1$ 为中速自启动。强调工程实际中的快速自启动设计。

实验的内容、任务:

(1) 设计 FPGA 开发板;

(2) 结合原理图和硬件描述语言在 FPGA 中设计给定序列信号发生器,如给定序列 111100010,用发光二极管直观显示状态的循环过程;

(3) 能够脱机演示序列信号发生器不能自启动、慢速自启动、中速自启动、快速自启动过程。

2 实验过程及要求

(1) 学习时序逻辑电路的设计方法,掌握序列信号发生器的设计过程;

(2) 学习硬件描述语言,掌握其中一种语言(如 Verilog HDL 语言)进行数字电路的设计,完成序列信号发生器电路的设计;

(3) 熟悉一种可编程开发软件,如 Xilinx 公司的 ISE 软件;

(4) 了解一个可编程器件提供商的器件,如 Xilinx 公司的 FPGA/CPLD 芯片系列,芯片的配置过程;

(5) 学习用 Altium Designer 软件设计电路原理图和 PCB 图,完成实验开发板的设计;

(6) 熟悉常用电子元器件的选型,通过元件数据文档获悉元件性能参数;

(7) 掌握电路板的调试方法;

(8) 脱机演示设计结果;

(9) 撰写设计总结报告,并通过分组讨论,交流学习心得、体会。

3 相关知识及背景

这是一个数字电子技术中用 FPGA 设计通信领域常用的序列信号发生器的实际案例,要

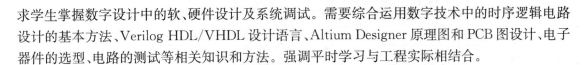

求学生掌握数字设计中的软、硬件设计及系统调试。需要综合运用数字技术中的时序逻辑电路设计的基本方法、Verilog HDL/VHDL 设计语言、Altium Designer 原理图和 PCB 图设计、电子器件的选型、电路的测试等相关知识和方法。强调平时学习与工程实际相结合。

4　教学目的

在较为完整的项目实现过程中引导学生熟悉和掌握时序逻辑电路设计方法、常用电子器件的选型、硬件电路板的设计与调试；引导学生根据需要设计电路、选择元器件、设计实验电路板，并通过测试与分析对项目作出技术评价。在此过程中，特别强调工程实用方法，如序列信号发生器的设计应优先选用快速自启动方案。

5　实验教学与指导

本实验的过程是一个比较完整的工程实践，需要经历学习研究、方案论证、系统设计、实现调试、设计总结等过程。在实验教学中，应在以下几个方面加强对学生的引导：

（1）学习时序逻辑电路的设计方法，了解一些典型功能的时序逻辑电路的设计，在序列信号发生器设计中的自启动过程的探讨和充分考虑工作实际的方案选择；

（2）学习用 Verilog HDL/VHDL 语言设计数字电路的方法，在 FPGA 中的实现流程；

（3）在元器件选型时除元件功能，强调元件封装、价格、采购便利性等事项，引导学生正确选型；

（4）在用 Altium Designer 软件设计开发板电路图和 PCB 图时，可具体示范一个完整的设计过程，强调电路板设计时布局、布线中的科学、美观、抗干扰因素等；

（5）在学生完成软、硬件设计后，要求学生进行功能测试，得到正确的实验结果；整个设计过程要求学生做好实验日志，记录进度、遇到的问题、解决的过程，强调学习过程的重要性；

（6）引导学生互帮互助和充分利用网络资源；

（7）在实验完成后，可以组织学生以项目演示、演讲、答辩、评讲的形式进行交流，了解不同方案及其特点，拓宽知识面。

在设计中，要注意学生设计的规范性，如系统结构与模块构成，模块间的接口方式；在调试中，要注意工作电源品质对电路的影响，电路工作的稳定性与可靠性，要注意分析遇到的问题、解决问题，积累工程经验和实际解决问题的能力。

6　实验原理及方案

设计要求产生序列 111100010，并脱机演示 4 种不同自启动方案。

实验选用 Xilinx 公司 FPGA 作为序列信号发生器的逻辑器件，选择其配置 PROM 芯片系列中 XCF32P，利用该芯片的多版本特性，可同时存储 4 个 bit 文件，分别对应于不能自启动、慢速自启动、中速自启动、快速自启动等 4 种自启动方案。用绿灯和红灯分别指示有效循环状态和偏离状态。

1) 硬件系统结构及参考器件

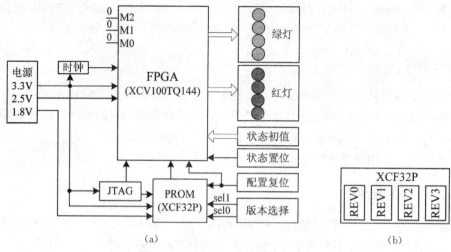

(a)   (b)

图 3-9-1   XCF32P 存储版本示意图

2) 软件实现方案

给定序列长度为 9,需用 4 个 D 触发器构成移位寄存器,4 种自启动方案状态转移关系分别如下:

(1) 不能自启动

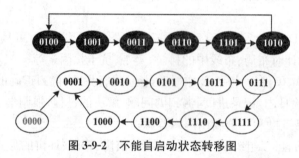

图 3-9-2   不能自启动状态转移图

(2) 慢速自启动

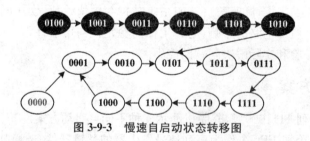

图 3-9-3   慢速自启动状态转移图

(3) 中速自启动

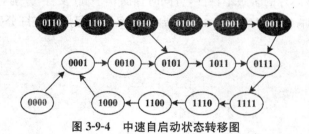

图 3-9-4   中速自启动状态转移图

(4) 快速自启动

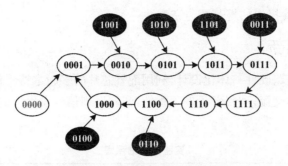

图 3-9-5 快速自启动状态转移图

设计的硬件结构图如图 3-9-1(a)所示,包括电源、时钟、FPGA、配置 PROM、JTAG、显示部分(红、绿灯)和控制接口(含配置复位、状态置位、状态初值设置、版本选择)等几部分。电源可选择常用集成芯片,如 1117-3.3/2.5/1.8,时钟可用有源晶体振荡器,考虑有源晶体振荡器的频率都较高,FPGA 内部分频后送给序列发生器作为工作时钟,分频后的频率以使红、绿灯的交替显示能被肉眼观察到为原则,如 1 Hz。

图 3-9-1(a)中 FPGA 配置芯片 XCF32P 设置为可存储 4 个设计的多版本方案,其存储结构如图 3-9-1(b)所示,4 个版本的文件通过版本选择控制信号 sel1 和 sel0 的取值组合选择,其值 00、01、10、11 分别对应 REV0、REV1、REV2、REV3。

图 3-9-2、3-9-3、3-9-4、3-9-5 中用白色数字代表偏离状态,黑色数字代表有效循环状态,全 0 状态为上电时初始状态,作为单独状态看待,图中为 4 种典型的状态转移图,其他状态转移方案可参照设计。

7 实验报告要求

(1) 实验需求分析;

(2) 实现方案论证;

(3) 电路设计与程序;

(4) 电路焊接与测试;

(5) 程序下载;

(6) 实验过程记录、现象分析;

(7) 实验结果总结。

8 考核要求与方法

(1) 实物验收:含 Verilog HDL/VHDL 程序,实验电路板原理图、PCB 图,实验电路板硬件。

(2) 实验质量:电路方案的合理性,焊接质量。

(3) 自主创新:功能构思、电路设计的创新性,自主思考与独立实践能力。

(4) 实验成本:是否充分利用实验室已有条件,材料与元器件选择合理性,成本核算与损耗。

（5）实验测试：测试记录的完整性、针对性。

（6）实验报告：实验报告的规范性与完整性。

9 项目特色或创新

项目的特色在于：软、硬件一体化设计，利用配置芯片的多版本特性可脱机配置多个设计文件，方便课堂演示、同学交流；项目背景的工程性，强调序列信号发生器的快速自启动，即工程实现上的效率原则等。

实验案例信息表

案例提供单位	重庆邮电大学		相关专业	电子工程	
设计者姓名	张承畅	电子邮箱	zhangcc@cqupt.edu.cn		
设计者姓名	应 俊	电子邮箱	yingj@cqupt.edu.cn		
设计者姓名	黄沛昱	电子邮箱	huangpy@cqupt.edu.cn		
相关课程名称	数字电路与逻辑设计	学生年级	2	学时	64+64
支撑条件	仪器设备	电源、示波器、万用表、Xilinx仿真器			
	软件工具	Altium Designer、ISE			
	主要器件	XCV100TQ144、XCF32P、有源晶振、AMS1117-3.3/2.5/1.8、发光二极管			

3-10　基于 FPGA 的智能电子琴(2016)

1　实验内容与任务

根据所学知识,以 FPGA 为核心处理器件设计并制作一个能指导练琴的智能电子琴。考虑到学生学习情况不同,完成基本要求给予及格,完成扩展要求给予优秀,在优秀基础上实现一项自主创新功能给予满分。

1) 基础要求

(1) 能在 5 V 直流电源下正常工作;

(2) 至少 8 个按键,实现 1 个八度的音阶;每按下一个按键,发出对应的音阶,练琴模式下点亮其对应的 LED;

(3) 播放模式下,能够播放存储的 4/4 拍乐曲。

2) 扩展要求

增加学琴模式,该模式下能够根据存储 4/4 拍乐曲的音符点亮其对应的 LED、点亮的时间与该音符对应节拍时值一致,或者通过数码管显示所需时值,从而能够指导练琴者练习该乐曲的弹奏。

3) 创新要求

在满足基础要求、扩展要求的基础上自主开发设计其他功能,例如:

(1) 弹奏时能够录制所弹奏的音符及时长,并支持回放;

(2) 学琴模式的教学指导能适应所有节奏的乐曲;

(3) 自动播放能够从外部存储器读取乐曲;

(4) 给智能电子琴增加液晶屏显示乐曲五线谱;

(5) 开发手机 App 实现手机显示乐谱,在学琴模式下与智能电子琴交互;

(6) 支持合成音。

2　实验过程及要求

(1) 根据需求构思满足实验要求的相关设计方案,评估不同设计方案的优缺点,比较分析选择最优;

(2) 查找满足选定设计方案要求的相关元器件,学习并了解不同器件的参数指标,比较分析选择最优;

(3) 学习选定的 FPGA 芯片数据手册,掌握 FPGA 工作原理及 Quartus II 开发仿真方法;

(4) 掌握 FPGA 常用数字电路模块设计方法;

(5) 掌握 LED、按键、数码管、喇叭外部接口电路的应用方法;

(6) 制作硬件电路,软硬件联调并测试,优化系统参数,设计合理测试表格,记录测试结果并进行分析；

(7) 撰写设计报告,展示作品,并通过分组演讲、答辩,学习交流不同解决方案的优缺点。

3 相关知识及背景

本实验属于创新实验项目,该实验完成的智能电子琴需综合运用数字电子技术、模拟电子技术等相关知识,熟练掌握 Quartus Ⅱ、Modelsim 等 EDA 工具软件进行设计、仿真、时序分析,同时学生须自主学习实验中涉及的其他知识点,例如:音频文件格式及处理、D 类音频放大器的设计或应用、消抖数字电路、音频合成;熟悉一般电子电路的设计、安装、调试的方法。

4 教学目的

综合考查学生对数字电路、模拟电路等相关知识的掌握,要求学生掌握现代数字电路设计流程、方法和工具;引导学生夯实基础的同时拓展知识视野,设计不同的解决方案及根据需求比较选择技术方案;鼓励拔尖学生自主学习,培养创新能力。

5 实验教学与指导

要求学生自行进行需求分析、方案设计及选择、团队分工、进度管理,着重培养学生团队协作、解决实际问题的能力以及创新能力。项目基本要求不超出学生的知识水平与操作技能,同时通过项目任务分解由浅入深、循序渐进,对相关课程知识进行适度拓宽、提高和综合应用。

(1) 针对设计任务进行具体分析,引导学生仔细研究题目,明确设计要求,充分理解题目的要求,该过程通过指导教师宣讲方案和学生间讨论的方式进行,在教学过程中教师不仅要引入工程的概念,而且要按照企业的规范和工程的标准严格要求学生的行为。

(2) 针对提出的任务、要求和条件,要求学生广泛查阅资料,广开思路,提出尽可能多的不同方案,仔细分析每个方案的可行性和优缺点,加以比较,从中选取最优方案。此过程引导学生将分散的知识点通过解决一个工程问题系统地串接起来,并比较不同电路、元器件间的优缺点。该过程主要以学生自主学习为主,教师负责答疑解惑。

(3) 将系统分解成若干个模块,明确每个模块的功能、各模块之间的连接关系等。构建总体方案与框图,清晰地表示系统的工作原理,各单元电路的功能。

(4) 在电路设计、搭试、调试完成后,必须要用标准仪器设备进行实际测量,观测数据。

(5) 尝试提出一些错误的要求,通过错误的结果,使学生加深对相关电路和概念的理解,例如要求学生尝试用 Verilog 语言的"="和"<="赋值。

(6) 在实验完成后,组织学生以项目演讲、作品展示、答辩、评讲的形式进行交流,了解不同解决方案及其特点,引导学生拓宽知识面。

(7) 讲解一些超出目前知识范围的解决方案,鼓励学生学习并尝试实现。

(8) 在设计中,注意学生设计的规范性,如编程规范、系统结构与模块构成、模块间的接口方式与参数要求;在调试中,要注意各个模块对系统指标的影响,系统工作的稳定性与可靠性;在测试分析中,要分析系统的误差来源并加以验证。

6　实验原理及方案

1）系统结构与实现方案

本实验完成的智能电子琴整体由 FPGA 实验板、按键组、LED 组、微型扬声器组成,为支持多层次要求的实现,实验板接口应含 PS/2、USB、SD 存储接口等。

本实验开发的智能电子琴拥有播放、练琴、学琴三个模式,模式之间的转换可考虑用拨码开关实现。

基本要求中的播放模式可利用 FPGA 内部的 LPM_ROM 数据文件实现乐曲存储;创新要求中的播放模式可利用 SD 或 USB 口从外部存储器中读取。

电子琴琴键的设计可用 PS/2 或 USB 口的键盘实现,也可以用自复式按键组实现。

LED 灯组主要用于学琴模式下指示所学乐曲当前应弹奏的琴键,通过点亮的时间来指示该琴键按下应保持的时长。

电子琴声音的发出可以采用无源蜂鸣器或手机微型扬声器,但为了提高声音效果,建议采用后者。

在 FPGA 内部完成播放模式、练琴模式和学琴模式下输入/输出的处理,主要由主控模块、琴键状态检测模块(检测是否按下、按下时长、消抖处理)、音频发音模块、乐曲播放模块等组成。

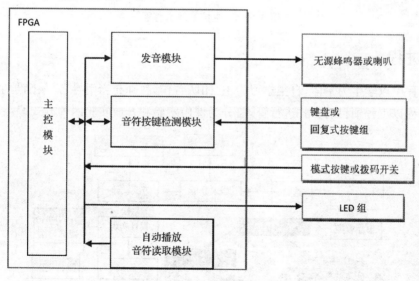

图 3-10-1　系统框图

2）主控模块流程图

本实验开发的智能电子琴拥有播放、练琴、学琴三个模式。

（1）播放模式:自动播放存储的乐曲;

（2）练琴模式:按下单个琴键能发出其对应的音符,按下多个琴键能发出合成音,琴键抬起该音符停止发声;

（3）学琴模式：读取存储的乐曲音符，随弹奏时序，通过 LED 组指示弹琴者应按下的琴键组和对应时长，弹琴者按下正确的键时发声，错误的键不参与发声。

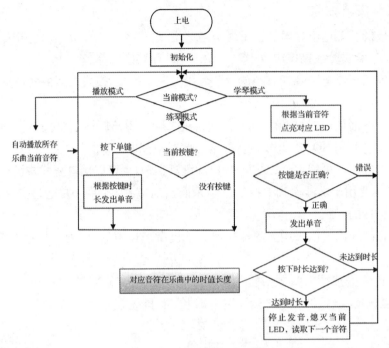

图 3-10-2　主控模块流程图

7　实施进程

实验过程中以学生为主体，自主学习为主，团队合作，教师充当引导者，鼓励学生自主探索。整个过程以工程项目的方式进行管理，分为课内实验和开放实验两种方式。

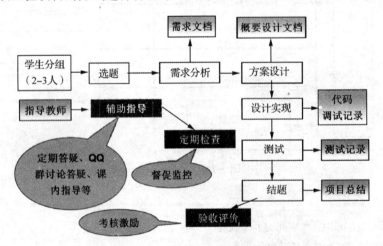

图 3-10-3　课内实验的实施流程

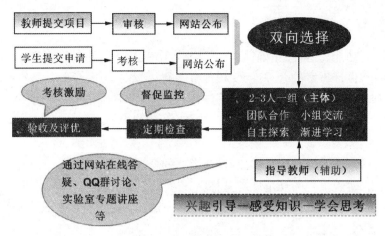

图 3-10-4 开放实验的实施流程

表 3-10-1 为实验实施进程的一个样例,课内总计 8 学时,主要用于讲解指导电路原理图、芯片结构及引脚、开发工具、开发流程、开发语言。课外总计 40 学时,教师设计模块化教学进程,制定任务要求、考核目标,引导学生渐进式学习。

表 3-10-1 实验实施进程样例

事项	用时	教学周	说明
实验启动	2 学时	第 9 周	课内,实验内容、电路原理图说明
需求分析	2 学时	第 9 周	课外
开发工具讲座	2 学时	第 10 周	课内,开发工具基本应用
顶层设计(模块划分及模块接口)	2 学时	第 10 周	课外
Verilog 语言精讲	2 学时	第 11 周	精讲实验所涉及的内容
设计实现	7 学时	第 11 周	课外
中期检查	1 学时	第 12 周	课外
仿真、优化、时序分析讲座	2 学时	第 12 周	课内
设计实现	28 学时	第 12~15 周	课外
验收展示	2 学时	第 15 周	课外

8 实验报告要求

实验报告需要反映以下工作:

(1) 实验要求分析;

(2) 实现方案论证;

(3) 电路设计与参数选择;

(4) 电路测试方法;

(5) 表格设计,实验数据记录;

(6) 数据处理分析;

(7) 实验结果总结与心得体会。

9　考核要求与方法

(1) 实物验收:功能完备性、正确性,性能达标度,完成时间,外观美观性。

(2) 实验质量:设计方案的合理性、文档规范、测试完备。

(3) 自主创新:功能构思、电路设计的创新性,自主思考与独立实践能力。

(4) 实验成本:是否充分利用实验室已有条件,材料与元器件选择合理性,成本核算与损耗。

(5) 实验数据:测试数据和测量误差,设计表格的合理性。

(6) 实验报告:实验报告的规范性与完整性。

(7) 现场讲演:登台讲解自己的设计及实现过程、经验体会,评委打分。

10　项目特色或创新

本实验利用 FPGA 作为核心处理器件实现智能电子琴,整体结构简单,功能有趣。

通过比较电子琴单片机实现方案与 FPGA 实现方案,后者能够根据需要灵活支持多种外设,例如可以扩展支持 PS/2 键盘鼠标、USB、SD、液晶屏等,让学生深刻体会到利用 FPGA 开发数字系统的优点。

除了应用现代数字电子技术设计理论与 EDA 设计工具,还涉及音频处理,例如利用 Matlab 了解各音频之间的关系、单音与合成音的区别等,开阔了学生视野,丰富了知识面。

实验案例信息表

案例提供单位		兰州交通大学		相关专业	自动化、电气工程、自动控制、计算机、通信工程、物联网	
设计者姓名		喻俊淇	电子邮箱	junqiyu@qq.com		
设计者姓名		王全宇	电子邮箱	1971491345@qq.com		
设计者姓名		蒋占军	电子邮箱	59444069@qq.com		
相关课程名称		模拟电子技术、数字电子技术、EDA 等	学生年级	大三	学时	8+40
支撑条件	仪器设备	计算机、电源、示波器、信号发生器等				
	软件工具	Quartus Ⅱ、Modelsim、Matlab				
	主要器件	FPGA 实验板、SD 或 USB 模块、微型扬声器、LED、按键或键盘、电阻、电容等				

3-11 基于 FPGA 交通信号控制系统的设计与实现(2016)

1 实验内容与任务

本实验采用 FPGA 技术,设计兼备多种控制模式和功能的交通信号系统,并在控制方式上提出改进要求,完成一个创新型、分层次、综合性的实践实验,通过软件编程设计各个模块的程序,并设计焊接信号显示电路,结合 FPGA 开发板,调试运行,验证结果。

(1) 对交叉路口交通信号控制理论进行分析,设计合理的相位,并给出各相位转换的状态表和时序图。同时,提出高峰、低峰时间段以及应急等不同的工作模式的设计思路,通过按键开关实现各模式的切换功能。

(2) 采用 FPGA 技术,通过 Verilog 语言对交通信号控制的各个模式以及相位控制等模块加以编程。然后,在 Quartus Ⅱ 软件中进行综合编译,并对程序加以仿真验证。最后,结合 FP-GA 开发板硬件器件,设计对应的外接显示电路,下载配置,调试运行。

(3) 结合当前先进的无线遥控技术,针对按键开关的控制方式加以改进,采用红外遥控技术实现无线切换各个工作模式。学生通过自行查阅相关资料,熟悉红外遥控接收和发送的数据结构和编码要求,编写相应的红外遥控模块的软件程序,植入(2)中,并上电调试,对比运行结果。

(4) 针对不同时段通过路口车流量不同的现象,给交通信号系统配置多组不同的配时方案,设计传感器电路,采集通过路口的车流量数据,并以此为依据,自动调用合适的配时模式加以运行,实现路口信号控制的实时自适应控制。

注明:本科生完成任务(1)和(2),研究生完成任务(1)、(2)和(3),任务(4)作为拓展选做实验。所有任务可作为一项本科生创新实践的训练项目。

2 实验过程及要求

1) 实验预习

(1) 分析十字路口常用的相位转换特点,了解不同时段路口的车流量,对高峰和低峰时段分别进行配时方案的设计,并做出相应的状态转换表和时序图。

(2) 查阅相关资料,熟悉 Verilog 语法知识和编程思路,了解 FPGA 开发板的工作原理和设计原则,学习使用 Quartus Ⅱ 软件。

2) 软件仿真

通过编程设计各个相位状态转换以及信号灯控制模块,同时写入不同工作模式状态的嵌套切换,然后将程序在 Quartus Ⅱ 软件平台下进行综合编译,调试无误后,建立波形文件,仿真验证各个模式的时序和相位是否正确。

3) 硬件实验

(1) 结合 FPGA 开发板,选择相应的模块电路通过引脚的分配选择调用,设计对应的按键开关电路和交通信号显示电路,分配引脚并与开发板相连接,调试运行并观察结果。

（2）设计红外遥控模块的软件和硬件电路,在 FPGA 开发板中加以分配调用,实现红外切换各个工作模式。

（3）设计传感器检测电路,采集路口通过的车流量,并在软件中实现数据的反馈,调用相应的配时模式,观察硬件运行。

4）实验要求

提交实验设计总结报告一份,硬件实验电路板两块。创新实践项目需要 PPT 汇报演讲,交流不同的设计方案。

3 相关知识及背景

交通信号控制与我们日常出行是密不可分的,当前交通信号的控制方式过于单一,在疏导交通方面存在很多问题,因此有着很大的改进空间。选用交通信号为控制对象,运用 FPGA 技术,结合模拟电子电路技术、计算机技术、红外传感技术、传感器及检测技术和自动控制等技术方法,综合锻炼学生运用知识、动手调试的能力。

4 教学目的

实验教学环节是贯彻创新能力培养的有效切入点,通过 FPGA 技术,根据设计原则对交通信号控制系统相位和时序等模块进行设计。同时,引导学生根据所需的功能要求选择合适的器件焊接电路并调试,培养学生软件设计与动手操作的实践能力。通过拓展实验,运用红外遥控和传感技术,锻炼学生创新思维和自主学习能力。

5 实验教学与指导

本实验是一个具有实践性的创新型的工程实验,学生需经历学习研究、电路方案设计、软件设计、模拟仿真、硬件调试、总结报告、答辩交流等环节。在实验教学中,主要从以下几点加强对学生的引导:

（1）学习十字路口相位转换的次序,绘制相位转换表,并给出相应的配时方案,做出时序图。针对当前单一模式的交通信号系统,提出增加高峰时段、低峰时段、应急状态和夜间状态的不同模式,并配以相应的状态实现方法和目标。

（2）重点介绍 FPGA 技术,介绍开发板的结构特点以及工作原理,熟悉其开发设计的流程和思路。

（3）自学 Quartus Ⅱ 软件和 Verilog 语言,熟悉语法结构和编程习惯,了解其在 Quartus Ⅱ 软件中综合编译的方法,并结合实验案例,进行讲解,完成仿真测试。

（4）掌握电路实验仪器、万用表、FPGA 开发板、电烙铁等工具的使用。

（5）简介电路设计的要点,了解硬件电路调试的注意事项。

（6）实验完成后,指导报告的写法,并组织学生以 PPT 演讲,进行答辩交流。

6 实验原理及方案

1）基于 FPGA 设计实现按键式多模式交通信号的控制系统

（1）系统结构及设计方案

系统的设计采用模块化的方法,主要包括 FPGA 主控和数码管、信号灯显示两大模块。

设计实现途径为在 Quartus Ⅱ软件环境下编写程序并进行综合,编译仿真正确后,设计相应的外部显示和控制电路,通过 USB blaster 采用 JTAG 配置模式下载到 FPGA 芯片中,从而实现系统的功能。系统结构图如图 3-11-1 所示。

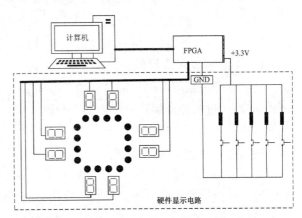

图 3-11-1　系统结构图

(2) 交通信号控制器的方案设计

交通信号控制器的方案设计主要是对十字路口相位次序加以分析,并给出合理的配合方案,同时对 4 种不同的工作模式加以分配,编写不同的配时方案和工作状态。

首先,将十字路口的相位分为 4 个,东西方向直行加右转为第一相位,东西方向左转为第二相位,南北方向直行加右转为第三相位,南北方向左转为第四相位。根据其相位转换次序,做出状态转换表,如表 3-11-1 所示。东西(A)方向和南北(B)方向的红、黄、绿和左拐灯分别用 R1、Y1、G1、L1 和 R2、Y2、G2、L2 来表示。

表 3-11-1　状态转换表

东西(A)方向				南北(B)方向			
绿灯 G1	黄灯 Y1	左拐灯 L1	红灯 R1	绿灯 G2	黄灯 Y2	左拐灯 L2	红灯 R2
1	0	0	0	0	0	0	1
0	1	0	0	0	0	0	1
0	0	1	0	0	0	0	1
0	1	0	0	0	0	0	1
0	0	0	1	1	0	0	0
0	0	0	1	0	1	0	0
0	0	0	1	0	0	1	0
0	0	0	1	0	1	0	0

其次,对高峰运行状态和低峰运行状态分别给予不同的配时方案,低峰时段给一个较短的周期配置,高峰时段给一个较长的周期配置,应急和夜间模式分别赋予不同的工作状态,其具体分配如下:

正常模式:

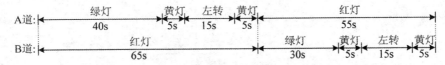

图 3-11-2　正常模式下配时方案

高峰模式:

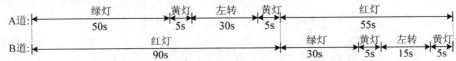

图 3-11-3　高峰模式下配时方案

夜间模式:车辆较少,黄灯闪烁,车辆注意观察路况自由通行。

紧急模式:红灯常亮,特殊车辆优先通过。

(3) 软件模块的设计及仿真

交通信号控制所需的时钟信号为 1 s,而实验中用到 FPGA 开发板的时钟信号为 50 MHz,为此,必须通过时钟分频获得所需的 1 Hz 的信号。其中,最关键的地方就是如何对 50 MHz 的时钟信号进行分频。本次设计中将 50 MHz 的时钟信号平均分为两半,前一半为低电平,后一半为高电平,由此时钟周期便成了 1 s,这样就能够分频为 1 Hz 的时钟信号。

在得到交通信号控制所需的 1 Hz 信号后,以它为基本的时钟信号,控制系统的各个模块实现同步运行。然后根据交通信号相位的状态转换,对东西和南北两个方向,采用并行设计的方式,分别设计绿灯→黄灯→左转→黄灯→红灯依次转换的相位顺序,并通过同步的时钟信号实现相位的切换和轮流工作,获得东西方向按照相位顺序依次跳转时南北方向红灯信号常亮,以及南北方向按照相位顺序依次跳转时东西方向红灯信号常亮的信号。

接着,对显示电路中数码管的译码显示模块加以设计。本次实验数码管用于信号的倒计时显示,采用七段显示数码管,通过程序的复制驱动来显示相应的数字。

采用自顶向下的设计方法,对上述模块功能仿真。

(4) 硬件电路模块

交通信号系统的硬件电路模块包括 FPGA 开发板上集成的硬件电路模块、交通信号显示和开关电路。外接显示电路主要是信号灯和数码管的模块化电路,开关电路采用按键设计实现。其中,开发板上集成的硬件电路无需自行设计焊接,通过查找开发板电路,选择调用即可,本次实验所用到的集成模块电路主要包括开发板的主芯片、电源电路、配置下载接口电路、复位电路、时钟晶振电路等,具体为:

① 电源模块电路

由于设计的各个模块所需电压不确定,FPGA 开发板一般都需要多电源供电,系统外围如输入/输出口、开发板上的串行配置器件、存储电路、LED 灯、串口等电路需要 3.3 V 电压,而芯片的内核电压只需要 1.2 V 电压供电。一般的,FPGA 开发板通过 USB 得到 5 V 稳压电源,再通过 AMS1117 系列三端稳压器件经过滤波后得到 3.3 V、1.2 V 的稳定电压。电源开启时,有电源指示灯显示。电源模块电路如图 3-11-4 所示。

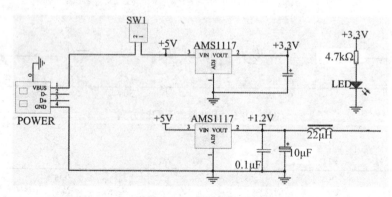

图 3-11-4　电源模块电路

② 时钟电路

FPGA 的全局时钟发生电路主要由有源石英晶振构成。硬件模块中将有源石英晶振的输出与 FPGA 的时钟引脚连接在一起,再接上电源和地,就构成了全局时钟发生电路。该电路有诸多优点,连线简单,输出稳定可靠,使用方便。本次设计所用的是 50 MHz 的晶振,其时钟发生电路如图 3-11-5 所示。

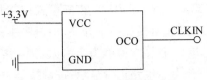

图 3-11-5　50 MHz 时钟发生电路

③ 芯片配置下载电路

FPGA 系统中,对芯片的配置下载方式主要有三种,分别是被动配置模式(PS)、主动串行配置模式(AS)和 JTAG 配置模式,后两者最为常用,本次设计中也主要用到这两种配置模式。JTAG 配置模式主要用于器件的下载调试,而 AS 配置模式用于调试完毕后下载到芯片中。下面对这两种配置模式的原理和电路进行简单的介绍。

JTAG 配置模式是通过专用配置下载的数据线将程序烧录入芯片中,其数据线一端为 USB 接口,与电脑的 USB 口相连,另一端为 JTAG 口与系统开发板的对应接口相连,连接完成,在开发软件平台上烧写程序。由于采用 SRAM 的结构,当系统断电后烧入的数据会丢失,重新上电后需要再次烧录程序才能运行,利用 JTAG 的配置方式可以及时进行调试。通常,JTAG 接口由 TDI、TDO、TMS 和 TCK 这 4 个必需的信号引脚,以及一个可选信号引脚 TRST 构成。其中,TDI 和 TDO 作为数据输入和输出接口为数据寄存器提供串行通道。TCK 提供基本的时钟输入信号,TDI 为数据输入接口,数据通过 TDI 引脚输入 JTAG 接口,TDO 为数据输出接口,数据通过 TDO 引脚从 JTAG 接口输出,TMS 提供模式转换信号,通常用于设置 JTAG 接口处于何种特定的测试模式。在 TCK 和 TMS 的共同作用下,数据可以被输入或者输出。JTAG 配置模式电路如图 3-11-6所示。

AS 配置模式是将程序下载到 FPGA 外部的配置芯片 EPCS 中,EPCS 实质是一种串行 FLASH,因此,即使掉线情况下,程序仍然不会丢失,这是其与 JTAG 配置模式最大的区别。每次上电,EPCS 中的程序都会自动加载到 FPGA 中,然后再开始运行。AS 配置模式采用 3.3 V 电压供电,DCLK 引脚用于提供时钟信号,nCONF_DONE 和 nCONFIG 两个引脚受 FPGA 芯片控制,根据这两个引脚电平的不同变化决定重新开始配置或者是配置成功进入用户模式。主动串行配置模式(AS)电路如图 3-11-7 所示。

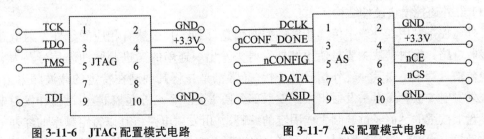

图 3-11-6　JTAG 配置模式电路　　　图 3-11-7　AS 配置模式电路

④ 按键开关电路

按键开关电路是交通信号系统中切换各个工作模式的开关电路。其具体电路设计如

图 3-11-8所示。按键开关自左向右依次为正常模式控制开关、高峰模式控制开关、夜间模式控制开关和应急模式控制开关。

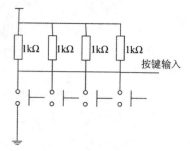

正常模式控制开关,即程序中的 rst_n 端口,按键按下为低电平,程序中使能为 1 有效,因此此按键不按下,控制系统允许运行,显示电路正常显示;按键按下,控制系统不允许运行,显示电路显示暂停。

高峰模式控制开关,即程序中的 hflag 端口,按键按下为低电平,程序中高峰为 0 有效,因此高峰开关按键不按下,控制系统不反应,显示电路无变化,继续原模式运行;高峰开关按键按

图 3-11-8　按键开关电路

下,控制系统待本模式的计时一轮结束后转换到高峰运行模式,显示电路发生变化,按照高峰模式来显示。

夜间模式控制开关,即程序中的 nflag 端口,按键按下为低电平,程序中夜间为 0 有效,因此夜间控制按键不按下,控制系统不反应,显示电路无变化,继续原模式运行;夜间控制按键按下,控制系统待本模式的计时一轮结束后转换到夜间运行模式,显示电路发生变化,按照夜间模式来显示。

应急模式控制开关,即程序中的 flag 端口,应急按键按下为低电平,程序中暂停为 1 有效,因此应急按键不按下,控制系统继续原状态运行,显示电路继续显示;应急按键按下,控制系统停止运行,显示电路保持按下时的显示状态。

⑤ 信号灯和数码管显示模块电路

信号灯和数码管作为交通信号系统的显示电路,可以在调试时直观的观察运行结果和状态。其中信号灯的亮灭显示各个相位的切换状态,数码管显示倒计时信号,与信号灯保持同步的相位控制,当倒计时到 0 时,信号灯同步跳转。其作为外部电路,模拟路口信号灯和数码管的布置,设计对应的电路并焊接,与 FPGA 开发板通过引脚的分配,实现统一控制。显示模块硬件电路如图 3-11-9 所示。

2)采用红外遥控技术改进的多模式交通信号控制系统

相较于上一个实验案例,本次的实验方案主要是通过红外遥控技术取代按键开关来实现交通信号控制系统各个模式的切换。其系统设计同样是依托 FPGA 技术,并对交通信号的信号显示及工作状态采用模块化的方式进行控制。控制模块中主要加入红外遥控的发送与接收信号,并通过 FPGA 主芯片进行编码和解码的处理,实现红外遥控切换各个工作模式。硬件电路中同样是采用红外收发电路代替按键开关电路,实现系统功能。下面主要介绍红外模块的设计。

(1)红外遥控模块硬件结构

红外遥控是利用红外线来传递相应的控制信息,因此,其必然有相应的红外发射电路和对应的接收电路。发射模块主要是使用红外发射头发出一连串的二进制脉冲码信号。为了使其在无线传输过程中免受其他红外信号的干扰,通常都是先将其调制在特定的载波频率上,然后再经红外发射二极管发射头发射出去。发射部分通常是一个红外遥控器,由键盘和发射电路组成。键盘上按键的键值经过调制生成固定的编码,并由发射电路将其以特定频率的红外信号作为载波发送出去,其核心元器件是红外发射的传感器,也就是红外发光二极管,信号正是由它发送出去并被接收电路所接收。红外信号发射电路如图 3-11-10 所示。

红外接收模块的电路完成对红外信号的接收、放大、检波、整形,并解调出遥控编码脉冲。

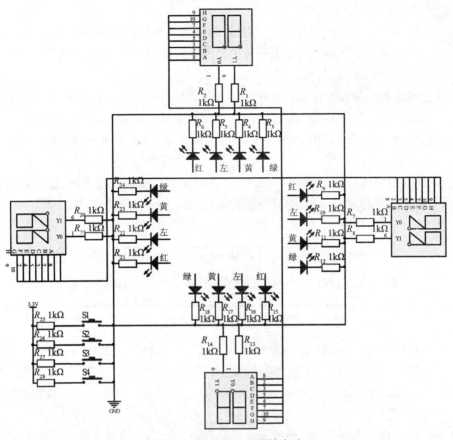

图 3-11-9　外接显示模块电路

其核心元器件是一个响应波长与红外发射二极管峰值波长接近或者一致的红外接收传感器,通常是一个光敏的二极管或者三极管。本次系统所采用的是一体化红外接收头,其型号是HS0038,接收的红外信号频率为 38 kHz。由发射模块发送的编码信号被红外接收头接收,由FPGA 开发板接收到的数据进行解码处理。红外接收的集成电路如图 3-11-11 所示。

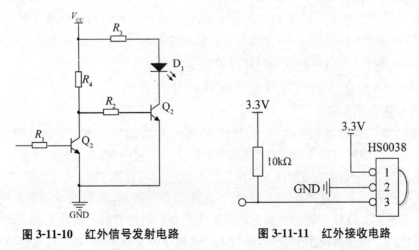

图 3-11-10　红外信号发射电路　　　　图 3-11-11　红外接收电路

（2）红外遥控模块软件设计

红外遥控模块的设计包括两部分,分别是红外遥控电路的硬件部分以及软件模块的设计。硬件电路的工作原理以及电路结构在上一节中已做详细描述,软件的设计则必须了解其编码形式、发送数据结构以及解码的方式。

红外遥控器发射的信号由一串二进制代码"0"和"1"组成。不同的芯片对"0"和"1"的编码有所区别。通常有曼彻斯特编码和脉冲宽度编码两种方式。本次设计所采用的是 PWM 方法编码,即脉冲宽度调制。"0"码由 0.56 ms 低电平和 0.565 ms 高电平组合而成,脉冲宽度为 1.125 ms;"1"码由 0.56 ms 低电平和 1.69 ms 高电平组合而成,脉冲宽度为 2.25 ms。由此可见,通过判断脉冲的宽度,即可得到"0"或"1"。当遥控器的按键被按下时,遥控器将发出一串二进制代码,包括引导码、用户码、用户反码、数据码、数据反码、编码总共 32 位,其数据结构图如图 3-11-12 所示。

图 3-11-12　数据结构图

起始码是高电平为 9 ms,低电平为 4.5 ms 的信号,当接收到此码时,表示一帧数据的开始,FPGA 可以准备接收下面的数据。用户码由 8 位二进制组成,共 256 种,图中用户反码主要是加强遥控器的可靠性。数据码为 8 位,代表实际所按下的键。数据反码是将数据码的各位取反,通过比较数据码与数据反码,可判断接收到的数据是否正确。因此,红外遥控部分的软件设计首要任务是进行时钟分频、计数,检验起始码并判断"0"、"1",将接收到的数据进行解码来驱动交通信号灯的控制器。其中,对信号的编码和解码无论在原理上还是在实际的接收过程中都是互逆的过程。简单来说,当发射端发送的是高电平,接收端接收到的实际上是一个低电平,反之亦然。因此,为保证解码时能够更为简便,通常在解码时直接将其换算成反码来处理。依据上述原理,采用 Verilog 语言对红外遥控的发送以及接收数据模块进行编程,其设计步骤也就是对数据接收并处理的过程。

最后,结合 FPGA 开发板的各个模块,设计相应的外接硬件电路。将编写完毕的系统程序采用同样的综合编译下载配置方式,合理地进行管脚约束,并通过引脚的分配实现连接,上电调试运行,观察运行结果,并与实验方案(1)进行比较。

3）基于车流检测的自适应交通信号系统的设计与实现

（1）系统总体设计方案

本次实验方案同样使用 FPGA 技术,通过 Verilog 语言编写基本的交通信号控制器,采用状态机的方式,在实验的基础上,预先配置车流量较少时的短周期(A)、车流量适中时的中长周期(B)以及车流量较多时的长周期(C)三种不同的信号配时方案,写入系统中。设计车流检测系统,采集主干道方向上通过的机动车数量,以此作为参考依据,将数据返回到系统,选择合适的配时方案,实现交叉路口交通信号系统的自适应控制。与之前两个实验方案不同之处是综合应用了计算机技术、传感器技术、电子电路技术以及自动控制技术,实现路口交通信号系统的实时自适应控制。

实验的方案基于 FPGA 开发板,以其主芯片作为核心控制器件,选用其中的电源模块、50MHz 的时钟电路、复位电路等,并设计检测车流量的传感器电路以及信号灯和数码管的显示电路等组成基本的系统结构。通过程序语言对控制模块的车流计数、相位控制、倒计时控制等部分加以设计,并进行相关引脚的分配。通过软件的设计,硬件电路的连接,实现验证系统的设计方案。系统总体结构图如图 3-11-13 所示。

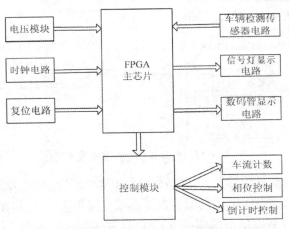

图 3-11-13　系统总体结构图

其中,交通信号控制模块的相位与实验(1)采用相同的四相位控制模式,双路口同步运行。并采用状态机的方式,设计交通信号系统的相位切换模块,同时对各相位进行配时方案的设计,总共设计三种周期相差明显的配时方案,供系统检测时调用执行。

(2)车流检测系统的设计

为便于实验室内模拟运行,本次设计选择红外检测器作为系统的车辆检测装置。其工作原理是由调制脉冲发生器产生调制脉冲,并由红外探头向外辐射,当有车辆经过时,发射出的红外线脉冲反射回来,被接收管接收,经红外解调器解调,再通过选通、放大、整流和滤波后触发驱动器输出检测信号。

红外传感器的硬件采用型号为 ST188 的红外光电传感器作为核心器件,其由发射二极管和接收管组成。其实物图和内部电路图如图 3-11-14 所示。A、K 是红外发射二极管的正负极,C、E 是接收管的正负极。

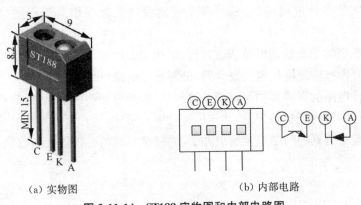

(a) 实物图　　　　　　　　　　(b) 内部电路

图 3-11-14　ST188 实物图和内部电路图

使用时只要将 A 极接高电平、K 极接低电平,红外发射管就能发出红外线,C 极接高电平、E 极接低电平便可正常接收反射回来的红外线。单独使用 ST188 时会出现较大的死区,因而,一般会在传感器外围加上电压比较器作为辅助电路,来提高红外检测器的可靠性和灵敏度。图 3-11-15 为本次设计的车流检测电路原理图。

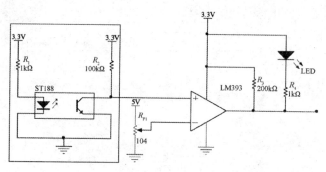

图 3-11-15　红外车流检测器电路原理图

电路左侧为 ST188 红外传感器,右侧是型号为 LM393 的电压比较器与传感器相连构成的辅助电路,电压比较器同相端与红外传感器的输出端直接相连,反相端接一个电位器,用于调整检测器的灵敏度,电压比较器输出端接一个 LED 灯方便观察检测器工作状况。当没有车辆经过反射红外线时,CE 之间截止,无电流流过,传感器输出端输出电源电压,高电平,电压比较器输出高电平,LED 灯不亮,当有车辆经过反射红外线时,CE 之间导通,输出端相当于接地,红外传感器输出电压为低电平,LED 灯亮。以此作为车辆通过的信号并加以统计。

最后,编写其他交通信号状态模块与配时方案切换模块,并将各个模块的软件程序在 Quartus Ⅱ软件中进行综合编译,无误后,将硬件模块的各个管脚加以约束并分配,焊接外接显示和车流检测的电路,与 FPGA 开发板直接相连,并调试运行,模拟路口交通信号系统的自适应控制。

注明:以上共计 3 个实验方案,本科生完成 1);研究生完成 1)和 2);拓展选做 3)。

7　实验报告要求

(1) 分析路口交通信号的相位转换的顺序和原理,并给出配时方案的依据,绘制对应的状态转换表和时序图,介绍各个模式的工作方式和依据原理;

(2) 实现方案的设计过程,交通信号各个控制模块的程序编写流程图,以及部分重要的程序;

(3) 模块化程序的综合编译以及调试过程,运用 Quartus Ⅱ软件仿真的时序图;

(4) FPGA 开发板应用模块电路及介绍,外部硬件电路原理图的绘制;

(5) 外接硬件电路的焊接实物及其调试过程,引脚的分配约束情况,绘制相应的表格;

(6) 调试运行结果的观察与记录,并与仿真时序相对比,是否满足实际的功能要求;

(7) 说明实验中遇到的问题以及解决办法,并总结实验的心得体会与收获。

8 考核要求与方法

1）考核

（1）评分标准：预习报告 20％，实验操作 50％，实验报告 30％；

（2）实验质量：外接电路选材的合理性，硬件电路布局与焊接质量，电路能否正常工作；

（3）硬件运行状态与仿真结果对比，是否一致，功能是否有额外创新设计；

（4）实验报告：实验报告的规范性与完整性。

2）报告要求

（1）实验报告的内容：实验报告应包括实验名称、目的、原理、步骤、现象与结果（包括实验结果分析、实验过程遇到的问题及体会）、讨论等内容。

（2）实验报告的要求：认真填写实验报告，文字精练，画图准确，讨论认真，实验步骤完整。在实验前要做好预习报告，完成电路模拟仿真过程；鼓励创新型的实验电路设计和内容的呈现。

9 项目特色或创新

（1）系统实验中，涉及计算机技术、电子电路技术、红外通信技术、传感器等多门学科的知识，综合性强。

（2）通过预习自学的形式完成软件实验，以解决学时不足的问题，提高了编程的能力；对于硬件实验，增强了实践动手操作的能力，从而实现了软硬件的结合。电路成本低，操作实践性强。

（3）设计模块化电路，实验方式灵活多样，鼓励创新。

实验案例信息表

案例提供单位	南京师范大学电气与自动化学院		相关专业	电气工程		
设计者姓名	闵富红		电子邮箱	minfuhong@njnu.edu.cn		
设计者姓名	王恩荣		电子邮箱	erwang@njnu.edu.cn		
设计者姓名	褚周健		电子邮箱	15951083235@163.com		
相关课程名称	数字技术基础,电路,EDA 技术,创新实践课程		学生年级	本科生 硕士生	学时	课内 3＋课外 6
支撑条件	仪器设备	Altera 公司的 FPGA 开发板、万用表、电烙铁等				
	软件工具	Quartus Ⅱ				
	主要器件	数码管、LED 灯、按键开关、电阻、杜邦线等				

3-12 智能数字循迹小车的设计(2016)

1 实验内容与任务

(1) 以组合逻辑电路和时序逻辑电路为基础,设计一个能够按照白底黑线循迹,并可以在指定位置处转弯的智能循迹小车;

(2) 在没有交叉路口的赛道中,可以连续运行5圈以上;

(3) 提高循迹小车的智能程度,当拨动循迹小车轨迹选择开关后,可以在1、2、3、4号赛道中按照指定赛道连续运行3圈以上。

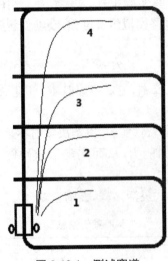

图 3-12-1 测试赛道

2 实验过程及要求

(1) 学习了解非门的电路设计,理解非门电路的信号放大作用;

(2) 利用光电对管设计循迹传感器,并利用集成运算放大电路构成比较器,将黑白赛道信息转换成高低电平;

(3) 利用7404非门芯片,组成数字循迹小车电机驱动电路,并在理论计算的基础上,调整循迹小车全速运行时的速度;

(4) 利用7400等芯片构成组合逻辑电路,设计循迹小车循迹电路;

(5) 利用74290等芯片构成时序逻辑电路,设计循迹小车赛道选择及计数清零电路;

(6) 构建一个如图3-12-1所示的赛道环境,分别对4个赛道进行连续测试,以连续运行3圈作为基础,测试数字智能循迹小车控制电路的准确性及稳定性;

(7) 撰写设计总结报告,并通过分组演讲,学习交流不同控制方案的特点。

3 相关知识及背景

这是一个运用组合逻辑和时序逻辑技术解决智能循迹小车赛道检测的实际问题,需要运用信号放大、译码电路、计数电路的知识。本次实验主要研究了赛道选择的状态计数及计数清零的方法。通过此次实验设计,可以让学生了解智能循迹小车的组成和工作原理,掌握综合数字系统设计方法。

4 教学目的

在智能循迹小车控制电路的实现过程中,引导学生了解组合逻辑、时序逻辑以及竞争与冒险的知识。通过对本次实验的研究,进一步理解所学的数字电路知识,从而达到综合掌握所学知识的目的,进而将所学知识运用到实际中去。

5 实验教学与指导

本实验的过程是一个比较完整的工程实践过程,需要经历学习研究、方案论证、系统设计、实现调试、测试标定、设计总结等过程。在实验教学中,应在以下几个方面加强对学生的引导:

(1)学习电机驱动的基本方法,了解电机电压与转速的关系,掌握 PWM 电机调速原理,在智能循迹小车的电机驱动上做出不同的方案。

(2)学习红外光电对管的循迹原理,掌握集成运算放大电路构成电压比较器的原理,学习将黑白赛道转换成高低电平的方法。

(3)利用数字组合逻辑电路将光电对管的检测数据解码成运行和转向,可以使用 7400,7404,7410 等数字芯片构成解码电路。

(4)使用 74290 计数芯片给赛道计数,当到达指定赛道的时候进行转弯。

(5)在电路设计、焊接、调试完成后,必须在赛道上进行实际测量,并根据光照环境调试红外传感器;需要根据实验室所能提供的条件,设计可行的控制方案,搭建一个光照条件较为稳定的测试环境。

(6)在实验完成后,可以组织学生以比赛的形式进行答辩、评讲和交流,了解不同控制方案及其特点,拓宽知识面。

在设计中,要注意学生设计的规范性:如系统结构与模块构成,模块间的接口方式与参数要求;在调试中,要注意光照条件对红外传感器的影响,电路工作的稳定性与可靠性;在测试分析中,要对小车运行不稳定的因素加以分析。

6 实验原理及方案

1)系统结构

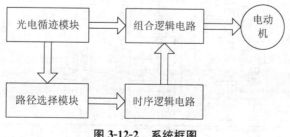

图 3-12-2　系统框图

2) 实现方案

（1）路径检测：

智能光电循迹小车使用 6 个红外光电对管作为检测传感器，原理如图 3-12-3 所示，经集成运算放大电路构成的比较器将黑白赛道转换成高低电平作为后续电路的数字信号输入（图 3-12-4），传感器分两排成八字形布局，前排设置两个传感器，后排设置 4 个传感器（图 3-12-5）。

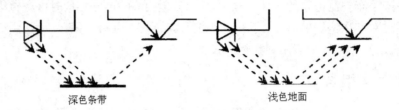

图 3-12-3　光电传感器原理

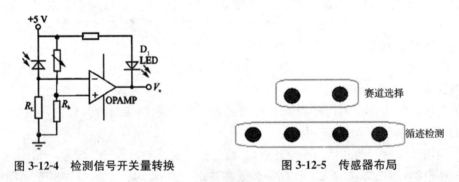

图 3-12-4　检测信号开关量转换　　　图 3-12-5　传感器布局

（2）赛道计数：

前排传感器为赛道选择传感器 S1、S2，白底输出为 0，黑色赛道输出为 1。两个传感器同时为 1，则通过十字路口，利用 74290 计数芯片来记录通过的十字路口数，原理如图 3-12-6 所示。每经过一次十字路口，计数器将记录一次通过路口的个数，并通过 74138 译码器将通过路口的个数解析成单独输出，利用赛道选择开关选择要通过的赛道，如果到达指定赛道，则信号可以通过 E 端口输出，并持续右转，直到下一次 S2 传感器检测到赛道，并越过赛道时，计数清零并进入正常循迹模式。

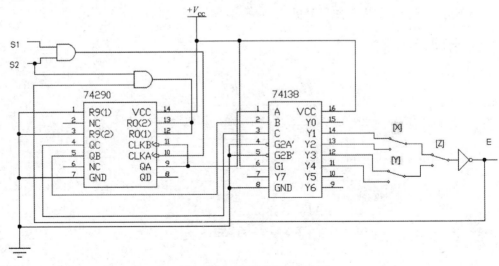

图 3-12-6　赛道路径选择电路

（3）循迹控制：

后排4个传感器1.2倍赛道间距布局,不同的车身偏转位置将对应着不同的传感器输出,经解码后控制电机运转。赛道选择信号E使能控制电机右转,根据赛道实际情况,列真值表见表3-12-1所示。

表3-12-1 智能循迹车运行真值表

A	B	C	D	E	M1	M2	备注
0	0	0	0	0	1	1	直行
0	0	0	1	0	1	0	右转
0	0	1	0	0	1	0	右转
0	1	0	0	0	0	1	左转
1	0	0	0	0	0	1	左转
1	1	1	1	0	1	1	直行
X	X	X	X	1	1	0	右转

$$M1 = ABCD + \overline{A}\overline{B}(\overline{C} + \overline{D}) + E$$
$$M2 = \overline{A}C\overline{D}\overline{E} + A\overline{B}\overline{C}\overline{D}\overline{E} + ABCD\overline{E}$$

根据逻辑表达式,设计循迹电路,如图3-12-7所示。ABCD为第二排4个光电传感器,白色场地为0,黑色赛道为1,M1、M2为左右电机,0为停止,1为运行。当传感器全部为0时,即小车姿态正常,控制左右电机M1、M2运行,当A、B中有一个为1时,小车姿态向右偏航,控制左边电机M1停止,右边电机M2运行,即向左运行,反之当C、D中有一个为1时,则向右运行。当到达指定赛道时,右转信号E使能,此时,小车将向右转弯运行,当S2传感器检测到赛道时,即小车向右到达指定赛道,计数器清零,右转信号E变为低电平,此时,小车运行状态由循迹传感器控制。

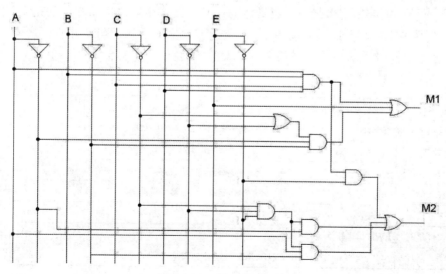

图 3-12-7 循迹电路设计

7 实验报告要求

(1) 实验需求分析;

(2) 实现方案论证;

(3) 列出控制方案真值表;

(4) 卡诺图化简及 EWB 仿真;

(5) 硬件电路测试方法;

(6) 运行状态数据记录;

(7) 运行状态分析;

(8) 实验结果总结。

8 考核要求与方法

(1) 实验方案:逻辑控制方案简单可行,硬件成本较低。

(2) 实物验收:功能与性能指标的完成程度,完成时间,驱动电路设计的效率,循迹传感器设计的稳定性、抗干扰能力,快速调节能力。

(3) 自主创新:功能构思、电路设计的创新性,自主设计逻辑控制电路,独立完成智能循迹车的设计。

(4) 实验数据:运行状态数据和稳定性及差错原因分析。

(5) 实验报告:实验报告的规范性与完整性。

9 项目特色或创新

项目的特色在于:项目将枯燥乏味的组合逻辑和时序逻辑电路实验巧妙的安插进智能循迹小车的电路设计中,增强了学生的学习兴趣。项目将从无到有全程设计一个具体的循迹车项目,从设计、仿真、焊接到调试,最终完成具体的任务。使学生对之前所学的理论知识具有了更深刻的理解,从原来的纸上谈兵到动手实做,拉近了学生所学知识与实际应用之间的距离,设计、调试的经验对学生个人能力的成长具有很大的帮助。

实验案例信息表

案例提供单位		中国矿业大学徐海学院		相关专业	自动化	
设计者姓名		李富强	电子邮箱	lifqcumt@126.com		
设计者姓名		刘 勇	电子邮箱	13003521055@126.com		
设计者姓名		翟晓东	电子邮箱			
相关课程名称			学生年级	第五学期	学时	4+4 学时
支撑条件	仪器设备	示波器、信号发生器、万用表				
	软件工具	EWB 仿真软件				
	主要器件	7400、7404、74290、74138、7474、KK 马达、RPR220				

3-13　基于 FPGA 的多路抢答器设计(2016)

1　实验内容与任务

综合运用所学的数字电路知识,以 FPGA 为核心器件,设计实现一个多路抢答器。

1) 基本要求

(1) 实现抢答信号的产生、保持、显示,并封锁其他抢答人的抢答信号;

(2) 实现主持人对抢答电路的初始化及启动;

(3) 至少 3 个抢答人。

2) 提高要求

(1) 选手抢答后,根据对错实现主持人的加减分功能与成绩记录显示功能;

(2) 实现定时抢答功能,在规定时间内抢答有效,并显示定时时间。

3) 扩展要求

(1) 根据不同题目难易程度,主持人控制加减分值不同;

(2) 抢答结束后,系统自动评判成绩,显示最高分选手编号;

(3) 自主开发设计其他功能。

2　实验过程及要求

(1) 分析系统工作原理,选择合理的方案,根据实验开发系统现有条件,设计实验原理框图;

(2) 理解和学习 FPGA 相关软硬件知识,掌握 Quartus Ⅱ软件的基本功能和操作;

(3) 采用层次化的设计方法,设计各功能模块,并利用软件对各模块进行仿真及优化;

(4) 将各功能模块组成完整的系统,并进行系统仿真;

(5) 将设计电路下载到可编程器件中,连接外围电路,完成系统功能调试及测试,并与实际抢答器对比;

(6) 按照指导教师要求验收实验结果,并回答教师提问;

(7) 撰写设计报告,通过分组演讲,学习交流不同解决方案的特点。

3　相关知识及背景

本案例将 EDA 技术与数字电路相结合,涉及组合电路、触发器、加减计数器、状态机、分频器、数据显示、按键消抖等内容,既提高了综合设计及动手实践能力,也对数字系统设计有了初步认识。

4　教学目的

通过一个较完整的工程项目,了解小型数字系统设计过程,掌握可编程逻辑器件的使用方法,引导学生从方案分析、电路设计、元器件选用到电路调试全过程,培养学生的综合工程实践能力、理论联系实际能力和创新能力。

5 实验教学与指导

本设计是一个较综合的数字系统实验,学生可以自主选择设计的基本内容和扩展内容,根据多路抢答器系统的特点,提出多个设计方案进行论证,完成从单元到系统的设计、调试及总结等过程。

实验过程中要在以下几个方面加强对学生的引导:

(1) 了解抢答器电路实际需求;

(2) 掌握组合电路和时序电路基本设计方法;

(3) 了解机械开关的结构,及消除接触抖动的方法;

(4) 掌握触发器的原理、作用,两种触发方式:边沿触发和电平触发;

(5) 掌握用触发器实现信号的保持:如何锁存信号、实现自锁和互锁;

(6) 了解与触发器有关的时间参数(建立时间、保持时间、转换时间),考虑触发器对输入数据和时钟响应的时间;

(7) 掌握时序电路的静态和动态调试方法;

(8) 掌握加减计数器的设计方法;

(9) 掌握信号的产生:高低电平信号,脉冲信号;

(10) 熟悉信号的显示方法:一位信号(发光二极管)和多位信号(译码显示电路,数码管);

(11) 利用仿真波形调试电路的方法。

6 实验原理及方案

1) 电路系统框图

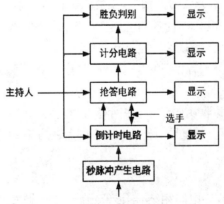

图 3-13-1 电路系统框图

2) 主要单元电路

(1) 抢答电路:主持人对抢答电路清零复位,选手在规定时间内实现抢答,抢答电路具有自锁和互锁功能。

(2) 秒脉冲产生电路：由于系统时钟频率较高，故设计分频电路产生秒脉冲用于 10 s 倒计时。

(3) 倒计时电路：主持人对倒计时电路设定抢答开始，倒计时电路从 10 s 开始倒计时，在 10 s 之内选手可以抢答，10 s 计时结束后，封锁抢答电路，不再允许抢答。

(4) 计分电路：系统上电后，主持人对计分电路实现初始化，为了能实现减分，计分电路初始值设定为 20 分。选手回答后，主持人控制计分电路可以实现加 1 分或减 1 分功能，并将计分结果实时显示。如果减到 0 分，则不再减，加分到 100 分也不再加。扩展要求中根据题目难易程度，能实现加减 2 分，加减 3 分功能。

(5) 竞赛结束后能实现胜负判断，选出分值最高的选手并显示。

本设计的基本部分原理较为简单，实现方案多样且灵活，提高要求和扩展要求中涉及的输入/输出较多，条件也较多。设计时，要求采用层次化设计方法，分模块设计；测试时，要求逐个模块进行测试，方便找出电路设计的问题所在。

7 实验报告要求

(1) 分析系统功能要求，进行方案论证；

(2) 确定硬件算法，划分系统模块框图；

(3) 设计各功能模块，仿真结果；

(4) 顶层文件设计及仿真结果；

(5) 下载到实验箱验证结果；

(6) 系统测试过程中出现的问题及解决的方法；

(7) 写出设计总结报告。

8 考核要求与方法

成绩评定主要由实验预习、实验验收、实验报告三部分成绩总和构成。

1) 实验预习报告（20%）

(1) 由功能模块构成的系统原理框图；

(2) 各功能模块的设计方案。

2) 实验情况（60%）

(1) 对所设计的电路各功能模块的仿真波形的演示，是否采用层次化的设计方法；

(2) 下载到可编程逻辑器件，硬件验收情况；

(3) 回答问题及表述情况。

3) 实验总结报告（20%）

考核报告的规范性和完整性。

9 项目特色或创新

(1) 本题目具有生活与工程背景，可培养学生综合运用所学知识解决实际问题的能力；

(2) 采用了可编程逻辑器件来实现，着重培养学生的创新思维能力；

（3）实行分阶段多元化考核方式,更能体现客观公正,使考核成为激发学生实验兴趣、提高实验能力的动力;

（4）实验要求分层设计,适应不同层次学生。

实验案例信息表

案例提供单位	东南大学电工电子实验中心		相关专业	电子技术	
设计者姓名	常 春	电子邮箱	313560021@qq.com		
设计者姓名	管秋梅	电子邮箱	1293403271@qq.com		
相关课程名称	数字逻辑电路设计实践	学生年级	二年级	学时	6+6
支撑条件	仪器设备	计算机、可编程逻辑器件下载实验箱			
	软件工具	Quartus Ⅱ 9.0			
	主要器件	74LS00、74LS04、74LS47、74LS74、74LS148、74LS160、74LS168、74LS194、74LS244、74LS279、74LS283、74LS85 等			

第四部分 电子电路综合设计实验

4-1 非接触式电感位移测量电路设计(2015)

1 实验内容与任务

1) 实验任务

利用变压器式电感位移传感器设计一个非接触式位移测量仪。

2) 实验要求

(1) 位移测量范围:左 15 mm～右 15 mm;

(2) 测量误差不大于 0.5 mm;

(3) 响应时间不大于 1 s;

(4) 能够实现两种显示方式:一种采用双向模拟表头显示,另一种采用四位数码管数字显示。

3) 实验说明

(1) 根据要求设计电路,并且进行理论分析、仿真研究,实际搭建电路,密切关注实验数据、实验波形与设计预期结果、仿真结果是否一致,时刻关注运算放大器的实际运行状态。

(2) 按照实验设计思路,抓住各功能电路的特征信息,按拟定步骤测量完整的实验数据,记录完整的实验波形,并且对数据进行分析比较。

(3) 各功能电路可以有不同实现电路,实验任务呈开放性,集思广益,鼓励创新。

2 实验过程及要求

根据实验要求,通过查阅文献、电路选择、参数配置、仿真分析、搭建电路、实际测试的整个实践过程,把学到的知识与特定功能的对象对接,培养学生的探究能力与创新意识。

1) 基本过程和要求

(1) 设计原理与设计方法概述。

(2) 正弦波发生电路。

(3) 驱动电路设计。

(4) 精密整流和信号处理。

(5) 低通滤波和差分放大。

(6) 模拟显示整定。

(7) 数字测量:

① 模/数输入预处理和模数转换;

② FPGA 数字测量;

③ 数字测量分步调试。

(8) 传感器的静指标:线性度、迟滞、重复性、灵敏度与灵敏度误差、分辨力与阈值、温度稳定性、测量范围和量程、测量精度。

2) 拓展要求

(1) 直接对副边电感的感应交流信号进行采样,在数字域完成整流、整定等运算;

(2) 由 FPGA 产生 5 kHz 左右的激励正弦波,通过外部 D/A 转换器输出驱动初级线圈。

3 相关知识及背景

(1) 该实验电路使用了测量行程范围大的变压器式电感位移传感器,需要了解传感器的静态特性和动态特性。

(2) 要用实验手段说明所设计实验电路的对应功能,必须熟悉模拟电子技术,尤其是运放的应用电路;同时需要数字电子技术以及 FPGA 知识。

(3) 需要掌握数据分析处理能力。

(4) 各功能内容可以尽情拓展,实验内涵丰富。

4 教学目的

(1) 培养电子技术资料的收集能力;

(2) 掌握模拟电子电路的基本分析能力;

(3) 培养独立设计、调试模拟电子电路的能力;

(4) 至少掌握一种 EDA 仿真软件的使用;

(5) 初步掌握用 VHDL 语言描述逻辑功能的能力;

(6) 掌握数字系统分析设计能力;

(7) 学会书写规范的实验报告、论文。

5 实验教学与指导

1) 实验设计要求提前公布

要求同学广泛查阅资料,根据自己的知识条件提出与众不同的实验思路,鼓励学生自行拓展实验方案(课前准备),对功能电路模块进行方案的理论分析、仿真分析,然后进行实验测量,最后将设计、仿真、实验、遇到的问题、解决的问题、是否有拓展研究的整个实验过程写出总结报告。

2) 实验原理讲解

(1) 自感变磁阻式传感器、差动式电感位移传感器、变压器式传感器;

(2) 电感位移传感器的特性;

(3) 系统方案确定;

（4）单元电路设计；

（5）数字测量分步调试；

（6）传感器的静态指标；

（7）扩展内容。

3）学生实验

（1）要求独立完成实验。

（2）搭建电路，测量实验数据，记录实验波形；关注实验参数设置是否合理，实验路径是否正确；查找遇到问题的原因，提出解决方案。

（3）测量对应的实验数据或者实验波形，说明各自实现的电路功能，展示各自达到的实验深度，得出各自实验结论，总结各自的实验收获。

6　实验原理及方案

1）电感位移传感器的特性

传感器的输入/输出关系反映了传感器的传感特性。传感特性有静态和动态两种形式。静态传感特性指被测量不随时间变化或是变化缓慢；动态传感特性指被测量随时间变化而变化（周期或瞬间变化）。

（1）静态特性

传感器的静态特性是指传感器在其输入量恒定或是当其输入量缓慢变化时，其输出量同时达到相应的稳定值（即为稳态条件下）的工作状态下的输入/输出特性。传感器的静态特性可以通过静态性能指标来表示，静态性能指标是衡量传感器静态性能优劣的重要依据。传感器的静态特性主要技术指标有：线性度、灵敏度、迟滞、重复性、稳定性、分辨率等。

灵敏度是指输出变化量和输入变化量之比。电感式位移传感器有较高的灵敏度，可以用于测量微小位移变化。

（2）动态特性

传感器的动态特性是传感器在测量中非常重要的特性，是指传感器对于随时间变化的输入信号的响应特性，反映传感器的输出值能够真实地再现变化中的输入量的能力。

动态特性好的传感器，其传感器随时间变化的曲线与相应输入量随同一时间变化的曲线相同或近似，即输出/输入具有相同类型的时间函数，可以实时反映被测量的变化情况。传感器的动态特性主要技术指标有：动态误差、响应速度等。

动态误差是当静态误差为零时，被测量的指示值与真值之间的差异，其描述依据是根据传感器输入信号是恒定值或是变化值，传感器对相同输入幅度响应之间的差别。响应速度表示测量系统对输入变量的变化起反应的快慢程度。

2）课程设计选择的电感位移传感器

本次课程设计规定使用测量行程范围大的变压器式电感位移传感器。传感器实物如图4-1-1所示。其中，1是分度尺，用于给定位移；2是初级线圈；3是两个副边线圈；4是初级和副边线圈的信号输入/输出连接线；5是底座。

图 4-1-1　自制变压器式电感位移传感器

3）系统方案

（1）方案一

如图 4-1-2 所示,方案 1 采用专用芯片实现电感位移测量。

AD598 产生初级线圈的交流激励信号（20 Hz～20 kHz）,经过功率放大后驱动激励线圈,产生交变磁场。AD598 接收两个次级感应的交变电压值进行计算,其近似直流输出电压值为:

$$V_{out} = I_{REF} \times (A - B)/(A + B) \times R_2$$

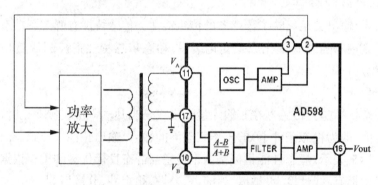

图 4-1-2　采用专用检测芯片的测量电路

（2）方案二

如图 4-1-3 所示,方案二以运放为核心器件,基于交流值差分实现位移检测。

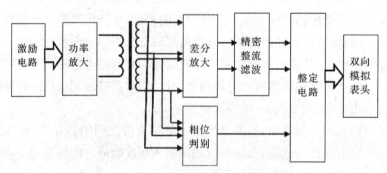

图 4-1-3　基于交流值差分的检测电路

激励信号模块产生初级线圈所需的交流正弦信号,经过功率放大电路放大后驱动初级线圈。副边通过电桥电路获取两个次级线圈的交变差值,差值经过精密整流和滤波,得到绝对差值平均值。同时,对两个副边交流信号相位判别,得到位移是向左或向右指示。

最后,经过线性比例放大和偏移,进行零点定标,输出直流值,在模拟双向表头上显示位移值。

方案二的缺点是当两个副边线圈的感应电压之间存在相位差时,虽然两个副边的交变信号大小相同,当相位不一致时,相减时仍会出现非零值。另一个缺点是绝对值检测幅值不能判别方向,需增加相位检测电路。

(3) 方案三

如图 4-1-4 所示,基于均值差分实现位移检测,与方案二的不同点主要是:对两个副边的感应电压独立进行均值检测,然后对两副边均值实现差分;采用模拟显示和数字测量显示两种方式。

模拟显示时,用两个精密整流电路分别对两个副边线圈进行整流和滤波,得到两个副边交变信号的平均值。然后通过直流差分电路,以及线性比例放大和偏移电路进行零点定标,输出至模拟表头显示。

数字显示时,可以通过三条路径采集两个副边的感应交变电压值。

采集路径 1:直接对两副边的交流信号 A1,A2 进行采样。此时为保证采样可靠,采样频率至少为激励信号频率的 3~5 倍,并且最好是整数倍周期采样。典型方式是一个周期能够采集 64 点以上。这种采集方式可以省略图 4-1-3 硬件电路中的精密整流滤波、差分放大和整定电路,但对采样要求较高,同时需要在 FPGA 内部做较复杂的运算。

采集路径 2:直接对各副边精密整流和滤波后的绝对平均值 B1,B2 进行采样。采样完成后,在数字域实现相减和整定。这种采集方式可以省略图 4-1-3 硬件电路中的差分放大和整定电路。

采集路径 3:直接对模拟域经过整定后的输出 C 进行采样。由于 C 端输出有正有负,进入 A/D 时必须加偏移电压。这种采集方式的最大优点是只需一路 A/D 采样通道,数字域内的处理较简单。

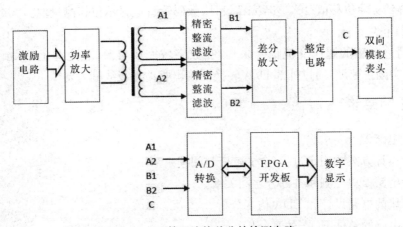

图 4-1-4　基于均值差分的检测电路

为满足课程设计基础训练的基本要求,当实现数字显示时,建议采用采集路径 3 设计电感位移测量。

4) 单元电路设计

(1) 正弦波发生电路

电感位移传感器的初级线圈需要一个振荡频率大约是几千赫兹的正弦激励。常用的正弦波振荡电路有 RC 正弦波振荡电路、LC 正弦波振荡电路、石英晶体正弦波振荡电路等三种。

RC 正弦波振荡电路一般用来产生 1 Hz～1 MHz 范围内的低频信号,而 LC 和石英晶体正弦波振荡电路则一般用来产生 1 MHz 以上的高频信号。因此,本设计可以选择产生低频正弦信号的 RC 文氏桥振荡电路或双 T 形 RC 振荡电路。

(2) 驱动电路设计

正弦信号发生电路的输出由于功率较小,无法直接驱动电感位移的初级线圈,必须进行功率放大或电流放大。

(3) 精密整流和信号处理

为了获取副边线圈感应电压的平均值,首先要将感应的交流电压整流成单向脉动信号,然后再进行均值滤波。在电感位移测量中,随着铁芯偏离次级线圈时,线圈中感应到的电压幅度越来越小,幅度与二极管的开启电压相近,甚至更小。需要应用运放和二极管构成的精密整流电路来实现。

(4) 低通滤波和差分放大

副边线圈的感应电压经过精密全波整流后得到的是脉动信号,需要经过滤波得到其直流电压平均值后,才能由模拟表头显示大小。

(5) 模拟显示整定

为了保证模拟表头显示与实际铁芯位置对应起来,需要进行零位整定和比例调节。

(6) 数字测量

由浅入深将模/数输入预处理和模/数转换分为三个步骤:第 1 步,省略进制转换模块和数字整定模块,直接将 A/D 采样的二进制值在数码管上显示,通过手工处理数据后得到实际位移值;第 2 步,仅省略数字整定模块,直接将 A/D 采样的十进制值在数码管上显示,通过手工处理数据后再得到实际位移值;第 3 步,完整设计,数码管直接显示位移测量值。

(7) 扩展内容

直接对副边电感的感应交流信号采样,在数字域完成整流、整定等运算;由 FPGA 产生 5 kHz 左右的激励正弦波,通过外部 D/A 转换器输出驱动初级线圈。

7 实验报告要求

(1) 实验电路设计要求。

(2) 实验设计方案的确定过程(含文献资料阅读)。

(3) 实验电路模块分割和各部分之间关系。

(4) 各模块的电路设计和 EDA 仿真分析。

(5) 实验电路的整体 EDA 仿真分析。

(6) 实验装配和调试过程。

(7) 实际指标测试和电路的评述。

(8) 实验体会。

8 考核要求与方法

(1) 预习情况,检验预习效果:10%;

(2) 遇到问题,现场操作解决问题:10%;

（3）提高选做内容，根据教学时间和学生学业能力，选择安排：10%；

（4）各功能模块实验调试过程及技术指标检查：25%；

（5）综合电路调试过程及技术指标检查：25%；

（6）焊接工艺：10%；

（7）实验报告：10%。

9 项目特色或创新

本实验需要模电的放大、整形、信号获取，以及集成运放的各基本运算放大电路、有源滤波电路、振荡电路等，后续可涉及数电 FPGA 设计应用等方面的知识。因此，认真、独立地完成该实验，将可使学生进一步加深对已学理论知识的理解，进一步深化理论知识与实际应用的联系，以促进创新能力的培养。

实验案例信息表

案例提供单位	浙江大学		相关专业	电子技术		
设计者姓名	傅晓程	电子邮箱	fxche@zju.edu.cn			
设计者姓名	张 伟	电子邮箱	zj_zhangwei@vip.163.com			
设计者姓名	祁才君	电子邮箱	qcj@zju.edu.cn			
相关课程名称	电子技术实验	学生年级	二年级	学时	8+8	
支撑条件	仪器设备	示波器、函数发生器、万用表等				
	软件工具	OrCAD、Multisim、Quartus Ⅱ等				
	主要器件	电阻、电容、运放等				

4-2　电容数字测量仪(2015)

1　实验内容与任务

1）基本要求

（1）设计制作一个能够测量电容范围为 100 pF～999 nF、测量精度不低于±5%、以数字方式显示的电容参数测量仪；

（2）至少设计两个量程：1 pF ～999 pF,1 nF ～999 nF；

（3）响应时间不超过 2 s。

2）扩展要求

（1）进一步扩大测量范围；

（2）进一步提高测量精度；

（3）可利用单片机实现智能化,如增加超量程警示功能,测量量程自动切换功能,实现操作简洁、友好的人机界面等。

2　实验过程及要求

（1）学习电容测量的原理及方法。

（2）根据实验内容、技术指标以及实验室现有条件,选取单元电路及元件,考虑好两种以上的设计方案,通过论证与比较得到较好的实施方案。

（3）计算和选取单元电路的元件参数,绘制出相应的模块原理图和总电路原理图,并分析工作原理;利用 Multisim 或者 Proteus 电路仿真软件进行仿真。

（4）通过焊接或面包板搭接电路,并进行调试。调试前应设计电路的调试方案,并按步骤进行调试,注意先调试基本单元电路,再进行系统联调。

（5）根据实验内容与任务中提出的指标要求逐项验收实验结果。测试时用数字电桥的测量值进行对比,测算出自制电容测量仪的测量范围和测量误差,并分析其原因。

（6）撰写实验报告。

3　相关知识及背景

这是一个运用数字和模拟电子技术解决工程实际问题的典型案例,需要运用组合逻辑电路、触发器、振荡器、模拟数字信号转换、计数器、数据显示器、开关控制等相关知识与技术方法,还涉及单片机技术、测量量程、测量误差、测量精度、仪器校准等工程概念与方法。

4　教学目的

在较为完整的工程项目实现过程中引导学生了解现代测量方法;掌握电子系统的设计、调试、评估和分析方法;提高课程知识的综合运用能力;培养科研能力以及良好的工程素养;锻炼协作、沟通以及查阅资料的能力。

5 实验教学与指导

本实验的过程是一个比较完整的工程实践过程,需要经历学习研究、方案设计、方案论证、设计调试、测试验收、总结答辩等过程。在实验教学中,应在以下几个方面加强对学生的引导。

(1)学习电容测量的基本方法。

(2)分析测量范围和测量量程的需求。

(3)学会利用运算放大器和555定时器构成矩形波发生电路的方法,重点学习如何控制电路的元件参数,调整矩形波的振荡频率的方法。

(4)学会利用555定时器构成单稳态触发器的方法,重点学会如何控制电路的元件参数,调整输出高电平脉冲宽度的方法,注意触发方式、触发条件等基本概念。

(5)学会恒流源的基本设计方法。

(6)掌握计数器电路的一般设计方法,注意计数原理、计数条件等基本概念。同时为了稳定地显示计数值,需要掌握锁存器的基本概念和使用方法。

(7)学习A/D转换器的基本工作原理和集成A/D转换器的基本使用方法。

(8)掌握LED数码管显示的正确方法,可以自行选择动态显示或者静态显示的方法。

(9)本实验主要以模拟电路、数字电路的基本知识为基础,采用模块化的设计方法,使学生能够综合运用所学知识,构建应用系统。同时也给学有余力的同学提供进一步自学拓展的空间,可以把单片机系统等后续课程知识的应用提前。

(10)组织学生以项目演讲、答辩的形式进行交流,了解不同解决方案的特点,进一步拓宽知识面。

(11)在设计中,要注意学生设计的规范性,如系统结构与模块构成,模块间的接口方式与参数要求;在调试中,要注意工作电源、参考电源品质对系统指标的影响,电路工作的稳定性与可靠性;在测试分析中,要分析系统的误差来源并加以验证。

6 实验原理及方案

1)实验原理

电容测量的基本原理是:利用电容充放电的特性把电容量转换成电路容易处理的物理量,然后通过电路测量出转换后的物理量,进而得到电容量的大小。要求转换后的物理量与待测电容容量有关,且能够较好地反映电容量的大小。

常用的物理量有信号电压V_O、脉冲宽度t_W、信号频率f等。

当使用恒流源向电容充电时,充电时间t与电容两端的电压V_O成正比关系,其计算公式可表示为:

$$C=\frac{It}{V_O} \tag{1}$$

当充电电流I固定不变时,只需控制好充电时间t,并测量出电容两端的电压V_O,便可计算得到电容值C。

由555集成定时器构成的多谐振荡器输出的振荡周期为:

$$T=T_1+T_2=(R_1+2R_2)C\ln2\approx0.7(R_1+2R_2)C \tag{2}$$

式中,$T_1=(R_1+R_2)C\ln 2$,$T_2=R_2C\ln 2$。则输出振荡频率为:

$$f=\frac{1}{T}=\frac{1.44}{(R_1+2R_2)C} \tag{3}$$

所以,当 R_1 和 R_2 固定时,通过计算信号频率 f 的大小也可以得到电容量的大小。

由 555 集成定时器构成的单稳态触发器输出电压的脉冲宽度为:

$$t_{\mathrm{W}}=RC\ln 3\approx 1.1RC \tag{4}$$

可以看到,当 R 固定时,改变电容 C 则输出脉冲宽度 t_{W} 跟着改变,由 t_{W} 的宽度就可以求出电容的大小。

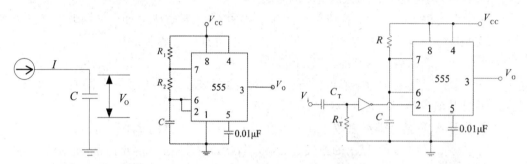

图 4-2-1　恒流充电法示意图　　图 4-2-2　多谐振荡器　　　图 4-2-3　单稳态触发器

2) 系统结构

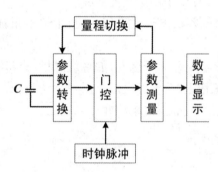

图 4-2-4　电容数字测量仪系统结构

3) 实现方案

(1) 参数转换电路的设计

参数转换电路的功能是将电容量转换成信号电压、频率或者脉冲宽度。通过恒流源对电容充电得到信号电压,可以使用三极管设计镜像恒流源,也可以使用稳压芯片(如 LM7805、LM317 等)通过不同的外围电路来设计恒流源。通过 LM324 构成的 RC 振荡器,或者通过 555 电路构成的多谐振荡器和单稳态触发器,可以得到信号频率和脉冲宽度。

(2) 时钟脉冲产生电路的设计

时钟脉冲产生电路可以实现两种功能:一是产生基准脉冲,该脉冲与单稳态触发器的输出信号相与后送入计数单元进行计数;二是产生闸门脉冲,用该闸门脉冲控制多谐振荡器的输出信号进行计数。

172

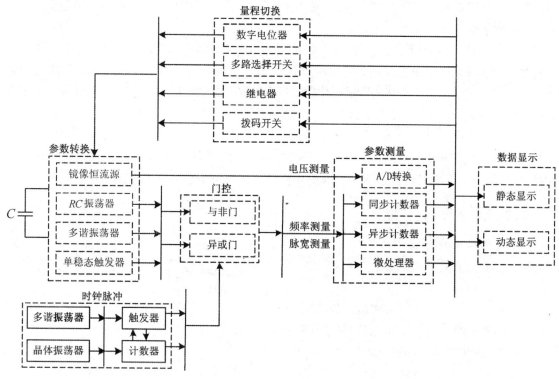

图 4-2-5　电容数字测量仪实现方案

时钟脉冲产生电路可以由 555 电路构成多谐振荡器实现,也可以由稳定性更好、精度更高的石英晶体振荡电路实现。时钟脉冲可以再通过分频电路,产生不同频率的基准脉冲或者不同宽度的闸门信号,以实现在不同量程上进行计数的目的。

(3) 门控电路的设计

门控电路完成三个功能:一是输出清零脉冲,在计数前瞬间将计数器清零;二是提供锁存信号,将振荡输出的脉冲宽度或闸门信号锁存;三是用闸门信号控制基准脉冲,生成计数脉冲。

门控电路可以采用与非门、与门、异或门等来实现。

(4) 量程切换电路的设计

量程切换电路通过切换 RC 振荡器、多谐振荡器或者单稳态触发器电路中的电阻元件值,产生不同频率的矩形脉冲波或者不同宽度的矩形脉冲,以实现在不同量程上进行计数的目的。可以选择多路选择开关、继电器、拨码开关进行切换,也可以采用数字电位器直接改变电阻元件值。

(5) A/D 转换电路的设计

在将模拟电压信号转换成数字量时,可以采用常规的 A/D 转换器,也可采用集成了 A/D 转换和数字显示功能的 CC7106/7 等芯片。使用时要综合考虑位数、精度要求,输入模拟信号的范围及输入信号极性等方面,并注意输出数字的编码、输出方式等方面的要求。

(6) 计数电路的设计

计数电路可以采用通用的计数器,如 74LS161、74LS192 等,设计时要注意,在每次开始计数前计数器要清零,为了显示稳定的计数值,需要对计数数据进行锁存。可以采用一般的数据锁存器,如74LS373、74LS273等,也可以采用74LS161的并行数据输入方式实现锁存功能。

(7) 数字显示电路的设计

在电容的数字显示形式上,有数码管显示、液晶显示(LCD)等形式,推荐使用价格低廉的数码管显示器。显示方式可以采用静态显示方式和动态显示方式。当数码管显示器工作在静态显示方式时,共阴极(或共阳极)点必须连接在一起接地(或电源正极);当数码管显示器工作在动态显示方式时,需解决显示闪烁和亮度不足的问题。

(8) 实验拓展

利用单片机实现电容的智能化测量。利用电子开关选取不同电阻元件来实现量程的自动切换,通过对同一个电容进行多次测量取平均值的方法进一步减小测量误差。

7 实验报告要求

(1) 实验需求分析。

(2) 实验方案论证。

(3) 电路设计:

① 电路设计思想,电路结构框图与系统工作原理;

② 各单元电路结构、工作原理、参数计算和元器件选择说明;

③ 完整的电路仿真图以及需要的元器件清单。

(4) 制定电路测试方法,包括:

① 使用的主要仪器和仪表;

② 调试电路的方法和技巧;

③ 测试结果分析;

④ 调试中出现的故障、原因分析及排除方法。

(5) 成本分析。

(6) 实验总结:

① 阐述设计中遇到的问题、原因分析及解决方法;

② 总结设计电路和方案的优缺点;

③ 实验的收获、体会及展望。

(7) 参考文献。

8 考核要求与方法

(1) 仿真预习:利用仿真软件,完成实验各单元电路的仿真,提交仿真波形及元器件清单。

(2) 实物验收:功能与性能指标的完成程度(如电容测量范围、测量误差、响应时间等),完成时间。

(3) 实验质量:电路方案的合理性,电路连接质量,布局的规范合理性等。

(4) 自主创新:功能构思、电路设计的创新性,自主思考与独立实践能力,实现电路的简洁性。

(5) 实验成本:是否充分利用实验室已有条件,材料与元器件选择合理性,成本核算与损耗。选择的集成芯片是否为主流品种;是否容易采购且低成本;片内资源是否已得到有效利用。

(6) 实验数据:测试数据和测量误差。设计制作过程中,单元电路得到的测试结果;设计制作完成后,整个电路得到的测试结果。

(7) 实验报告:实验报告的规范性与完整性。

9 项目特色或创新

(1) 与实验室的日常仪器使用紧密相连,培养学生运用所学知识解决日常问题的习惯;

(2) 仿照项目实施流程开展实验,培养学生的工程素养、分析解决问题的能力等;

(3) 多样化的实现方法和多层次的实验任务,可以充分发挥学生的自主能动性,满足不同层次学生的发展需求。

实验案例信息表

案例提供单位		国防科技大学电子科学与工程学院		相关专业	电子工程、通信工程、信息工程
设计者姓名		张 亮	电子邮箱		Nudtzhangliang@qq.com
设计者姓名		关永峰	电子邮箱		24586788@qq.com
设计者姓名		库锡树	电子邮箱		kuxishu@126.com
相关课程名称		模拟电子技术基础、数字电子技术基础、电子技术课程综合设计	学生年级	大学三年级	学时	18学时,课内
支撑条件	仪器设备	数字示波器、直流稳压电源、信号发生器、数字电桥、数字万用表			
	软件工具	Multisim 或者 Proteus			
	主要器件	Ne555芯片、CC7106、LM324、LM317、LM7805、石英晶体振荡器、74LS00、74LS86、74LS161、74LS373、CC4511、LED共阴极显示器、MCS—51单片机、继电器、拨码开关、CC4051、三极管、电阻电容元件若干			

4-3 人体生理信号采集系统设计(2015)

1 实验内容与任务

人体生理信号采集系统主要完成心音信号、脉搏信号及体温的测量,系统设计的内容和任务如下:

(1)选择合适的温度传感器及脉搏信号测量传感器,可以利用听诊器及麦克风制作简易心音信号传感器;

(2)设计电路将心音信号放大至适当的范围,抑制噪声信号不大于 10 mV,并将心音信号整形成矩形波信号;

(3)设计电路将体温信号放大,尽量提高温度测量精度;

(4)设计电路将脉搏压力信号放大至 $0\sim +5$ V 的范围内,测量误差不大于 ± 2 次/min;

(5)采用适当的电路,以数字方式显示心音、脉搏和体温信号,若相关信号超出正常范围,能够给出报警信号;

(6)发挥部分,在完成以上信号测量的基础上,进行血压的测量。

2 实验过程及要求

(1)通过查询资料了解心音信号、脉搏、体温信号各自的特点及在医学上的测试要求。

(2)了解听诊器、麦克风的构造与基本工作原理,或查找更适合测量心音的其他传感器;了解常用温度传感器的量程、精度和分辨率,选择合适的温度传感器;查询了解可用于脉搏信号测量的传感器及其工作原理。

(3)根据医学要求并结合传感器的电特性,制定以上各种信号测量电路增益、带宽、输入阻抗等方面的要求。

(4)设计各模块合适的电路、选择相关元器件,并通过仿真软件优化设计,实现信号有效调理。

(5)记录心音传感器输出信号波形并分析结果,记录显示电路输出心跳次数,与实际次数对比。

(6)记录温度传感器输出信号及分析结果,并记录体温测量结果,与体温计测量结果进行对比。

(7)脉搏信号测量电路输出波形记录及分析,并记录显示电路输出脉搏次数,与实际次数进行对比。

(8)记录各级放大电路、滤波电路、整形电路的输入/输出信号。

(9)撰写设计总结报告,并通过分组演讲,分析不同解决方案的优缺点,交流设计心得。

3 相关知识及背景

人体生理信号参数中心音、体温及脉搏是最基本的信号,在医院基础护理中有着重要的参考价值。近年来,随着电子技术、计算机技术和数字信号处理技术的发展,人体生理信号采集从机械化转为电子化,不断向着自动化、智能化方向发展,采集信号多样化,结果准确可靠,在临床诊断治疗和医学教学研究中具有十分重要的意义。

4　教学目的

通过项目构思、传感器选择、电路设计等方面的工作,巩固模拟电子技术、数字电子技术及单片机应用等基础知识,培养学生的创新精神,提高学生解决实际问题的能力;并以项目驱动,学习掌握简单电子系统的设计方法,培养学生的工程实践能力和团队合作精神。

5　实验教学与指导

人体生理信号采集系统的设计,需要经过学习研究、方案论证、系统设计、现场调试、设计总结等过程。在实验教学中,应在以下几个方面加强对学生的引导:

（1）介绍人体生理参数测量方面的基础知识,使学生了解人体生理参数有关概念,了解目前心音信号、体温信号及脉搏信号常用的测量方法。

（2）介绍利用听诊器及麦克风构成心音信号传感器的原理,以及温度传感器、脉搏传感器的原理及使用。

（3）讲授电子系统的设计方法。

（4）分析系统结构,介绍滤波、放大、整形、显示等有关电路模块的相关知识点。

（5）审核学生所选择的心音传感器、温度传感器及脉搏传感器,检查各传感器能否正常工作,并测量、观察各传感器的输出信号波形。

（6）根据任务要求,检查学生设计的电路各模块能否实现设计功能。

（7）检查仿真分析结果。

（8）在安装、调试过程中,审核学生的作品及所记录的实验数据,进行实验考核。

（9）针对学生在实验中出现的问题,引导学生独立分析解决。

（10）在实验完成后,可以组织学生以项目演讲、答辩、评讲的形式进行交流,了解不同解决方案及其特点,拓宽知识面。

6　实验原理及方案

1）系统结构

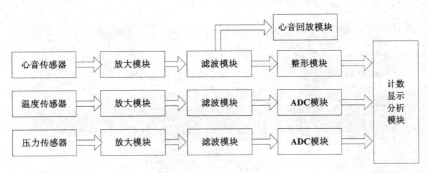

图 4-3-1　系统结构图

2) 实现方案

(1) 心音传感器

心音传感器主要实现心音信号到电信号的转换,设计中由橡皮管将医用听诊头和驻极体话筒连接来实现心音信号的转换。由于心音信号的频谱范围在 20~600 Hz 的低频段,因此选用低频响应较好的驻极体式电容话筒,既满足要求,价格又低,设计中选用直径为 6 mm 的驻极体话筒。在制作心音传感头时,在听头耳把套上约 20 cm 长的医用橡皮管,对心音进行物理增强,橡皮管的另一头挤压入微型驻极体话筒,话筒的两根导线用屏蔽电缆接到放大电路中。

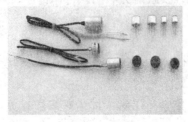

图 4-3-2　心音传感器

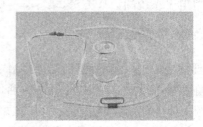

图 4-3-3　心音传感器听头

(2) 脉搏传感器和温度传感器

脉搏传感器主要有压电型和光电型两种,考虑到既满足设计要求又经济实用,本方案最终选择 HK-2000B 型压电式传感器;温度传感器可供选择的有热敏电阻、PT 系列热电阻,普通二极管,以热敏二极管为核心的集成传感器(如 LM35、LM45),基于绝对温度电流源型 AD590,数字式集成传感器(LM75、DS18B20)等,经过综合考虑,本方案选用热敏电阻作为温度传感器。

(3) 放大、滤波模块

心音和脉搏传感器输出的信号微弱并往往夹杂着噪声干扰,所以必须要进行滤波和放大处理。由于是交流放大器,所以在信号调理电路中选取了电源电压范围宽,静态功耗小,可单电源使用,价格低廉的集成运放 LM324;为达到较好的滤波效果而又不使电路过于复杂,滤波电路模块设计了一个二阶压控电压源低通滤波器,截止频率选为 600 Hz 时比较合适。

(4) 整形、心音回放模块

整形模块可采用比较器电路;心音回放模块可采用功率放大器实现。

(5) 计数显示及分析模块

计数显示及分析模块可采用数字电路实现或单片机系统实现,对学有余力的学生提出要求利用单片机扩展液晶显示器,通过编程显示出采集到的生理信号波形,并显示出数值的大小。

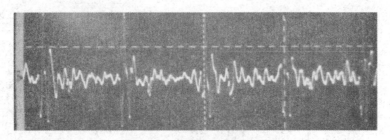

图 4-3-4　生理信号波形显示

7　实施进程

1）基本要求（各部分均为 1～2 学时，按照具体情况弹性调整）

　　（1）查阅相关资料，确定实验方案；

　　（2）单元电路设计和参数计算；

　　（3）电路仿真验证及参数调整；

　　（4）电路板焊接；

　　（5）电路调试与测量；

　　（6）完成实验报告。

2）扩展要求（一般 6 学时可以完成，学生可按自身能力适当调整）

　　（1）扩展电路接口，可在 PC 机上实时显示采集到的信号波形；

　　（2）在完成以上信号测量的基础上，进行血压的测量。

8　实验报告要求

1）项目实现方案

　　根据医学要求制定各项生理参数的测量要求与指标；选择传感器，制定电路参数指标；规划系统结构，制定各电路模块的功能及模块间接口要求。

2）理论推导计算及电路参数设计

　　设计电路，进行各模块电路相关参数的计算，如运放（或三极管）放大电路增益、滤波电路截止频率等的估算。根据计算所得到的指标，选择电路参数，完成电阻、电容、运算放大器、三极管、功率放大器等元器件的选择。在电路仿真分析的基础上对电路进行优化。

3）实验过程设计

　　（1）进行电路的仿真分析，并修改完善设计；

　　（2）分模块搭建实验电路，并完成调试；

　　（3）系统联调，并进行系统指标测试；

　　（4）根据实验结果提出进一步修改完善电路的思路。

4）数据测量记录

　　要求测量并记录各模块电路的输入/输出数据，如：电路的输出波形、放大电路增益、滤波电路截止频率等。

5）数据处理分析

　　对所检测的心音信号、脉搏信号进行波形分析，体温信号的测量结果与体温计的测量结果作对比分析。

6）实验总结

　　根据数据分析结果，提出进一步改进设计的设想与措施。

9 考核要求与方法

(1) 实验态度:学生是否积极、主动、按时完成实验任务。

(2) 实物验收:能够实现心音信号、脉搏信号及体温的测量,心音信号抑制噪声信号不大于10 mV,脉搏信号测量误差不大于±2次/min,体温测量误差不大于±0.5/min,抗干扰能力较强。

(3) 实验质量:电路方案合理,成本较低,布线合理,焊接工艺美观且没有虚假焊。

(4) 自主创新:能够独立设计各模块电路,并独立测试各电路模块和整体电路,能够查找问题并分析原因,电路设计有一定的创新性。

(5) 实验成本:能够充分利用实验室已有元器件和材料,减少新元器件的购买量,争取最低成本。

(6) 实验数据:测试数据正确,记录完整,并有实验结果和误差分析。

(7) 实验报告:实验报告要规范,图表清晰完整。

10 项目特色或创新

(1) 综合性:实验涉及模拟电路、数字电路、单片机应用等课程,跨课程、跨学科,能提高学生综合所学知识的能力;

(2) 工程性:实验内容反映工程实践中的具体问题,可激发学生的学习兴趣,培养学生的工程实践能力;

(3) 探索性:实验项目的实现方法具有多样性,实验结果随实验方法、外部条件的变化而有一定的不确定性,强调学生参与实践,不断进行探究性学习。

实验案例信息表

案例提供单位	河南理工大学电工电子实验中心		相关专业	电气、自动化	
设计者姓名	刘海波	电子邮箱	liuhaibo09@hpu.edu.cn		
设计者姓名	艾永乐	电子邮箱	aiyongle@hpu.edu.cn		
设计者姓名	董玉杰	电子邮箱	254647020@qq.com		
相关课程名称	模拟电子技术、数字电子技术、单片机	学生年级	大三	学时	8+12
支撑条件	仪器设备	万用表、示波器、信号发生器、计算机等			
	软件工具	电路仿真 EWB 或 Multisim,调试软件 Wave6000 或 Keil C			
	主要器件	电阻、电容、二极管、三极管、运算放大器、555 定时器、单片机、ADC 芯片、数码管、温度传感器、压力传感器、心音信号传感器、频幅转换芯片等			

4-4　实用电子称重器设计(2015)

1　实验内容与任务

重量的测量与日常生活息息相关。本实验以压力传感器为对象,设计一个电子称重器,分为基础部分和发挥部分,其中基础部分要求全体学生完成,发挥部分可供学有余力的同学选择完成。

1) 基础部分

(1) 设计传感器桥式电路与调理电路,将被称重物体的重量转换为电信号,将获得的模拟信号放大后送入显示单元,实现重量的显示。

(2) 采用数显表头(DVM)作为显示部件。

(3) 技术参数如下:

量程:0~10 kg;

精度:0.1 kg;

　　　+5 V 电源供电(可取自于 USB 插口、充电宝或手机充电器)。

2) 发挥部分

(1) 改进电路结构及器件参数,提高称重器精度。

(2) 设计并实现双量程、不同精度切换测量电路方案,满足不同应用需求(如作为体重秤需要 0~100 kg 量程,作为日常电子秤需要 0~10 kg 量程),并进一步提高测量精度。

(3) 设计电路方案,实现常用重量单位(如英镑与千克)的切换。

(4) 设计模/数转换电路及信号处理电路,将获得的模拟信号转换为数字信号,经过信号处理后,采用液晶屏或其他显示器件显示测量结果。

(5) 其他。

2　实验过程及要求

(1) 自学预习了解重量的不同测量方法,了解不同压力传感器的特性、称重器的工作原理和方法。

(2) 查阅多种压力传感器资料,注意传感器的类型、测量范围和测量精度、输出信号形式和线性范围等关键的特征参数。

(3) 设计传感器桥式电路,并根据测量要求选择合适的传感器及电路元件参数。

(4) 设计信号调理以及采集转换电路,合理选择器件与元件,计算各单元电路的参数,并利用 Multisim 软件仿真验证。

(5) 在万用板上搭建实际电路,逐个模块焊接调试,并记录调试中遇到的问题。整机完成后以标准砝码作为参考,对整机参数进行标定。

(6) 构建一个简易的测试环境,测试不同重量标准砝码,测定制作称重器的测量误差。分析误差产生的原因,以及如何提高抗干扰能力。

(7) 撰写设计总结报告,并通过分组演讲,学习交流不同解决方案的特点。

3 相关知识及背景

重量是与日常生活密切相关的物理量之一。重量测量与显示是一个运用模拟与数字电子技术解决现实生活和工程实际问题的典型案例,需要运用传感器及检测技术、信号调理、模数转换、数据显示等相关知识与技术方法。并涉及测量仪器精度、仪器设备标定及抗干扰等工程概念与方法。

4 教学目的

(1) 引导学生了解现代测量方法、传感器技术;熟练掌握运算放大器线性应用电路的设计及解决实际工程问题的方法;

(2) 培养学生电路设计、元器件选择、虚拟仿真、仪器校正等知识的运用能力;

(3) 培养与提高学生工程设计能力及团队协作能力。

5 实验教学与指导

本实验的过程是一个比较完整的工程实践过程,需要经历学习研究、方案论证、系统设计、实现调试、测试标定、设计总结等过程。在实验教学中,应在以下几个方面加强对学生的引导:

(1) 学习测量重量的基本方法,了解随着重量测量范围与测量精度要求的不同,在传感器选择、测量方法等方面不同的处理方法。

(2) 不同传感器输出信号的形式、幅度、驱动能力、有效范围、线性度都存在很大的差异,后续的信号调理和放大电路也要根据信号的特征来设计;一般来说,传感器的使用说明中都有参考电路。

(3) 在电路设计、参数计算、仿真、焊接、调试完成后,必须要用标准仪器进行实际比对,标定所完成的称重器;需要根据实验室所能提供的条件,设计测试方法,测试称重器的误差,并对其产生原因进行分析。

(4) 在实验完成后,可以组织学生以项目演讲、答辩、评讲的形式进行交流,了解不同解决方案及其特点,拓宽知识面。

在设计中,要注意学生设计的规范性,如系统结构与模块构成,模块间的接口方式与参数要求;在调试中,要注意工作电源、参考电源品质对系统指标的影响,电路工作的稳定性与可靠性;在测试分析中,要分析系统的误差来源并加以验证。

6 实验原理及方案

1) 系统结构

如图 4-4-1 所示,本实验需要设计的电子称重器可包含 5 个部分,重量传感部分将待测物体重量转换为模拟电信号,经信号调理部分放大处理后,进入信号转换部分,将模拟信号转换为数字信号送入输出显示部分。而在发挥部分中控制器可以切换量程和精度或显示方式等。

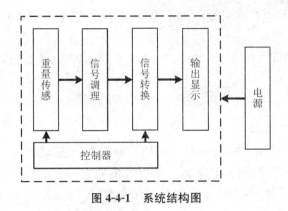

图 4-4-1 系统结构图

2) 实现方案

图 4-4-2 为本实验的参考实现方案图。

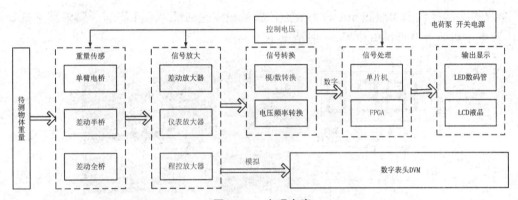

图 4-4-2 实现方案

首先,可以根据设计要求选择合适的电阻应变式传感器(又称为称重传感器),选择传感器时需注意传感器量程、灵敏度等参数。并设计重量传感桥式电路,如单臂电桥、差动电桥等,将重量值转换为电信号。

其次,由于传感器输出的电信号非常小,需要设计合适的放大电路并选择合适的运放,将模拟电信号进行放大。

最终的测量结果可以通过数显表头进行显示,也可以通过信号转换电路将模拟电信号转换为数字电信号后,再经过单片机或 FPGA 等信号处理电路处理后通过 LED 数码管或 LCD 液晶屏进行显示。在将模拟信号转换成数字量时,可以采用常规的 A/D 转换器(ADC0809)或高精度 $\Delta-\Sigma$ 型 A/D 转换器(16 位 ADS1146)、电压—频率(V/F)比较器等方式。

作为实验的发挥部分,可以设计不同的控制电路,实现对测量量程、精度、显示方式等功能的切换或其他扩展功能。

本实验中的信号放大要求使用 LM324 等运放或仪表放大器 INA128 设计。为了使用方便,本设计要求采用单+5 V 供电,运放所需的—5 V 电压利用电荷泵芯片(ICL7660)来提供。

3) 注意事项

(1) 电源可采用 USB 供电,也可以使用 4.5 V 或 6 V 电池盒。

（2）注意所有的芯片电源端对地应加上 0.1 μF 的退耦电容,电源入口处应加至少 10 μF 的退耦电容。

（3）注意元件误差、运放失调、基准源偏差等都会带来误差,电路设计中要适当留有电位器以便调整零点偏移。

4) **参考资料**

（1）2V 数显表头(DVM)

数显表头(Digital Voltage Meter, DVM)是一种模拟量显示装置,它的内部包含了模/数转换器(ADC)和数码显示器,将输入的被测电压以数值的方式显示出来。本次实验中使用的是 2 V 数显表头,它将－1.999～1.999 V 的电压显示为数字－1 999～1 999。

2 V 数显表头的用法类似于数字万用表的 2 V 挡,区别在于数显表头的小数点位置是可以独立设定的(注意,并不改变 2 V 量程)。例如将小数点设置在十位,则－1.999～1.999 V 输入将显示为数字－199.9～199.9。

数显表头的接线图参照图 4-4-3,小数点位置的设定是通过 6、5、4 脚与 3 脚短路来选择的。另外,注意 1 脚附近有微调电位器,一般情况下勿调整。

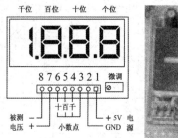 

图 4-4-3　2 V 数显表头(顶视图)

（2）ICL7660:电荷泵芯片

ICL7660 是一款多用途的电荷泵芯片,所谓电荷泵,指的是不断地用一个电容 C_1 存储电荷再将电荷注入另一电容 C_2,它能够实现倍压、反压等电源电压变换功能。本电路中用它将单电源 $V_{CC}(+5\text{ V})$ 变换为 $V_{ee}(-5\text{ V})$,可以为运放提供负电源电压。其电路接法如图 4-4-4(a),图 4-4-4(b)是它的内部原理,请学生自行分析。

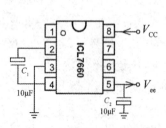 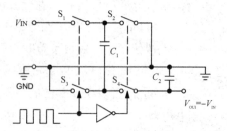

(a) 管脚和典型电路(顶视)　　　　(b) 电压反转的原理(供参考)

图 4-4-4　电荷泵芯片 ICL7660

7 实施进程

(1) 查阅资料,了解称重器及压力传感器的原理;

(2) 设计传感器桥式电路,并选择合适的参数;

(3) 设计信号调理电路,通过软件仿真验证;

(4) 在万用板上搭建实际电路,并焊接调试;

(5) 整机标定,测试及误差分析;

(6) 撰写设计总结报告,分组答辩。

8 实验报告要求

(1) 实验需求分析;

(2) 实现方案论证;

(3) 理论推导计算;

(4) 电路设计与参数选择;

(5) 电路虚拟仿真及验证;

(6) 电路搭建及测试方法;

(7) 实验数据记录;

(8) 数据处理分析;

(9) 实验结果总结。

9 考核要求与方法

本实验为开放性实验,要求在任务安排后两周内完成。

(1) 完成时间为两周,其中第一周为设计方案、理论推导及参数计算,单人单组完成并通过仿真软件进行仿真;第二周2～3人一组,选择组内最佳设计方案,完成在万用板上搭建电路、调试与测试。

(2) 仿真验收:电路元件参数选择与指标完成程度,单人单组进行。

(3) 实物验收:功能与性能指标的完成程度(如测量精度),完成时间。

(4) 实验质量:电路方案的合理性,焊接质量、组装工艺。

(5) 自主创新:功能构思、电路设计的创新性,自主思考与独立实践能力。

(6) 实验成本:是否充分利用实验室已有条件,材料与元器件选择合理性,成本核算与损耗。

(7) 实验数据:测试数据和测量误差。

(8) 实验报告:实验报告的规范性与完整性。

10 项目特色或创新

(1) 项目背景与学生生活紧密结合,激发学生的兴趣。

(2) 项目综合了所学的电路基础、模拟电子电路、数字电路等多学科的知识,采用先虚拟仿真后搭建实物的"虚实结合"实验模式,引导学生掌握现代电子系统设计实验新方法,提高学生

理论结合实际以及解决问题的能力。

（3）项目为开放性实验，要求用两周时间完成，学生可以自主安排时间。并且，项目中设有发挥部分，为学有余力的学生提供锻炼机会，充分发挥学生自主创新潜能。

实验案例信息表

案例提供单位	西安建筑科技大学		相关专业	电子信息科学与技术		
设计者姓名	徐 茵	电子邮箱	xuyin027@126.com			
设计者姓名	李 隆	电子邮箱	lilong@xauat.edu.cn			
设计者姓名	凌亚文	电子邮箱	715630592@qq.com			
相关课程名称	模拟电子技术	学生年级	大二	学时	4 学时/两周	
支撑条件	仪器设备	计算机、信号源、示波器、万用表、电源等				
	软件工具	Multisim 电子虚拟仿真平台				
	主要器件	常用阻容、电阻应变式传感器、LM358、LM324、INA128、数显表头等				

4-5 白光 LED 可见光通信系统的设计与实现(2016)

1 实验内容与任务

(1) 设计并制作一个基于白光 LED 的可见光通信系统。利用光电器件和单只 9 W 白光 LED 灯作为收、发器件,用来传输频率范围为 300~8 000 Hz、峰峰值为 1 V 的音频和正弦波形信号,要求传输距离大于 30 cm。

(2) 在发射机发送 300~8 000 Hz 音频信号时,接收的声音应无明显失真。当发射机输入信号为 3 000 Hz 正弦波形信号时,在 8 Ω 电阻负载(或喇叭)上,接收装置的输出电压有效值不小于 0.4 V。不改变电路状态,减小发射端输入信号的幅度至 0 V,采用低频毫伏表测量此时接收装置输出端噪声电压,读数不大于 0.1 V。

(3) 要求能同时传输 A 路和 B 路两路音频信号,每路频率范围为 300~8 000 Hz。

2 实验过程及要求

(1) 了解可见光通信的研究现状以及 IrDA 通信规范;

(2) 理解白光 LED 可见光通信的非归零调制方案;

(3) 查找资料,收集满足实验要求的光电传感器,注意其响应速度、伏安特性、输出信号的形式及幅度范围等关键参数,根据设计要求选择合适的光电传感器,选择光电信号放大器类型,设计放大电路;

(4) 根据要求设计白光 LED 驱动电路;

(5) 选择将模拟信号转换为数字信号的方法;

(6) 设计低通滤波器;

(7) 设计音频信号功率放大器以实现接收机的输出电压有效值不小于 0.4 V 及噪声电压不大于 0.1 V 的要求;

(8) 对电路进行软件仿真,设计硬件电路并完成系统的安装与调试;

(9) 对数字信号处理单元进行软件编程;

(10) 撰写设计总结报告,通过课堂讨论,学习交流不同解决方案的特点。

3 相关知识及背景

这是一个运用数字、模拟电子技术和软件编程设计新型通信系统的典型案例,涉及简单的通信理论知识,重点是能够熟练运用传感器、DAC、ADC、小信号放大、功率放大、滤波等相关知识与技术方法。同时该实验涉及仪器使用、电路仿真、软件编程及 PCB 电路板的制作、电磁兼容及系统可靠性设计等与工程实践紧密结合的概念与方法。

4 教学目的

通过本实验,学生不仅可以综合运用简单的通信理论知识,而且可以系统掌握电子作品设计的方法,包括:总体方案选择、单元电路设计、元器件的选择、产品测试与调试等重要环节,提高学生的工程实践能力和创新能力。

5　实验教学与指导

本实验以简单通信系统为研究对象,涵盖数字和模拟电子电路、传感器、滤波器等众多电子技术,要求学生具有较强的电子系统设计能力和工程实践能力。实验过程需要经历学习研究、理论计算、方案的选择与论证、电路设计、软件编程、电路板制作、焊接与调试、设计总结等过程。在实验教学中,应从以下几个方面重点引导学生:

(1) 介绍可见光通信的发展历史和国内外研究现状,了解 IrDA 通信规范,理解 UART 通信协议和非归零调制方案的原理。

(2) 介绍不同光电传感器输出信号的形式、幅度、有效范围、线性度以及频率响应之间存在的差异,要注意选择,必要时可进行试验测试,选择输出信号满足要求的传感器,并根据传感器输出的信号特征设计后续的信号调理和放大电路。

(3) 实验要求把发射端的音频、正弦波形信号和接收机的光电信号转化为数字信号。模数转换的方式比较多,比如专用 ADC 芯片,主要有逐次逼近型 8 位模/数变换器 ADC0809、12 位模/数变换器 ADS7816、AD574,双积分型 MC14433、ICL7106/07 等,也可用单片机内置的 ADC;还可以用 V/F 转换器,主要有同步型 V/F-VFCl00、AD651;高频型 V/F-VFCll0;精密单电源 V/F-VFCl21;通用型 V/F-VFC320、LMX31。除了 ADC 和 V/F 变换两种方式外,也可以采用电压比较器,把信号整形成脉冲波信号,再送给单片机或 FPGA。

(4) 在接收机上,用于数字信号处理的单片机或 FPGA 输出的数字信号需要经过数/模变换器进行转换。可选用 12 位串行数/模转换器 DAC7512、4 通道 12 位并行 D/A 转换器 DAC7724、12 位电压输出型 D/A 转换器 TLV5618,也可以采用单片机内置的 DAC。

(5) 小信号放大器可采用双重高速低噪声运算放大器 AD8022、超低噪声放大器 AD797、低噪声精密 CMOS 运算放大器 AD8656/AD8655;音频放大器可采用 NE5532/5534,LM386 等;滤波器可采用无源滤波器或有源滤波器。

(6) 根据系统的调制、解调方案,选择单片机或 FPGA 实现发射机和接收机的数字信号处理。

(7) 单元电路设计完成后要用标准仪器设备单独测试其性能,确定其是否满足设计要求。

(8) 实验完成后,可以组织学生以项目演讲、答辩、评讲、演示的形式进行交流,了解不同解决方案及其特点,拓宽学生知识面。

整个实验过程中,必须注意用工程理念指导学生进行规范性和可靠性设计。比如,根据单元电路间的连接方式选择合适的连接器和线缆;导线不要裸露,必要时可用热缩管保护;电路板上导线焊接处容易折断,可用热熔胶固定等等。在调试中,要注意不要用力拉扯电缆,分块测试电路,如果发现问题要根据现象认真分析原因,逐步进行故障排除。

6　实验原理及方案

1) 系统结构

系统由发射机和接收机组成,如图 4-5-1 所示。频率范围为 300～8 000 Hz 的音频和正弦波信号经过信号调理和模/数变换后送给数字信号处理单元,NRZ(非归零)比特流由 UART 输出并控制灯光驱动器进行灯光的非归零调制,把信息加载到白光 LED 灯光上,白光通过光无线信道被光电传感器接收,幅度较小的光电信号需要进行放大后再进行模/数转换,在接收机中的数字信号处理单元中进行解调,解调后的数字信号再转换为模拟信号,该信号经过滤波、放大后可驱动扬声器发声。

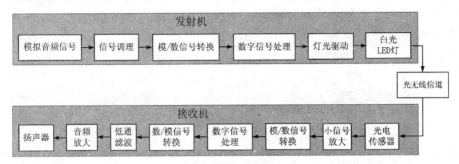

图 4-5-1 系统结构图

发射机由信号调理单元、模/数信号转换单元、数字信号处理单元、灯光驱动单元以及白光 LED 灯组成;接收机包括传感器单元、小信号放大器单元、模/数信号转换单元、数字信号处理单元、数模信号转换单元、低通滤波器、音频放大器以及扬声器。

2) 实现方案

系统实现方案如图 4-5-2 所示。

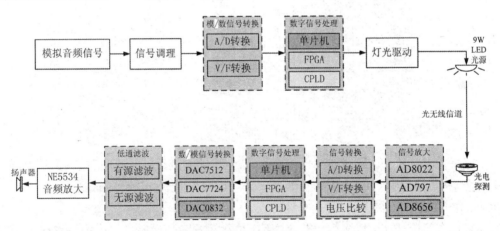

图 4-5-2 系统实现方案

首先,本系统需要进行数字信号处理以实现数据编码、信号调制与解调,在本系统的数字信号处理单元中可采用的处理器有单片机(MCU)、PFGA 和 CPLD,目前主要以单片机(MCU)和 PFGA 为主。单片机有很多类型,主要分为 MCS-51 系列和 ARM 系列,不同型号的单片机处理能力和硬件资源也各不相同,应该根据设计方案合理选择单片机。对于 FPGA 器件而言,主要有 Xilinx 和 Altera 两家公司的产品,既可以用 Verilog HDL 语言开发,也可以用 VHDL 语言开发,两种语言都有各自的优势,推荐学生使用 Verilog HDL 语言。FPGA 器件的价格与其性能紧密相连,要求 FPGA 器件满足设计要求即可。

其次,模/数信号转换单元通常采用 A/D 转换器,此外也可以采用 V/F 变换器或电压比较器。

本系统需要两种放大电路,一种是光电信号放大电路,此电路要求有低噪声、高增益,可采用的器件分别有 AD8022、AD797、AD8656、AD8655 等,学生可根据设计要求进行选择。另外,系统还有一个音频放大器以驱动扬声器发声,要求满足输出的信噪比要求,学生可采用成熟的 NE5534 方案。

低通滤波器的截止频率为 8 000 Hz,学生可采用有源低通滤波或无源滤波,从滤波性能上分析,有源低通滤波性能指标要高于无源滤波,学生可根据实际输出声音信号的质量来选择滤波器。

光电传感器的频率响应及信号输出的线性度一定要利用信号源和示波器进行实际测试,确保其性能指标满足设计要求。

7 实施进程

采用半开放式教学模式,课内外结合。课内用于重点问题讲解、辅导答疑、讨论交流、作品演示等,学生主要利用课外完成实验。具体流程如下:

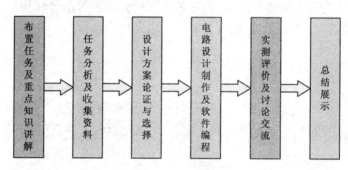

图 4-5-3 实施流程图

8 实验报告要求

(1) 实验需求分析。应明确实验任务,对实验任务需求进行分析,确定重点及难点问题,根据设计任务、指标要求和给定的条件,分析所要设计电路应完成的功能,并将总体功能分解成若干单元,分清主次和相互的关系,形成总体方案。

(2) 实现方案论证。可以多列出几个方案,对不同方案需要通过实际的调查研究、查阅有关的资料或集体讨论等方式,着重从方案能否满足要求、结构是否简单、实现是否经济可行等方面,对几个方案进行比较和论证,择优选取。将选用的方案用方框图的形式表示出来。注意图中每个方框尽可能是完成某一种功能的单元电路,尤其是关键的功能模块的作用,一定要表达清楚,还要表示出它们各自的作用和相互之间的关系,注明信息的走向等。

(3) 理论推导计算。对实验所涉及的采样率、采样位数、通信速率等关键参数进行计算,进一步明确所选方案是否可行。

(4) 单元电路设计与元器件选择。报告中应体现自上而下的设计理念,把总体方案分解成若干个单元电路,报告中应明确每个单元电路的技术指标,要分析单元电路的工作原理,合理选用元器件设计出各单元的电路结构形式。把软件仿真的过程及结果与实物电路测试结果进行对比,分析两者的差异,把分析结果写在实验报告中。

(5)系统的调试与测试。把各个单元电路的测试方法与测试数据写在实验报告中。系统安装完毕后应测量整个系统的性能指标,把数据记录在表格中。

(6)数据处理分析。对实验数据进行分析处理,通过数据分析体现设计思想与解决问题的能力。

(7)实验结果总结。总结本实验采用何种关键技术实现何种功能,效果如何,还存在哪些问题,实验有何收获。

9 考核要求与方法

(1)实物验收:应检查学生完成作品的情况,测试作品功能与性能指标的完成程度,主要包括作品的功能实现、输出信号幅度、背景噪声等关键参数,记录学生所用时间。

(2)实验质量:主要从作品的美观度、可靠性、焊接质量、组装工艺等方面进行考核。

(3)自主创新:主要考核学生的自主学习能力、实践能力和创新能力。包括学生个性的发挥及作品方案的创意、电路设计的创新性等。

(4)实验成本:是否能够充分利用实验室提供的元器件,元件成本是否合理,有无浪费情况等。

(5)实验秩序:学生是否遵守实验室的各项规章制度,仪器有无损坏,耗材有无浪费。

(6)实验数据:实验数据和结果是否满足设计要求。

(7)实验报告:实验报告的规范性与完整性。

10 项目特色或创新

本项目面向通信的研究热点——可见光通信,具有较强的前瞻性、工程性以及趣味性,且实现方法多样,学生可自由发挥,能够全面考查学生综合运用所学知识的能力,培养学生的创新精神。同时,尽管项目涉及通信技术,但仅利用了简单的调制和解调方法,主要强调电子系统的设计、制作与调试能力,完全可以推广到其他电子技术相关专业。

实验案例信息表

案例提供单位		海军航空工程学院		相关专业	电子信息技术	
设计者姓名		张晨亮		电子邮箱	15573239@qq.com	
设计者姓名		王 文		电子邮箱	wangwenhy@163.com	
设计者姓名		孙艳丽		电子邮箱	sunyanli195710@163.com	
相关课程名称		电子技术综合实践	学生年级	三年级	学时	20学时(12+8)
支撑条件	仪器设备	数字示波器、数字信号源、万用表、低频毫伏表、直流稳压电源				
	软件工具	Protel、Multisim、Proteus				
	主要器件	ADS7816、LM331、LM386、TLV5618、NE5534、AD797、单片机、FPGA				

4-6　温度指示器的仿真、优化与实现(2015)

1　实验内容与任务

选用常见的 PT100 铂制 RTD(电阻式温度探测器)获取温度信号,供电电源是 50 Hz、220 V 的工频交流电,设计一个测量范围在−50～100 ℃之间、测量精度不低于±1 ℃的温度指示器,数值需要显示在数码管或液晶屏上。

2　实验过程及要求

(1) 学习和了解电子系统实现的完整过程:从需要完成的任务开始,分析设计,到 EDA 软件仿真和优化设计,到硬件电路的调试和测试,直到印刷电路板的实现;

(2) 熟练掌握一种原理图仿真工具,充分利用仿真分析工具和高级分析工具设计和优化电路,做到真正指导硬件电路的设计与实现;

(3) 学习和掌握电子系统中不同直流供电电源、基准电源的选择和实现;

(4) 面包板布局尽量和原理图近似,布线要求整洁,便于故障排查,地线布置要求合理,避免相互干扰;

(5) 硬件调试过程要求分步测试,实验报告需要提供分步测试的实物照片、数据处理以及误差分析;

(6) PCB 印刷线路板的开发可以只提供 PCB 布线图,有能力的学生可以在万能板上完成实物,也鼓励学生制作 PCB 板。

3　相关知识及背景

该温度指示器选题来源于现实,是一个运用数字和模拟电子技术解决现实生活中问题的典型项目,可用于测量汽车内外温度、冰箱内外温度等。需要运用传感器及检测技术、信号放大、模/数信号转换、数据显示、电源开发等相关知识与技术方法。并涉及各种 EDA 工具软件的综合应用,原理图仿真软件辅助参数的设置和优化,PCB 设计软件完成印刷线路板的布局布线。同时还要求学生具有一定的硬件调试能力,可正确使用仪器设备,具备一定的焊接布线的技能。

4　教学目的

通过一个完整的电子系统的设计,带领学生实践电子项目设计的完整过程:研究项目→制定项目解决方案→初步设计→软件仿真分析→优化分析→选择元器件→设计电路实验板→PCB 样板开发→设计验证和改进。通过这样一个完整过程的体验,提高电子专业学生的实践能力,增强他们对所学知识的理解和应用。

5　实验教学与指导

电工电子综合实验是一门集中性的综合实验课程,它既融合了电路和电子线路的理论知识,又要突出锻炼学生的动手开发和硬件调试能力,其教学的关键是要以学生为中心,教师的作用是在实验过程中积极引导学生独立地去思考问题,帮助学生制定设计方案,辅导学生完成设计任务。为了更好地提高教学质量,在教学方式、方法上注意从以下几个方面对学生进行引导:

(1) 教师采用启发式教学,针对学生在大一和大二课程中了解不多的知识点以及软件工具进行讲解,避免学生在这方面耗费过多精力,而将时间更多地投入到方案设计优化和硬件调试上。同时也给学生更多自己选择的空间。

理论知识点讲解:重点讲解前导课程中较少涉及的,如 RTD(电阻时温度探测器)传感器测量温度的原理、温度信号转换成电压信号的过程,还有 A/D 转换器的原理和使用方法。

原理图仿真软件介绍:提供 Multisim 和 Cadence PSpice 两种仿真软件供学生选择,讲解重点放在 Cadence PSpice 的使用上,因为 PSpice 在功能和指导硬件实验上都要更全面和严密,尤其是 PSpice 还包含高级分析工具模块,如灵敏度分析工具、蒙特卡罗分析工具、优化分析工具以及电应力分析工具,都能对该实验项目的系统优化起到很好的辅助作用。当然教会学生使用仿真软件不仅是为了这个实验本身,也是为后续的电子设计大赛和未来的工作作铺垫。不过对于基础差,学习能力弱的学生还是可以选择 Multisim 进行仿真。

PCB 设计工具介绍:同样提供 Altium Designer 和 Cadence PCB Editor 两种仿真软件供学生选择,由于该实验项目的布局较简单,Altium Designer 就可以实现,所以 Cadence PCB Editor 只作简单性介绍,重点讲解 Altium Designer 的使用。

(2) 注重实验内容的创新性和层次性。创新能力的形成一定程度上依赖于对基础知识的掌握,但不可忽视在学生掌握基础知识的前提下,提高他们的综合运用能力。根据学生能力的差异,设定了基本实现部分和提高部分,同时启发学生可以对课题的任务进行补充,看能否使课题具有更多实用的功能并覆盖更多的知识点。我们规定基本任务是设计电源,并在面包板上完成一个能显示温度的指示仪,要求精度在 1 ℃内,并画出 PCB 板,基本完成项目的指标要求;在此基础上又设定了一些提高任务,如提高运算精度(0.5 ℃)要求优化分析,以及在手工万能板上实现等,学生可以根据自己的能力进行选择。对于基础好、能力强的学生,鼓励他们挖掘功能,开发创新点,开展发明创造。

(3) 注意培养学生综合的科学素养。电工电子综合实验的目的,不仅仅是培养学生设计综合电路的能力,培养高素质的工程技术人员才是其真正的意义。为了适应现代技术发展的要求,在将来的科学技术竞争中能立于不败之地,高素质的工程技术人员应该具备:实践意识、协作意识、竞争意识、创新意识、管理意识,因此我们在实施教学的过程中更注重培养学生综合的科学素养。在整个的实验设计过程中,通过理论设计环节,培养学生检索、查阅、研读、引用科技文献资料的能力;通过整体电路方案的确定,培养学生创新能力以及良好的协作精神;通过设计、调试电路培养学生分析和解决问题的能力。有的学生在遇到问题和困难时往往束手无策,不知从何处入手检查、排除故障,出现了焦躁、畏难的情绪,在这种情况下我们教师要积极引导学生,帮助学生分析问题出现的原因,鼓励学生自己动手解决困难,消除对教师的依赖思想,教导学生要具有严谨的科学态度和踏实的工作作风,加强对学生意志方面的培养和锻炼,培养学生坚忍不拔的品质。

6　实验原理及方案

1) 系统结构

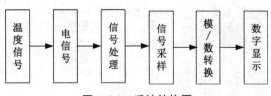

图 4-6-1　系统结构图

2) 实现方案

(1) 方案一:

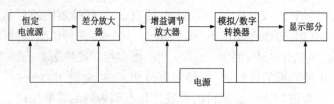

图 4-6-2 方案一模块框图

恒定电流源传感器部分:选用常见的 PT100(0 ℃时的电阻值为 100 Ω)铂制 RTD 温度传感器,RTD 的阻值是随温度变化而变化的,恒定电流在通过 RTD 时就会产生与温度成比例的电压信号。使用 RTD 时要注意通过 RTD 的电流应小于 1 mA,以防止传感器自热。自热会使传感器的温度上升,在温度超过传感器的工作温度范围时,将会导致错误地显示过高的温度。

差分放大器部分:接收由 RTD 传感器和恒定电流源产生的输入电压信号,该模块的主要目的是消除共模信号噪声的影响,并增大放大器的输入阻抗。

增益调节放大器部分:这部分需要设计一个合适的增益确保输出信号在一个合适的电平范围内,以适合于模拟/数字转换器部分的输入。

模拟/数字转换器(A/D 转换器)部分:A/D 转换器对输入信号进行采样,并将其转换为数字。所得到的数字依赖于所选 A/D 转换器上可用的数位个数。由于大规模集成电路的广泛应用,3 位半和 4 位半 A/D 转换已运用于各种测量系统。显示系统有发光二极管(LED)型的和液晶显示屏(LCD)型的。常见的单片 A/D 转换器有 7106/7、7116/7 和 7126,都是双积分型的 A/D 转换器,这些单片 A/D 转换器具有大规模集成的优点,将模拟部分,如缓冲器、积分器、电压比较器和模拟开关等,以及数字电路部分,如振荡器、计数器、锁存器、译码器、驱动器和控制逻辑电路等全部集成在一个芯片上,使用时只需要外接少量的电阻、电容元件和显示器件,就可以完成模拟量到数字量的转换。

数字显示部分:选用 4 个 7 段红色 LED 显示温度数据。LED 显示器可以使用共阴极或共阳极的配置。启动一个共阳极显示段,所有阴极必须通过一个限流电阻器连接地线;启动一个共阴极显示段,需要通过限流电阻后连接到+5 V 电压驱动阳极。

电源设计:数字温度计的供电电源是 50 Hz、220 V 的工频交流电,而不管是模拟部分的放大器还是数字部分的 A/D 转换器,供电电源都是直流电,因此需要将工频交流电转换为电路所需要的直流电源。虽然模拟部分的运放、A/D 转换器以及数字显示部分都可以选择±5 V 的电源,但是数字电路中大量的开关将会在模拟电路中产生较小的感应噪声电压,因此需要开发两个 5 V 的电源。图 4-6-3 表示供电电源的原理框图。变压器将 220 V 电压降为较低的交流电压。选用一个中心抽头的变压器来增减电源的电压,通过桥式整流电路整流输出脉动的直流电压,然后通过滤波电路进一步减小电压波动,最后通过集成稳压器稳压输出相应幅值电压。

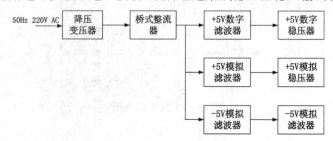

图 4-6-3 直流稳压电源结构框图

(2) 方案二:

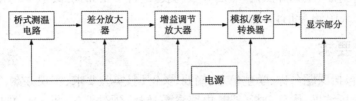

图 4-6-4 方案二模块框图

桥式测温电路:将参考电压通过 3 个电阻和 Pt100 构成测量电桥(其中两个电阻阻值相等,一个为 100 Ω 的精密电阻),当 Pt100 的电阻值和精密电阻值不相等时,电桥输出一个毫伏级的压差信号,这个压差信号经过后续运放 LM324 放大后输出期望大小的电压信号,该信号连接 A/D 转换芯片输出显示。

(3) 方案三:

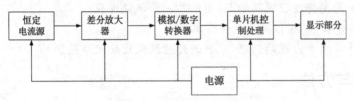

图 4-6-5 方案三模块框图

单片机控制处理:将 A/D 转换后输出的数字量经过单片机处理,得到对应的温度值,再经过液晶屏输出显示。

7 实施进程

(1) 初步设计阶段:对实验任务进行分析,设计实现的结构模块,选定各模块实现的电路,并通过理论推导得到各元件参数的初步数值(约 4 学时);

(2) 原理图仿真阶段:使用原理图仿真软件对模拟电路部分和直流稳压电源部分进行仿真,进一步确定元件和元件参数的数值(约 4 学时);

(3) 优化设计阶段:利用仿真软件的灵敏度分析工具,找到电路关键器件,对关键器件进行优化分析,得到更接近设计要求的元件参数,并使用蒙特卡罗分析工具,确定无源器件的精度,最终给出完整的元件清单(约 4 学时);

(4) 电路实验板设计阶段:在面包板上分步搭建和调试模拟电路部分、数字电路部分、显示部分以及电源电路,对系统运行状况进行测试,观察在不同环境下(室温、热水、凉水以及冰块)的温度变化并和标准温度检测仪数据比较(6 学时以上);

图 4-6-6 实施进程示意图

(5) PCB 样板开发阶段:根据面包板的测试结果,使用 PCB 设计工具进行原理图绘制、网表生成、编辑器件封装、编辑焊点等,然后导入网表,进行手工布局布线、DRC 检查,最后生成报表文件和 PCB 布线图(8 学时以上)。

8　实验报告要求

内容上要求包括课题名称、学生信息、摘要、关键词,实验要求、实现方案、完整电路图、理论推导过程、仿真分析结果、优化分析结果、电路参数选择、硬件调试的记录、数据处理分析、实验总结、参考文献、附件等。

格式上要求所有文档均录入为 Word 形式,实验报告封面和正文的字体字号间距等均按老师提供的格式模板书写,所有文中涉及的图表要求清晰,并要有标注。课程结束后两周提交打印稿和电子稿。

注意:(1) 仿真和优化过程均需要软件结果的直接截图,并给出分析结果;

(2) 硬件调试需要将过程现场拍照,用图片记录调试过程;

(3) 需在附件中提供 PCB 板的元件清单;

(4) 给出硬件实测中出现的问题,采用的处理措施及处理结果。

9　考核要求与方法

考核方式采用平时过程考核和作品测试考核相结合的方式。学生的课程设计成绩主要以表 4-6-1 的实验验收记录表和实验报告为依据,学生在阶段成果完成后由老师验收,对各项进行详细的记录,给出每项的成绩,最后折算出最后成绩。学生的成绩分为优秀、良好、中、及格、不及格。在实际的教学过程中,我们实施过程管理,对学生进行过程考核,我们要求学生在课程设计期间要"按位就座",这样便于指导教师熟悉学生情况、加强对学生平时学习状况的了解,考核的结果能够更真实地反映学生的学习情况。

表 4-6-1　实验验收记录表

验 收 记 录 表

实验项目			
学生分组信息	学生姓名	学号	主要完成的任务
	考核内容	完成情况记录	成绩
基本要求 (占 40%)	出勤情况		
	原理图仿真软件操作能力		
	Altium Designer 应用水平		
	仿真完成时间		
	面包板调试完成时间		
	直流稳压电源调试完成时间		
	PCB 板布线图完成时间		
	PCB 布局、布线和接地方式		

续表

	考 核 内 容	完成情况记录	成 绩
作品性能 (占25%)	温度探测范围		
	负温度指示		
	测量误差		
	温度采样控制		
	其他(进一步提高性能的指标)		
提高部分 (占15%)	使用 PSpice 高级分析工具优化设计		
	万能电路板制作工艺		
	PCB 板焊接工艺		
实验报告 (占20%)	内容正确,要素齐全		
	数据图表真实,分析合理		
	格式、版式规范		

10 项目特色或创新

(1) 项目来源于现实生活,具有实用性、综合性、实现方法多样、调试结果直观的特点,有益于提高学生的学习兴趣;

(2) 项目涵盖了模拟部分、数字部分、接口和电源,涉及面广,带领学生完整的经历电子项目设计的全过程:从项目设计到软件仿真,到硬件调试,再到优化,直至样板开发,学生实践能力得到很大的提升;

(3) 加重模拟电路的比重,弥补了学生一直以来在模拟技术部分的相对薄弱的基础。

实验案例信息表

案例提供单位	南京理工大学电子工程与光电技术学院电工电子教学实验中心		相关专业	电气类专业实验班		
设计者姓名	吴少琴		电子邮箱	wushaoqin@njust.edu.cn		
设计者姓名	宗志园		电子邮箱	zongzhiyuan@sina.com		
设计者姓名	班 恬		电子邮箱	tian.ban@njust.edu.cn		
相关课程名称	电工电子综合实验Ⅱ		学生年级	大三上学期	学时	30+30
支撑条件	仪器设备	直流稳压电源1台;万用表1只;双踪示波器1台;计算机1台				
	软件工具	Cadence OrCAD PSpice/Multisim;Altium Designer/Cadence PCB Editor				
	主要器件	PT100温度传感器,LM324,LM7805,LM7905,TC7117CPL,桥式整流器,变压器,数码管,开关,面包板,万能电路板,电阻若干,电容若干,排线若干,杜邦线若干				

4-7 无线收发机的设计与实现(2015)

1 实验内容与任务

(1) 设计无线收发机,包含数字及模拟电路模块,能够完整的实现无线收发机的数据编码、调制、发射、接收、解调、解码以及显示等功能;

(2) 基本要求:输入为音频波形信号,由普通麦克直接输入,输出为普通喇叭;

(3) 提供中频天线,要求以 100 MHz 的载频进行音频信号的无线传输,传输距离不小于10 m;

(4) 设计模拟电路模块,包括混频器、滤波器、中频放大器、射频功放等;

(5) 设计数字电路及编写程序,包括 FPGA/单片机、数模/模数转换电路、数据编码解码、调制解调等;

(6) 利用数字处理芯片 FPGA/单片机生成一组二进制序列,测试无线传输的误码率;

(7) 扩展功能 1:输入/输出端具有液晶显示功能,实时显示语音信号的波形及频谱;

(8) 扩展功能 2:自行设计收发天线,可以满足 100 MHz 信号的传输,传输距离不小于50 m。

2 实验过程及要求

(1) 复习模电、数电、高频电路、数字信号处理、EDA 等课程内容;

(2) 学习电路设计方法及程序编写流程;

(3) 分析实验要求,设计实验方案,选择元器件及编程语言等;

(4) 设计混频器、滤波器、中频放大器、射频功放等模拟电路参数,并进行软件仿真验证;

(5) 设计 FPGA/单片机、数模/模数转换电路,设计程序流程,编写程序代码,利用仿真软件对编写的程序进行仿真验证;

(6) 模块电路设计的实现,包括电路的焊接调试、代码加载调试等;

(7) 整体系统的连接测试、参数调整、整体调试及性能测试等;

(8) 分析电路系统达到的性能指标所存在的问题,给出修改的方案;

(9) 撰写设计总结报告,并挑选解决共性问题的同学交流设计经验。

3 相关知识及背景

这是综合运用电子信息工程类专业所学习的知识技术解决实际工程问题的典型案例,需要运用模拟电路、数字电路、高频电路、天线、信号与系统、数字信号处理等知识。学生要掌握放大器、滤波器、混频器、功放、模/数转换等电路的设计方法,具有 FPGA、单片机编程等基本技能,并了解电子信息类工程设计的工程概念和基本方法。

4 教学目的

以完整的电子工程项目实现过程,引导学生将理论知识学习运用到具体工程实践中;利用各课程知识综合解决工程问题;引导学生根据需要选择元器件、设计电路及程序、搭建实验系统,通过测试分析对项目作出技术评价。

5 实验教学与指导

本实验是一个经典的电子信息类工程实践,需要经历学习研究、方案论证、系统设计、参数设计、程序编写、实现调试、设计总结等过程。在实验教学中,应在以下几个方面加强对学生的引导:

(1)无线收发机是通信、导航及雷达系统的基本组成部分,设计实现该系统是电子信息工程类学生应该掌握的技能;

(2)学习电路系统设计的基本方法,掌握在实际工程中,如何根据输入/输出的要求设计实现功能的电路,包括模拟电路及数字电路等;

(3)实验采用半开放的设计方式,只对需要实现的电路模块及模块的输入/输出进行要求,对采用何种器件、采用什么样的电路形式没有具体要求,学生可以利用所学的相关知识进行自主设计,但教师要对设计过程中需要考虑的一些共性问题进行引导;

(4)在模/数转换电路的设计过程中,量化位数、采样频率要根据信号处理器件的处理能力、存储能力以及所要恢复信号的精度等进行综合考虑,不能盲目追求单一的高性能指标;

(5)不同的元器件各个参数指标都存在很大的差异,引导学生在选择过程中必须要综合考虑,各指标都要满足模块电路参数设计的基本要求;

(6)由于设计的是一个相对完整的系统,各模块之间都是要进行连接的,要考虑各模块之间信号的匹配、驱动能力以及输入/输出的限制等;

(7)引导学生思考该实验过程中所涉及的知识面,分析实验过程中可能出现的问题及原因、可能会出现的结果及原因;

(8)实验完成后,引导学生想办法提高系统的性能,并给出可行的方案。

在设计中,要注意学生设计的规范性及完整性,如系统整体参数对设计中各个环节的要求,系统结构与模块构成,模块间的接口方式与参数要求;在调试中,要注意工作电源品质对系统指标的影响,电源连接、电缆连接的细节,电路工作的稳定性与可靠性;在测试分析中,要分析系统的不同结果出现的原因并加以验证。

6 实验原理及方案

1)系统结构

系统分为语音输入、AD采样、编码调制、DA输出、混频放大、天线发射、天线接收、混频滤波、AD采样、解调解码、DA输出、功率放大、语音输出等几个部分,具体结构见图4-7-1所示。

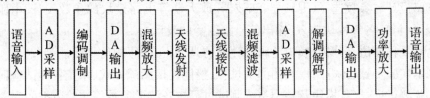

图 4-7-1 无线收发机系统结构图

首先发射端通过麦克输入一段语音信号,经过一系列信号处理将信号通过天线发射出去,接收端通过天线接收到无线信号,经过接收处理将恢复的音频信号通过喇叭播放出来;另外在发射端的信号处理器件中生成一组二进制序列,在接收端分析接收到的序列,测试无线传输的误码率。

2)实现方案

实验采用半开放的命题形式,要求设计的无线收发机系统必须包含如图 4-7-2 所示的各个模块,各模块要独立实现。但是不要求各模块的实现方式,可以自行选择元器件设计电路,只需要满足各模块的输入/输出要求。

音频输入 ADC 数字调制编码 DAC   混频器   射频放大器 天线发射

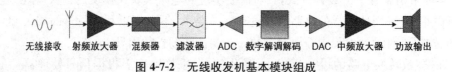

无线接收 射频放大器   混频器   滤波器   ADC 数字解调解码 DAC 中频放大器 功放输出

图 4-7-2   无线收发机基本模块组成

实验室提供一套完整的电路作为参考,该电路的各个模块采用黑盒实现的模式,各个输入/输出节点可以进行测试,而且该电路的每个模块都可以替换。

学生在设计过程中可以根据对各个模块输入/输出的测试,根据所学的知识自行选择元器件,设计出满足输入/输出要求的运放、混频器、滤波器等模块电路进行替换,检验各个模块设计实现的正确性。

同样,对于数字处理部分,学生可以利用实验室提供的数字处理器件,将数字调制编码、解调解码等程序替换为自己设计的,进行程序设计实现的验证。

最终,学生采用自行设计实现的各个模块电路及编写的程序进行整个系统的连接调试,并对系统的性能进测试。

对于基本要求,不需要学生设计制作天线,利用实验室提供的天线进行无线传输测试,对于有兴趣及能力的同学可以自行设计天线并进行实现,从而提高数据的传输能力。

7 实验报告要求

(1)实验需求分析(输入、输出信号参数,信号转换过程,所需电路模块等);

(2)实现方案论证(元器件的选择、处理器的选择、信号编码调制方式的设计、电路的设计、程序流程的设计等);

(3)电路设计与参数选择(混频器、滤波器、放大器等电路模块的参数设计、电阻电容等元件的参数设计计算、各级模块输入/输出信号幅度等的设计);

(4)电路及程序仿真分析(模拟电路设计的仿真分析,程序的仿真验证等);

(5)基本实验步骤(各电路模块的测试过程、整体连接测试方式、系统各测试验证流程等);

(6)实验测试记录(各模块及整个系统测试过程中各波形参数等实验数据的完整记录);

(7)实验结果分析(各模块性能参数的分析、整体系统性能分析,包括发射波形的杂散、接

收机的灵敏度、数据传输的速率及误码率等);

(8)实验结果总结(根据实验过程及结果,对系统设计的结果及工程设计经验进行总结)。

8 考核要求与方法

(1)方案设计:芯片的选型、电路设计合理性、程序流程设计正确性等(10分)。

(2)实物验收:功能与性能指标的完成程度(各模块的输入/输出测试、发射波形的杂散、接收机的灵敏度、数据传输的速率及误码率等)(30分),完成时间(10分)。

(3)实验质量:焊接质量、组装工艺、电路规范性(5分)。

(4)自主创新:功能构思、电路设计的创新性,自主思考与独立实践能力(20分)。

(5)实验成本:是否充分利用实验室已有条件,元器件选择合理性,成本核算与损耗(5分)。

(6)实验分析:功耗、杂散、灵敏度等测试数据误差原因分析及经验总结(10分)。

(7)实验报告:实验报告的规范性与完整性(10分)。

9 项目特色或创新

项目特色创新在于:项目背景的工程性,涉及内容是通信、雷达、导航的基本电路;知识应用的综合性,将本科阶段所学的知识系统地应用起来,搭建一套完整的电子系统,理论设计、仿真与硬件实现相结合;实现方法的多样性,只限制输入/输出,具体实现的模拟电路可自主选择芯片及设计电路,数字电路可以用 FPGA 或单片机自行设计程序。

实验案例信息表

案例提供单位	北京航空航天大学		相关专业	电子信息工程		
设计者姓名	张玉玺	电子邮箱	zhangyuxi@buaa.edu.cn			
设计者姓名	康骊	电子邮箱	kangli@buaa.edu.cn			
设计者姓名	王俊	电子邮箱	wangj203@buaa.edu.cn			
相关课程名称	课程设计	学生年级	本科四年级	学时	120	
支撑条件	仪器设备	电源、信号源、示波器、频谱仪、万用表				
	软件工具	Multisim、PSPICE、Xilinx ISE、Modelsim、Keil C51				
	主要器件	FPGA、单片机、运放、乘法器、三极管				

4-8 基于 555 的无线电能传输实验(2016)

1 实验内容与任务

(1) 以 555 为核心,设计一个传输距离大于 5 cm,传输效率大于 75%,传输功率在 2 W 以上的无线电能传输电路;

(2) 设计 555 振荡电路、功率放大电路、发射和接收谐振电路;

(3) 调节 555 振荡电路的振荡频率,使其与发射电路和接收电路的谐振频率相等;

(4) LED 为负载,调节 555 电路的振荡频率,找出最佳的振荡频率,使发射距离和传输功率及效率最大;

(5) 根据实验数据,总结频率和传输功率、传输效率、传输距离之间的关系,绘图说明;

(6) 学习无线电能传输的其他实现方法、应用领域、发展前景以及需要解决的问题。

2 实验过程及要求

(1) 学习无线电能传输的方法、应用领域、无线电能传输的优点及实际应用中需解决的问题;

(2) 学习 555 振荡电路的实现方法以及调节频率的方法;

(3) 学习放大电路以及功率放大电路及其实现方法的优缺点;

(4) 学习了解整流电路及滤波电路;

(5) 学习电感线圈的绕制方法以及电感量的测量方法;

(6) 学习 LC 谐振电路及其实现方法,并联谐振和串联谐振的特征;

(7) 学习电路板的设计与制作及电路的焊接;

(8) 学习电路的模块化设计及综合调试方法;

(9) 撰写总结报告,分析实验结果,讨论实验过程中遇到的问题及解决办法,并通过分组演讲,学习交流等不同方式,提高学习兴趣。

3 相关知识及背景

最近,多家公司已经生产出无线充电的手机、MP3、便携式电脑、电动汽车等,无线电能传输成为未来发展的一个方向,为了能够使学生了解无线电能传输的最新科技发展,牢固掌握所学专业知识,设计了基于 555 的无线电能传输的实验,这是一个运用数字和模拟电子技术解决现实生活和工程实际问题的典型案例。

4 教学目的

通过本实验,学习无线电能的传输方式、555 振荡电路的实现方法、场效应管放大电路的设计、LC 谐振电路的设计、模块化电路的设计以及整体电路的调节和焊接等。

5 实验教学与指导

本实验是一个比较完整的工程实践,需要经历查阅资料、方案论证、系统设计、单元电路调试、整体电路测试及焊接、设计总结等过程。在实验教学中,需要了解一些无线能量传输的知识。

无线能量传输技术(WPT),又称无接触能量传输(Contactless Power Transmission, CPT)技术,顾名思义,即以非接触的无线方式实现电源与用电设备之间的能量传输。早在 1890 年,由著名电气工程师(物理学家)尼古拉·特斯拉(Nikola Tesla) 提出。

目前无线电能传输的形式分为三类:

第一类是电磁感应类,即应用电磁感应现象,由输出端的磁场变化,导致输入端的磁场变化,根据法拉第电磁感应定律,可得输入端的感应电动势。由于电磁场的传播是无需介质的,因而输出端与输入端之间可不通过任何介质连接,即实现"无线"。

第二类是电磁波类,即通过电磁波传输能量、电力或信息。波是携带能量的,电磁波也是如此,且无需任何介质就可传播能量。这样,信息或能量便可无需介质地由一方传送到另一方,无线网络便是利用电磁波传送的典型例子。

第三类是电磁谐振耦合类。谐振是自然界极为普遍的现象,电磁场亦可产生谐振。在电磁场谐振时,能量的交换只会发生在振动频率相同的两个电磁场,而频率不一致的电磁场则不会交换能量。实现无线传输电力的关键在于磁场耦合谐振器,此谐振器应具备电感电容(LC 振荡,如图 4-8-2)特性的天线。在传送器和接收器上,各自安装上谐振体,并对传送器注入能量。当传送器与接收器开始谐振时,传送器的能量减少,接收器的能量增加。等到传送器的能量用尽,则谐振停止。由于场的传播是无需介质的,因此利用电磁谐振耦合可实现无线输电,且利用谐振,传播效率较前两种高,如图 4-8-1 所示。

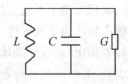

图 4-8-1 LC 并联谐振电路

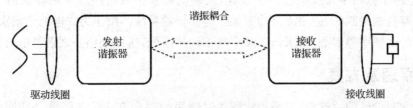

图 4-8-2 谐振耦合示意图

电磁感应、无线电传输、谐振耦合三种无线电能传输方式的比较如表 4-8-1 所示。

表 4-8-1 三种无线电能传输方式的比较

参数	电磁感应	无线电	谐振耦合
输出能量	几瓦至几百千瓦	几十毫瓦	最大几千瓦
有效距离	$\leqslant 1$ cm	几米范围	几米范围
控制水平	实现和控制都很简单	实现困难,控制简单	实现和控制都很困难
安全系数	取决于环境条件和技术手段		
便利性	可接受水平	最为便利	一般水平

根据以上三种无线电能传输方式的对比,本实验方案采用电磁谐振的方式进行能量传输,主要包括电源电路、振荡电路、放大电路、发射电路、接收电路 5 部分,单元电路方案的论证如下:

1)电源电路

采用电池供电,电路结构简单,实验装置移动方便,但电池容量较小,消耗较快且供电不稳定;采用小型变压器和整流电路把 220 V 交流电变成 12 V 直流供电,供电稳定可靠。综上所述:由于供电电压为 12 V,工作电流较大,发射功率较大,电池电能消耗较快,因此选择变压器供电。

2)振荡电路

采用晶体振荡构成振荡电路,可以产生稳定的工作频率,但频率不可调;采用 555 定时器构成振荡电路,其频率在一定的范围内可调,电路简单。因系统选择频率不高,且频率在一定的范围内可调,所以选择 555 构成振荡电路。

3)功率放大电路

采用大功率开关三极管作为功放元件,但管耗较大,需要大面积的散热片,成本较高;采用场效应管为功放元件,场效应管属于电压控制元件,是一种类似于电子管的三极管,与双极型晶体管相比,场效应晶体管具有输入阻抗高、输入功耗小、温度稳定性好、信号放大稳定性好、信号失真小、噪声低等特点,而且其放大特性也比双极性三极管好,功耗低于三极管,且使用方便,所以采用场效应管作为功放元件。

4)发射和接收电路

发射电路和接收电路采用电磁感应接收,有效距离短、效率差、不需要调整匹配,不适用于无线电能传输系统;发射电路和接收电路都采用串联谐振电路,有效距离中、效率高、需要精密调整匹配,适用于低功率无线电能传输系统;发射电路和接收电路都采用并联谐振,有效距离长、效率高、容易调整匹配,适用于高功率无线电能传输系统。由于无线电能传输实验需要改变传输距离及传输频率等参数,要求谐振频率易于调整匹配,所以采用并联谐振电路。

6 实验原理及方案

本实验方案设计的关键点:一是用线圈并联谐振的耦合方式传递能量,发射电路和接收端有一定的距离,且要使接收单元接收到足够的电能,以保证后续电路能量的供给;二是如何提高电路的能量传递效率,在满足电路正常工作功率的前提下尽可能采用低功耗设计。

1)系统框图

无线电能传输系统由电源电路、高频振荡电路、高频功率放大电路、发射/接收线圈和 LED 灯组负载 5 部分组成,系统框图如图 4-8-3 所示。

图 4-8-3　无线电能传输框图

2) 实现方案

无线电能传输实验参考电路包含以下部分：

(1) 电源电路

电源电路可以采用变压器、整流桥、稳压管和滤波电容组成,变压器把 220 V,50 Hz 的交流电转换成 18 V 的交流电,然后经过整流桥、稳压管和滤波电容变成 12 V 直流电,给高频振荡电路和高频功率放大电路供电;电源电路也可以采用电池供电。

(2) 振荡电路

振荡电路采用 555 定时器构成,产生的高频振荡交流信号提供给功率放大电路;可以调节电路参数的大小改变振荡频率,选择最佳的振荡频率。

(3) 功率放大电路

功率放大电路可以采用场效应管、三极管、集成运放等构成,振荡电路的信号经放大电路放大后输出给发射电路。

(4) 发射电路和接收电路

发射电路和接收电路均可采用线圈和电容构成的并联谐振电路,其谐振频率均与高频振荡电路的频率相同。发射线圈和接收线圈可以采用直径为 0.80 mm 的漆包线密绕 20 圈左右,直径约为 6.5 cm,实测电感值约为 142 μH,由公式 $f = \dfrac{1}{2\pi\sqrt{LC}}$ 可知,当谐振频率在 500 kHz 时,与其并联的电容 C 约为 680 pF,可用 470 pF 的固定电容并联一个 200 pF 的可调电容,这样方便调节谐振频率。

(5) 负载电路

负载电路可以采用 LED 灯珠并联构成,并与接收电路并联连接。

首先固定发射线圈和接收线圈的距离,改变发射频率,观察 LED 灯珠亮度的变化情况及电压和频率的关系,记录数据,填入表格 4-8-2。

然后固定频率,改变发射和接收线圈之间的距离,观察灯亮度的变化及电压与距离的关系,记录数据,填入表格 4-8-2。

总结频率和距离对 LED 灯珠亮度变化的大小关系。

表 4-8-2　实验数据记录

频率 f								
LED 电压 V								
效率								
距离								
LED 电压 V								
效率								

当功率放大器的选频回路的谐振频率与激励信号频率相同时,功率放大器发生谐振,此时线圈中的电压和电流达最大值,从而产生最大的交变电磁场。当接收线圈与发射线圈靠近时,在接收线圈中产生感生电压,当接收线圈回路的谐振频率与发射频率相同时产生

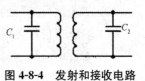

图 4-8-4　发射和接收电路

谐振,电压达最大值。构成了如图 4-8-4 所示的谐振回路。实际上,发射线圈回路与接收线圈回路均处于谐振状态时,具有最好的能量传输效果。

无线电能传输实验中需要注意的问题:

① 发射电路、接收电路以及振荡电路要频率一致才能谐振;

② 发射电路的谐振频率不能小于 100 Hz,否则,传输距离和传输效率受限;

③ 频率与传输效率的问题;

④ 距离与传输效率的问题;

⑤ 提高传输距离、功率和效率的问题。

本实验项目适合高年级学生,是综合性、创新性实验。

7 实验报告要求

(1) 需求分析:分析各个单元电路需要哪些元器件,需要哪些实验仪器和设备;

(2) 方案论证:单元电路要有分析、对比和论证,采用某个电路的原因;

(3) 电路设计与参数选择:电路设计与参数的分析、计算和理论依据;

(4) 电路测试方法:频率测试点的选取以及测试方法,LED 灯珠电压的测量;

(5) 实验数据记录:记录频率、距离、LED 灯珠的电压数据,以及功率和效率的计算;

(6) 实验结果总结:分析 LED 灯珠得到的功率和哪些因素相关;无线电能传输的效率和哪些因素相关,说明如何提高无线电能的传输距离和传输效率以及传输功率。

8 考核要求与方法

(1) 实物验收:能够实现无线电能传输,距离不小于 5 cm,传输效率不小于 70%,振荡频率不小于 100 Hz,抗干扰能力较强;

(2) 实验质量:电路方案合理,能耗较低,布线合理,焊接工艺美观且没有虚焊;

(3) 自主创新:能够独立设计各个电路模块,独立测试单元电路,独立测试整体电路,有问题的地方要能够分析原因并查找问题,电路要具有创新性;

(4) 实验成本:能够充分利用实验室已有元器件、已有材料,尽量少购买新的元器件,做到成本最低;

(5) 实验数据:测试数据正确,记录完整,要有误差分析;

(6) 实验报告:实验报告要规范,图表清晰完整。

9 项目特色或创新

(1) 项目的特色在于项目背景的工程性,知识应用的综合性,实现方法的多样性;

(2) 实验项目基于最新的无线电能传输技术,能够激发学生学习的兴趣;

(3) 实验项目涉及模拟电子技术、数字电子技术、电磁场理论等知识,综合性较强;

(4) 实验项目与实际生活紧密相连,具有现实的工程意义;

(5) 实验项目中传输距离、效率和功率最难调节,具有挑战性。

实验案例信息表

案例提供单位	河南理工大学		相关专业	电气工程		
设计者姓名	郭顺京		电子邮箱	13796331@qq.com		
设计者姓名	刘景艳		电子邮箱	liujy@hpu.edu.cn		
设计者姓名	张素妍		电子邮箱	Zhangsuyan@hpu.edu.cn		
相关课程名称	模拟电子技术、数字电子技术、电工学		学生年级	3 年级	学时	6 学时
支撑条件	仪器设备	电源、示波器、信号发生器、万用表、电路板制版系统等				
	软件工具	Protel、Multisim				
	主要器件	555 定时器、场效应管、电阻、电容、7812、漆包线、LED 灯珠等				

4-9　阶梯波产生电路(2016)

1　实验内容与任务

在电子测量和自动控制系统中,阶梯波作为时序控制信号和多极电位基准信号,得到了广泛的应用。本案例阶梯波产生电路涉及的内容有电压比较电路、积分电路、时钟信号发生器、计数器、D/A转换器等,属于典型的知识综合型实验。电路设计要求如下:

(1) 设计一个能产生周期性阶梯波的电路,要求阶梯波周期在20 ms左右,输出电压范围10 V,阶梯数5个;

(2) 分别采用模拟电路和数字电路两种方法实现,并比较两者的差别;

(3) 改变电路元器件参数,观察输出波形的变化,确定影响阶梯波电压范围和周期的元器件;

(4) 扩展部分:设计可调电路,使输出波形的周期频率、电压范围和阶梯个数可调。(不作要求)

2　实验过程及要求

(1) 掌握阶梯波形产生电路的原理、特点;

(2) 结合模拟电路和数字电路中所学的理论知识,查找资料,了解各种阶梯波形产生电路的优缺点,独立确定设计方案;

(3) 按照实验要求分别采用模拟电路和数字电路两种方法实现;

(4) 通过查阅手册和资料,根据理论计算,选择合适的元器件来设计电路,并用Multisim软件进行仿真;

(5) 在仿真过程中采用电路步步积累的原则,层层仿真,针对仿真中出现的问题,进一步对电路参数做出调整;

(6) 购买元件,焊接电路,进行实物调试;

(7) 用示波器观察波形是否失真,用频率计测量频率范围是否达标;

(8) 撰写设计总结报告,并通过分组演讲总结经验,学习交流心得。

3　相关知识及背景

本阶梯波形产生电路要求采用模拟电子技术与数字电子技术两种方案进行设计。学生需要掌握电压比较电路、积分电路、时钟信号发生器、计数器、D/A转换器等多方面的内容,并且能熟练使用示波器、频率计、数字万用表等常用辅助仪器。

4　教学目的

本实验设计阶梯波形的产生,主要为了改变学生固有的一种验证型模电实验思维,同时与设计型数电实验思维相联系,引导学生根据需要设计电路、选择元器件,激发学生理论联系实际的能力,初步培养学生硬件电路设计能力。

5 实验教学与指导

本实验是一个比较简单的基础知识综合型实验,设计方案涉及模拟电路和数字电路相关知识。在实验教学中,应在以下几个方面加强对学生的引导:

(1) 方案的选择。针对设计任务及指标要求,需要用不同的方案进行设计,应查阅各种相关的资料,比较各种方案的优劣,选择一种更佳方法。

(2) 对各个理论知识点的讲解。理论知识点有电压比较电路、积分电路、时钟信号发生器、计数器、D/A 转换器等,但是每个知识点对应的实验都是比较单一的验证或者应用。因此需要老师帮助学生构建一种综合性思维,将所学知识融会贯通起来。

(3) 元器件的选择。本实验涉及的元器件有用于方波产生电路、积分累加器和电压比较电路中的集成运放、二极管、三极管、555 定时器芯片、计数器、D/A 转换器以及电阻、电容等。

集成运放:根据总体方案来选用对应功能的集成运放,然后选择性能参数,考虑形状大小等。本实验中集成运放主要用于方波产生电路、积分累加器和电压比较器,可选用 LM324,μA741 等集成运放。

二极管:根据题目要求的输出电压范围,再考虑二极管的导通电流及反向截止电压等进行选取。

三极管:主要用于开关控制电路,需要考虑 ICM(集电极最大允许电流),UBRCEO(集电极－发射极反向击穿电压),PCM(集电极最大允许耗散功率)等。

电阻、电容:在一般电路中对电阻、电容要求不高,只要能保证其正常工作便可。但是由于电阻、电容在所设计电路中的特殊作用,例如在方波电路中改变电阻或者电容的参数将会影响周期的变化,在微分电路和积分电路中改变电阻、电容值则会影响阶梯高度等,因此在选取电阻、电容的时候一定得根据设计要求,适当计算电阻、电容值来进行选取。

对于 555 定时器芯片、计数器、D/A 转换器,在满足前后级输入/输出要求的同时,尽量选择低成本的器件即可。

(4) 先仿真后制作电路。为了实现电路的优化设计,仿真是不可少的步骤。仿真过程中选用标称元器件,通过仿真分析主要器件参数对电路指标的影响,在仿真软件平台上调试电路使之达到技术指标后,再进行实物焊接。

6 实验原理及方案

1) 方案一:模拟电路

用模拟电路方式设计一个阶梯波发生器,首先考虑产生一个方波;其次,经过微分电路输出得到上下尖脉冲;然后经过限幅电路得到正脉冲;再经过积分电路,实现累加后输出一个负阶梯。对应一个尖脉冲就是一个阶梯,在没有尖脉冲时,积分器保持输出不变,在下一个尖脉冲到来时,积分器在原来的基础上进行积分,因此,积分器就起到了积分累加的作用。当积分累加到比较器的比较电压时,比较器翻转,比较器输出正电压,使振荡控制电路起作用,方波停振。同时,这个正电压使电子开关导通,积分电容放电,积分器输出对地短路,恢复到起始状态,完成一个阶梯波的输出。积分器输出由负值向零跳变的过程,又使比较器发生翻转,比较器输出变为负值,这样振荡控制电路不起作用,方波输出,同时电子开关断开,积分器进行积分累加。如此往复循环,就形成了一系列阶梯波。

因此,本方案所用的电路由方波产生电路、微分电路、限幅电路、积分累加器、比较器、电子开关电路、振荡控制电路等几部分组成,所用电源直接由外部电源提供。其原理图如图 4-9-1 所示。

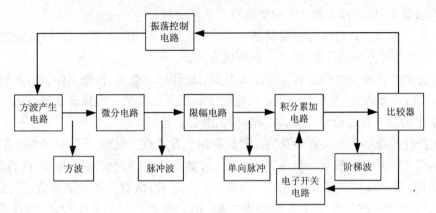

图 4-9-1　方案一结构框图

由此可见,本方案主要是由集成运放实现的,虽然简单,但是缺点明显:实现生成各阶电平可随意调节的阶梯波非常困难,需要对方波发生器、比较器等所有电路均进行重新设定和调整,导致电路结构也会变得复杂。

2) 方案二:数字电路

用数字电路产生阶梯波电路相对比较简单,主要由时钟信号发生器、计数器、D/A 转换器几个部分组成。时钟信号发生器的信号频率可调,主要用于产生方波,本方案采用由 555 构成的多谐振荡器,通过改变阻值实现振荡器频率可调。多谐振荡器接通电源后,电容被充电,当电压上升到一定数值时里面集成的三极管导通,然后通过电阻和三极管放电,通过这样不断地充放电从而产生一定周期的脉冲方波,通过改变电路上器件的值可以微调脉冲周期,从而控制阶梯波的周期;采用方波脉冲触发计数器实现计数,通过设置计数来控制阶梯波的阶梯数,例如可由 74LS161 反馈置零法确定方波的阶数和周期;计数器的输出值通过 D/A 转换器转换为模拟电压,即为阶梯波。其原理图如图 4-9-2 所示。

图 4-9-2　方案二结构框图

由于输入信号经过布线延时以后,高低电平变换不是同时发生的,在转换过程中存在竞争冒险现象,这会导致输出信号出现毛刺,因此在设计中需要采用低通滤波,把出现的尖顶脉冲滤除。

3) 方案三:单片机(扩展,不作要求)

结合常用的单片机,设计可调电路,使输出波形的周期、电压范围和阶梯个数可调。

7　实验进程

(1) 查找资料：了解各种阶梯波形产生电路的优缺点，独立确定设计方案(课外提前完成)；

(2) 知识点传授：电压比较电路、积分电路、时钟信号发生器、计数器、D/A转换器等(2课时)；

(3) 任务操作：自行设计电路，再对电路进行软件仿真，然后在实训场地分组进行制作和调试(课外开放)；

(4) 评估检测：教师与学生共同完成任务的检测与评估，并能对出现的问题进行分析处理(与课堂同时进行)。

8　实验报告要求

(1) 设计任务的提出；

(2) 介绍设计思路及工作原理；

(3) 电路元器件选择；

(4) 设计仿真分析；

(5) 电路焊接与调试；

(6) 调试数据记录；

(7) 数据处理分析；

(8) 实验结果总结。

9　考核要求与方法

两种方案分别考核，各50分：

(1) 电路调试25分：电路进行逐步调试，分步给分，再看电路整体是否调试通过，设计参数是否符合要求。

(2) 工艺技术10分：主要针对学生的组装工艺、焊接技术进行考核。

(3) 实验报告5分：需规范完整，叙述有条理，能够反映整体工作过程。

(4) 其他10分：主要包括电路设计的创新性、元器件选择的合理性、成本核算等。

10　项目特色或创新

改变学生固有的一种验证型模电实验思维，结合设计型数电实验思维，培养学生硬件电路设计能力。

实验案例信息表

参赛单位	兰州交通大学电子与信息工程学院		相关专业	电路与系统	
设计者姓名	陶小苗		电子邮箱	125503617@qq.com	
设计者姓名	张文婷		电子邮箱	21158407@qq.com	
设计者姓名	李攀峰		电子邮箱	275250923@qq.com	
相关课程名称	模拟电子技术、数字电子技术	学生年级	本科二年级	学时	课内:4 课外:不限
支撑条件	仪器设备	万用表、函数信号发生器、示波器			
	软件工具	Multisim仿真软件			
	主要器件	电阻、电容、二极管、三极管集成运放、555定时器、D/A转换器、计数器等			

4-10　开关稳压电源设计(2016)

1　实验内容与任务

1)任务

设计并制作如图 4-10-1 所示的开关稳压电源。

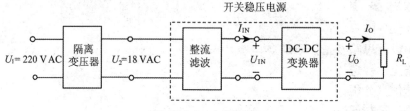

图 4-10-1　电源框图

2)要求

在电阻负载条件下,使电源满足下述要求:

(1) 输出电压 U_O 可调范围:30～36 V;

(2) 最大输出电流 I_{Omax}:2 A;

(3) U_2 从 15 V 变到 21 V 时,电压调整率 $S_U \leqslant 2\%$($I_O=2$ A);

(4) I_O 从 0 变到 2 A 时,负载调整率 $S_1 \leqslant 5\%$($U_2=18$ V);

(5) 输出噪声纹波电压峰峰值 $U_{OPP} \leqslant 1$ V($U_2=18$ V,$U_O=36$ V,$I_O=2$ A);

(6) DC-DC 变换器的效率 $\eta \geqslant 70\%$($U_2=18$ V,$U_O=36$ V,$I_O=2$ A);

(7) 具有过流保护功能,动作电流 $I_O(\text{th})=(2.5 \pm 0.2)$A;

(8) 排除过流故障后,电源能自动恢复为正常状态;

(9) 能对输出电压进行键盘设定和步进调整,步进值为 1 V,同时具有对输出电压、电流的测量和数字显示功能;

(10) 其他。

2　实验过程及要求

学生以两人一组的形式进行实验,密切配合,充分理解题目要求,利用所学模电、数电、单片机等相关知识,认真设计,用心制作,完成调试。在课内 18 学时内完成本次实验任务。

1)预习部分

复习运放原理及其相关应用电路。熟悉开关电源控制芯片 UC3842,A/D 采样芯片 ADS1118,熟练运用单片机 MSP4306638,FPGA。

2)电路设计

(1) 根据题目要求设计主要的 BOOST 基本电路;

（2）根据所需的控制测量精度选择 A/D 采样芯片和 D/A 芯片；

（3）根据纹波要求选择适当的滤波电容；

（4）在多孔板上完成系统的焊接和测试，要求布局合理，焊接美观，留有测试点。上电测试之前需用万用表检测是否错接或短路。

3）报告总结

每组在完成实验时，同时提交设计报告，包括理论分析、电路设计、软件流程、数据表格等相关信息。

3 相关知识背景

实验中需要掌握的相关理论知识主要包括 MSP430 单片机、数字电路、滤波器的设计、PID 算法、信号与系统、开关电源、变压器与电感设计等，以及一些与实际工程相关的系统测量方法、控制和调试技巧方法。

4 教学目的

课程以开关稳压电源为依托，通过不同层次的实验内容与任务以及边制作边学习的教学模式，加深学生对理论知识的理解，全面培养学生的工程实践能力、自学能力、交流沟通以及团队协作能力。

5 实验教学与指导

本实验是一个比较完整的工程实践，需要经历学习研究、方案论证、系统设计、实现调试、测试标定、设计总结等过程。在实验教学中，应在以下几个方面加强对学生的引导：

（1）学习开关电源的基本原理，包括开关升压电路结构 Boost 电路、降压电路结构 Buck 电路，学会比较和区分两者的异同。这是学生能否搭建好开关稳压电路的关键。

（2）对基本元器件的了解，例如基本的电容、电阻、电感、二极管、三极管。要能区别基本元器件的应用范围，工作原理，什么类型的电容、电感适用于小信号电路，什么类型的适用于大电流强信号传输。哪种电感、电容对于信号的滤波有很好的效果等等，了解这些知识对实现一个稳定性高，抗干扰能力强的开关稳压电源系统非常重要。

（3）对于实验要求的测量和控制精度，主要取决于所使用的 A/D 和 D/A；适当的使用精度高、速度快的 A/D、D/A 有时能够轻松测量和控制精度问题，但是要尽量控制系统电路的复杂性，同时考虑性价比。

（4）可以简略地介绍反馈控制的基本原理，理解并掌握 PID 算法要领，要求学生自学实现反馈控制的方法及参数的整定。

（5）在电路设计、搭试、调试完成后，必须要用标准仪器设备进行实际测量，标定所完成的电流、电压显示的误差；需要根据实验室所能提供的条件，设计测试方法。

（6）在实验完成后，可以组织学生以项目演讲、答辩、评讲的形式进行交流，了解不同解决方案及其特点，拓宽知识面。

在设计中，要注意学生设计的规范性，如系统结构与模块构成，模块间的接口方式与参数要求；在调试中，要注意辅助电源、电源脉冲干扰对系统指标的影响，电路工作的稳定性与可靠性；

在测试分析中,要分析系统的误差来源并加以验证。

6 实验原理及方案

输出最大电流和电压分别为:2 A,36 V,考虑系统其他消耗,前端变压器功率不小于96 W。DC-DC 变换器是整个系统的核心,可实现对输出电压的控制,同时决定了整个系统的效率。电压调整率和负载调整率的要求主要体现在 DC-DC 变换器的输出电压稳定度和系统闭环调控的准确性上。

1) DC-DC 拓扑电路方案

题目要求 DC-DC 变换器具有升压功能,满足要求的电路结构有多种,主要有 BOOST 型变换器、单端正激变换器、推挽式变换器三种结构。本实验采用 BOOST 型变换器。BOOST 电路通过单管 PWM 波控制,电路简单,调整方便,且对功率部件的耐压要求较低。储能电感在功率管导通时将电能变为磁能储存起来,功率管截止时将磁能变为电能向负载供电,电压调整率好。缺点是与前端整流电路直接连接,没有隔离。但是其电路结构简单且控制简单,工作性能完全可以满足题目要求。

2) MOSFET 驱动方案

BOOST 电路中,MOSFET 的开通与关断采用 PWM 波控制。产生 PWM 波的方案有:

(1) 利用集成的 PWM 生成芯片。这类芯片有很多,如:TL494、SG3525、UC3842,现在关于它们的技术比较成熟,使用时,外围电路简单,通过直流电压量与锯齿波比较生成所需 PWM 波形,调整直流电压量即可得到不同的脉冲宽度,控制方便、效率高,且生成的 PWM 脉宽波形的精确度和边缘特性都可满足系统要求。

(2) 使用 CPLD 生成 PWM 信号。通过对 CPLD 的时钟进行简单的计数逻辑控制即可得到所需频率和宽度的 PWM 波。由于一般的 CPLD 时钟频率较高,所以生成的波形精确度也较高,同时,逻辑控制简单,波形质量好。

(3) 使用单片机生成 PWM 信号,原理与 CPLD 类似,但是由于单片机的时钟频率一般不高,所以限制了生成的波形精确度。

以上三种方案自由选择,也可以自行设计其他可行方案。

3) 过流保护方案

系统要求设置过流保护功能,动作电流为 $I_O = (2.5 \pm 0.2)$A,过流保护方案有:

方案一:软件实现过流保护。通过直接检测系统电路中的电流大小,与限定电流值进行比较,控制系统前端继电器动作,控制简单。

方案二:硬件辅助实现过流保护。通过电源监视芯片 MAX705 等,当电路中电流超过预设值时,向单片机发出中断信号,单片机接收并控制继电器动作。电路设计和控制都比较简单,且灵敏度高,反应迅速。

以上两种方案自由选择,也可以自行设计其他可行方案。

4) 系统总体设计方案

系统硬件部分分为功能实现和测量两部分。功能实现部分以 DC-DC 转换电路为核心,交流输入电压经整流滤波电路平滑滤波后,将得到的直流电压送至 DC-DC 电路。DC-DC 电路通过 PWM 波控制开关管的通断时间比例,调整输出电压幅值,其中 PWM 波由 PWM 开关集成芯片 UC3842 在单片机辅助控制下产生。这样由 DC-DC 转换电路产生的直流电压即为系统输出电压。测量部分主要为电压和电流测量,电压测量通过电阻分压采样经 AD 转换获得,电流测量通过采集固定电阻上的电压后计算得电流。全部的外围电路都通过 FPGA 的接口总线与单片机进行信号交互。整个系统的外围芯片电源(+5 V,+15 V)都是由一次整流后的直流电压经过开关型稳压芯片 TPS5430 提供。

系统软件包括单片机 MSP430F6638 和 FPGA 两部分,实现功能有:

(1) 计算对应的 DA 输出值,控制产生所需要的 PWM 波形;

(2) 通过比较预设电压值与测量所得的电压值调整 PWM 波形直到满足要求,实现闭环控制;

(3) 检测过流中断信号,判断有效后关断继电器;

(4) 控制系统 AD/DA 芯片正常工作;

(5) 基本键盘功能和 LCD 显示,其中电压预设包括直接输入与步进两种,LCD 实时显示测量所得电压、电流值。图 4-10-2 为系统方框图。

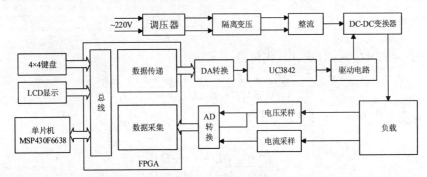

图 4-10-2 系统方框图

5) 电路设计与参数计算

(1) 整流滤波电路

整流滤波采用如图 4-10-3 所示电路。

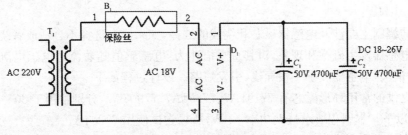

图 4-10-3 整流滤波电路

为了保护实验人员的安全,保险丝必须使用,本题中 8 A 保险丝已达到保护指标。滤波电容用的是大的电解电容,注意耐压值至少是滤波后电压的 2 倍,正负极性不要弄反。整流桥建议使用成品模块,也可以使用二极管搭建(注意二极管的耐压值和电流限制)。

（2）主体电路设计与器件选择

① 电感的设计

电感值的确定是电感选型的关键。在 CCM 模式下的开关电源电路中,电感值的确定都大同小异,可以由电感计算公式推导得出。

流经电感的电流一般都只有两种状态,上升和下降。我们选择的电感值应保证在稳态时电感电流的变化量 ΔI 不超过电流平均值的 0.3～0.5 倍,即

$$\Delta I = (0.3\sim0.5) \cdot I_L \tag{1}$$

而稳态时的 ΔI 就是电感电流每周期的增加量或减少量,即

$$\Delta I = \Delta I_{ON} = \Delta I_{OFF} \tag{2}$$

根据电感电流与电压的关系(伏秒法则),有

$$\Delta I_{ON} = \frac{V_{ON} \cdot T_{ON}}{L} = \Delta I = (0.3\sim0.5) \cdot I_L \tag{3}$$

$$\Delta I_{OFF} = \frac{V_{OFF} \cdot T_{OFF}}{L} = \Delta I = (0.3\sim0.5) \cdot I_L \tag{4}$$

又

$$T_{ON} = \frac{D}{f}, T_{OFF} = \frac{1-D}{f} \tag{5}$$

式中,f 为开关频率。代入(3)式、(4)式可得

$$L = \frac{V_{ON} \cdot D}{(0.3\sim0.5)I_L \cdot f} = \frac{V_{OFF} \cdot (1-D)}{(0.3\sim0.5)I_L \cdot f} \tag{6}$$

上式就是开关电源中确定电感值的通用公式。对于 BOOST 电路,$V_{ON} = V_{IN}$,$I_L = I_O/(1-D)$,代入得

$$L = \frac{V_{IN} \cdot D \cdot (1-D)}{(0.3\sim0.5)I_O \cdot f} \tag{7}$$

对于 BUCK 电路,$V_{OFF} = V_O$,$I_L = I_O$,代入得

$$L = \frac{V_O \cdot (1-D)}{(0.3\sim0.5)I_O \cdot f} \tag{8}$$

在此题目中,电路的最大功率为 72 W,选择结构较为简单的环形电感即可。对于本题 $U_i(\min) = 18$ V,$U_O(\max) = 36$ V,$I_O = 2.5$ A,我们以 3 A 计算,f 取 50 kHz,数据代入(7)式计算可算得电感值为 100 μH。

电感器的绕制主要涉及电感器磁芯和绕线的选择,如果磁芯选择不合适或者绕线不合理都可能会使得电感器发生磁饱和现象,对其直观描述为:电感感值随着流过电感电流的变大而变小,甚至完全消失,电感器成了一根导线,引发短路。设计过程如下:

实验室提供的常用环形磁芯有 77191A7、77254A7、77903A7,分别常用于 80～200 W、20～80 W、20 W 以下。本课程要求最大功率 72 W,所以尝试使用 77254A7。

在美磁官网中找到 77254A7 的 PDF 文档,在文档中得到 $A_L = 168$。由环形电感计算公式 $L = A_L \times N^2$,计算出圈数 $N = 24$。由于电感感值会随着电流增大而变小,我们要求设计出来的电感在最大电流时其值下降不低于电流为 0 时的 80%。匝数之前算过为 24 匝,安匝 = 144。查看 PDF 资料中 A_L 下降略低于 80%,因为设计有裕量(题目要求 2 A,我们是以 3 A 计算的),所以本设计可以满足题目要求。磁芯和圈数都设计好了,最后一步是漆包线线径的确定。根据

经验,一般导线截面积每平方厘米上流过的电流为 400 A,本题 $I_L = 6$ A,可得导线截面积为 0.015 cm²,可以选择直径为 0.8 mm 的铜线,截面积为 0.005 cm²,三股一并绕制,也可以使用其他直径的铜漆包线。详细的电感设计与绕制可以参考《变压器与电感设计手册》第四版中的环形电感设计教程。

② 续流二极管的选择

对于续流二极管,要注意流过最大电流限制和反向承受电压限制,满足这两个基本条件下我们希望二极管反向恢复速度越快越好,本题中二极管的电流就是输出电流 $I_L = 3$ A,反向最大电压是 36 V,所以采用两个 SR360(3 A,60 V)并联使用。

③ 滤波电容的选择

对于滤波电容,我们采用大的电解电容和瓷片电容混合滤波,电解电容滤低频,瓷片电容滤高频。在选择电容的时候要注意所选电容的耐压值至少要大于所接电路处电压峰值的 120%,电容的 ESR 要越小越好。ESR 越小可以使得输出电源纹波越小。

④ MOS 管的选择

对于开关管,选用开关速度快的 MOSFET 场效应管,要注意它的耐压值足够大和导通电阻尽量小,本题中 IRF540 是比较好的选择。

⑤ 电流取样电阻的选择

电流取样电阻的选取不能只看功率够不够,而是要满足精度的问题,当电路工作时,电阻难免发热,阻值会发生变化,这样测量的电流就不准了,而康铜丝电阻不仅功率大,温漂也相当小,因此我们选取它作为电流采样电阻。

(3) PWM 控制芯片选型

经典开关电源控制芯片 UC3842 是硬件反馈很常用的器件,对于这一题目我们可以使用 UC3842 作为 PWM 控制芯片。通过控制电压反馈输入管脚电压幅值即可调节输出 PWM 波的占空比,即可控制 DC-DC 电路输出。反馈电压信号由单片机控制 DA 产生。UC3842 产生的 PWM 波经过驱动芯片后即可作为 MOSFET 的控制信号。

(4) 电压电流采样电路

本题目中电压与电流的采样 AD 使用 ADS1118,它是一款 16 位高精度 AD,具有 2~5.5 V 的供电电压范围,可使用 4 个单通道输入或两对差分通道输入。

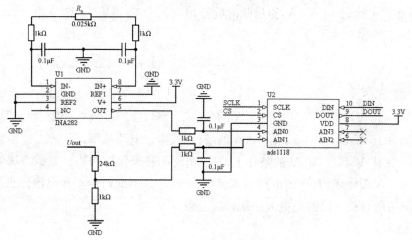

图 4-10-4 电流采样电路图

　　电流信号的放大电路采用 INA282 这款固定增益为 50 倍的精密运放,它具有宽共模范围(−14～80 V)、高共模抑制比(140 dB)、±1.4%的增益误差和 0.3 μV/℃的偏移漂移,如图 4-10-4所示。

　　电压信号放大选用的运放为 OPA330,它具有 50 μV 的低失调电压,11 μV 的低噪声,轨至轨的输入/输出能力以及 1.8～5.5 V 的供电范围,适合用于直流小信号放大。

　　(5) 效率分析与计算

　　系统效率根据 $\eta = \dfrac{P_{\text{OUT}}}{P_{\text{IN}}} = \dfrac{I_\text{O} V_\text{O}}{I_{\text{IN}} V_{\text{IN}}}$ 计算效率。

　　系统开关电源部分功率损耗主要包括:

　　(1) MOSFET 管导通损耗、寄生电容损耗、开关损耗等,这些与开关频率成正比;

　　(2) 稳压管和整流二极管的通态与断态损耗;

　　(3) 缓冲电路上电阻功率损耗;

　　(4) 若 DC-DC 电路工作在电感电流断续模式,由于能量传递不完全使功率降低;

　　(5) 电感内阻损耗,由于电感内阻串联于输入端,当电流较大时,电感的内阻也变得不可忽略。

　　根据以上分析,提高系统效率可采取以下措施:

　　(1) 尽量减小 PWM 波频率,减小开关损耗;

　　(2) 选用性能优良的 MOSFET、整流二极管器件;

　　(3) 合理选择电感,使系统工作在连续模式。

6) 开关稳压电源测试方案设计

　　(1) 在 $U_2 = 18$ V,$R_L = 100$ Ω 的条件下,测试 U_O 的可调范围,即 U_{Omin} 和 U_{Omax}。

　　(2) 在 $U_2 = 18$ V 时,调节电路使 $U_\text{O} = 36$ V,$I_\text{O} = 2$ A,测量电压调整率 S_U。具体的测试方法为,分别测量 $U_2 = 18$ V,$U_2 = 15$ V 和 $U_2 = 21$ V 时的输出电压 U_O、U_{O1}、U_{O2},再根据公式

$$S_U = \left| \frac{U_{\text{O2}} - U_{\text{O1}}}{U_\text{O}} \right| \times 100\%$$

计算得电压调整率 S_U。

　　(3) 在 $U_2 = 18$ V,$I_\text{O} = 0$ A 时调节电路使 $U_\text{O} = 36$ V,测量负载调整率 S_I。具体的测试方法为,先调节输出电流为 $I_\text{O} = 0$ A,测量此时的输出电压 U_{O1};再将 I_O 调节为 2 A,再测量此时的输出电压 U_{O2},根据公式

$$S_I = \left| \frac{U_{\text{O2}} - U_{\text{O1}}}{U_{\text{O2}}} \right| \times 100\%$$

计算得负载调整率 S_I。

　　(4) 在 $U_2 = 18$ V,$U_\text{O} = 36$ V,$I_\text{O} = 2$ A 的条件下,测量噪声纹波电压峰-峰值 U_{OPP}。

　　(5) 在 $U_2 = 18$ V,$U_\text{O} = 36$ V,$I_\text{O} = 2$ A 的条件下,测量电路效率。

　　(6) 在 $U_2 = 18$ V,$U_\text{O} = 36$ V 的条件下,测试电路的过流保护功能。测试方法为,调节负载电阻使电流从 1 A 缓慢增加,直到电路出现保护动作,记录下此时的动作电流。重复测量 3 次,根据动作电流与题目要求值的差值大小来评判分数。

　　(7) 工艺和其他。

7 实施进程

1)组队选题

第八周周一前完成。根据兴趣和专业特色,选定课程设计的题目。建议两人为一个团队。填写《组队选题表》。

2)系统方案设计

第八周周六前完成。查阅资料文献,小组讨论,得出选题系统的整体框图,并就设计的系统方案进行核心器件的选择、模块方案的设计,给出《xx 系统方案设计报告》及器件清单,说明方案设计的思路及核心器件选择的理由。填写《器件清单》。

3)模块设计及制作

课内时间+开放时间完成,建议第九周周五前完成。利用 Altium Designer 等电子线路CAD 软件,画出硬件电路图。领用器件后,进行模块电路的硬件制作。凭《器件清单》到实验室领取所需器件。

4)系统联调

课内时间+开放时间完成,建议第十一周周六前完成。各个模块设计、调试、实现后,进入模块级联及软硬件系统联调的环节,系统联调实现后,进行系统功能及指标测试。填写《作品验收记录表》。

8 实验报告要求

1)实验需求分析

根据实验要求,了解内容,熟悉所需理论知识、实验平台以及设计过程中所需用到的器件。然后进行下述工作:

系统方案设计:查阅资料文献,小组讨论,得出选题系统的整体框图,并就设计的系统方案进行核心器件的选择、模块方案的设计,给出《系统方案设计报告》及器件清单,说明方案设计的思路及核心器件选择的理由。

模块设计:利用 Altium Designer 等电子线路软件,画出硬件电路图;利用 Visio 等绘图软件,画出软件流程图。

2)实验方案论证

列举在设计某一电路或实现某一功能时可以采取的各种方案,对比各种方案的优缺点,说明选取方案的根据。

3)理论推导计算

描述在设计过程中所需用到的一些设计参数的公式推导过程以及选择器件(如 A/D,D/A位数,速度等)所涉及的理论知识。

4)设计仿真分析

对设计的相关电路进行仿真,并且分析仿真结果,调整参数直至满足设计要求。

5）电路参数选择

在电路设计过程中,参数选择要有说明或计算。

6）实验过程设计

包括各模块方案选择,电路仿真,安装调试,测试方法设计及数据分析。

7）数据测量记录

根据测试表格,记录原始测量数据。

8）数据处理分析

根据测量记录,对数据进行分析,对没达到指标的进行改进。

9）实验结果总结

写出实验报告,对实验结果总结,对作品做出评价。

9 考核要求与方法

考核以阶段性作品验收表、实验报告评分标准表(表 4-10-1)为依据,分期考核学生不同阶段的实验进度及详细情况,学生必须在规定时间内验收,每人验收次数不得超过两次。验收表格须含有学生的基本信息、详细的测试条件、测试项目及测试方法,分学生填写和教师填写两栏(验收记录表见附件),学生作品完成后由老师或助教验收。教师或助教必须根据学生的实验作品情况如实填写验收表格,对实验作品的优缺点必须有详细的记录,验收完后要认真填写总体评价、验收时间及签字三栏。

成绩评定:

(1) 测试系统的功能和技术指标(65％);

(2) 设计报告(书面报告作品的设计思路、设计过程及结果等)(20％);

(3) 口头汇报(讲解作品,验收答辩等)(15％)。

表 4-10-1 实验报告评分标准表

	项目	应包括的主要内容或考核要点	满分
设计报告	方案论证	DC-DC 主回路拓扑;控制方法及实现方案;提高效率的方法及实现方案	16
	电路设计 与参数计算	主回路器件的选择及参数计算;控制电路设计与参数计算;效率的分析及计算;保护电路设计与参数计算;数字设定及显示电路的设计	40
	测试方法与数据	测试方法;测试仪器;测试数据 (着重考查方法和仪器选择的正确性以及数据是否全面、准确)	20
	测试结果分析	与设计指标进行比较,分析产生偏差的原因,并提出改进方法	10
	电路图及设计文件	重点考查完整性、规范性	14
	总分		100

10 项目特色或创新

本次实验知识面较为广泛,其中主要涉及信号放大、滤波、PID 算法、傅里叶分析、AD/DA 转换原理、单片机原理、开关电源原理,并且需要学生动手制作功率电感和设计电路,有利于提高学生的综合能力,使其学会理论与实践相结合。本次实验以两人一组的形式进行,分工合作,有利于激发每个学生潜在的优点和培养团队协作精神。

附件：

《电子综合设计》作品验收记录表

项目名称				开关稳压电源					
学生分组信息		学生姓名		学号			联系方式		
	类型	序号	项目与指标			满分	测试记录	评分	备注
验收数据记录	基本要求	1	U_O 可调范围($U_2=18$ V, $R_L=100$ Ω)			15	$U_{Omin}=$_____ V $U_{Omax}=$_____ V		
		2	电压调整率 S_U ($U_2=18$ V 时, 调节 $U_O=36$ V, $I_O=2$ A)	$S_U\leqslant 2\%$	15 分	15	$U_2=18$ V 时, $U_O=$_____ V $U_2=15$ V 时, $U_{O1}=$_____ V $U_2=21$ V 时, $U_{O2}=$_____ V $S_U=\left\|\dfrac{U_{O2}-U_{O1}}{U_O}\right\|\times100\%=$ _____ %		
				$2\%<S_U\leqslant 3\%$	12 分				
				$3\%<S_U\leqslant 4\%$	7 分				
				$4\%<S_U\leqslant 5\%$	2 分				
				$S_U>5\%$	0 分				
		3	负载调整率 S_I ($U_2=18$ V, $I_O=0$ A 时, 调节 $U_O=36$ V)	$S_I\leqslant 5\%$	15 分	15	$I_O=0$ A 时, $U_{O1}=$_____ V $I_O=2$ A 时, $U_{O2}=$_____ V $S_I=\left\|\dfrac{U_{O2}-U_{O1}}{U_{O2}}\right\|\times100\%=$ _____ %		
				$5\%<S_I\leqslant 6\%$	12 分				
				$4\%<S_I\leqslant 7\%$	7 分				
				$5\%<S_I\leqslant 8\%$	2 分				
				$S_I>8\%$	0 分				
		4	噪声纹波电压峰-峰值 U_{Op-p} ($U_2=18$ V, $U_O=36$ V, $I_O=2$ A)	$U_{Op-p}\leqslant 1$ V	10 分	10	$U_{Op-p}=$_____ V		
				1 V$<S_{Op-p}\leqslant 2$ V	7 分				
				2 V$<S_{Op-p}\leqslant 3$ V	5 分				
				$U_{Op-p}>3$ V	0 分				
		5	效率 η ($U_2=18$ V, $U_O=36$ V, $I_O=2$ A)	$\eta\leqslant 70\%$	15 分	15	$U_O=$_____ V, $I_O=$_____ A $U_{IN}=$_____ V, $I_{IN}=$_____ A $\eta=$_____ %		
				$68\%<\eta\leqslant 70\%$	12 分				
				$65\%<\eta\leqslant 68\%$	7 分				
				$60\%<\eta\leqslant 65\%$	2 分				
				$\eta<60\%$	0 分				
		6	过流保护功能 $U_2=18$ V, $U_O=36$ V, $\Delta=\|I_{O(th)}-2.5\|$	$\Delta\leqslant 0.2$ A	10 分	10	$I_{O(th)}=$_____ A $\Delta=$_____		
				$\Delta\leqslant 0.4$ A	7 分				
				$\Delta>0.4$ A	3 分				
		7	自恢复功能			5	有　　　无		
		8	数字设置及显示功能	键盘设定	4	10	有　　　无		
				步进调整	2		有　　　无		
				电压显示	2		有　　　无		
				电流显示	2		有　　　无		
		9	其他			5			
		10	总分			100			
总体评价									
验收时间			验收教师/助教签字				验收成绩		

实验案例信息表

案例提供单位	武汉大学		相关专业	电子信息		
设计者姓名	张望先	电子邮箱	zwx@whu.edu.cn			
设计者姓名	黄根春	电子邮箱	hgc@whu.edu.cn			
设计者姓名	周立青	电子邮箱	zlq@whu.edu.cn			
相关课程名称	电子综合设计	学生年级	二年级	学时	18	
支撑条件	仪器设备	稳压电源、信号源、5位半电压表、电流表				
	软件工具	Altium Designer、Visio、VHDL 等				
	主要器件	变压器、电感、电容、UC3842，ADS1118，MSP430F6638，FPGA 等				

4-11 摩斯电码通信系统(2016)

1 实验内容与任务

设计并制作一套如图 4-11-1 所示的摩斯电码通信系统。系统由发报机和收报机两部分构成。发报机可以以人工或自动方式将数字报文转换为摩斯电码,并通过扬声器以声音信号的形式发送出去;收报机在接收到发报机发出的声音电码信号后,将其转换为指示灯发光信号,并能自动翻译为原始数字报文,通过数码管或液晶显示器显示。

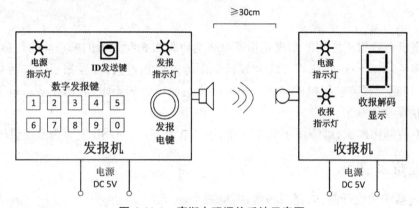

图 4-11-1 摩斯电码通信系统示意图

1) 基本部分(60 分)

(1) 发报机具有人工发报功能。当按下发报机上的"发报电键"时,发报机能通过扬声器发出特定的声音信号,同时"发报指示灯"点亮;抬起"发报电键"后,扬声器停止发声,同时"发报指示灯"熄灭。发报机所发声音信号应为频率为 1 kHz(偏差不超过±10 Hz),且无明显失真的单频正弦波。(20 分)

(2) 收报机在接收到发报机发出的 1 kHz 声音信号时,"收报指示灯"点亮,无 1 kHz 声音信号时,"收报指示灯"熄灭。收报机应仅对频率为 1 kHz 的声音信号敏感,对其他频率的声音信号无效,有效信号频率范围不超过 1 kHz±80 Hz。(20 分)

(3) 发报机与收报机之间的有效通信距离应不小于 30 cm。(10 分)

(4) 发报机与收报机均采用直流＋5 V 单电源供电,发报机与收报机不得共用同一电源。(10 分)

2) 提高部分(40 分)

(1) 发报机具有自动编码功能。当按下发报机上的任意一个"数字发报键"时,发报机可自动发送一组该数字所对应的摩斯电码。发报速度应在 100～300 毫秒/时间单位范围内。(10 分)

(2) 收报机具有一位数字报文自动解码显示功能。当收报机接收到发报机以人工或自动方式发送的一位数字摩斯电码后,可自动将其翻译为原始数字报文,并在数码管或液晶显示器

上显示出来。(20分)

(3) 发报机具有ID一键发送功能。当按下发报机上的"ID发送键"后,发报机自动连续发送一组由8位数字构成的ID(应设定为设计者本人学号)。(5分)

(4) 收报机具有连续数字报文自动解码显示功能。当收报机接收到发报机以人工或自动方式连续发送的一串摩斯电码(不少于8位数字,如发报机ID)时,可显示发送的数字报文内容(允许仅使用一位数码管自动连续逐位显示)。(5分)

3) 扩展部分(额外加分)

在较好地完成基本部分和提高部分各项要求的前提下(基本部分和提高部分总分在80分以上),实现其他有意义的功能。如实现英文字符及符号通信功能、收报机发报速度自适应功能等。

4) 说明

(1) 发报机与收报机之间的距离是指发报机与收报机相距最近的两点间的距离。

(2) 为避免互相干扰,建议不要将发报机输出音量设置过大,在发报机上加装电位器使音量大小可调,可适当提高收报机的接收灵敏度以满足通信距离要求,在满足30 cm要求的基础上再提高通信距离不加分。

(3) 为方便制作调试,可使用手机充电器、移动电源等5 V USB电源为系统供电。

2 实验过程及要求

本实验包括实物设计制作、撰写报告、答辩三个环节。

实物设计制作环节要求学生以小组为单位完成设计任务,对设计任务中的功能和技术指标要求进行分析,通过查阅资料、仿真评估、验证试验、小组讨论等环节,共同完成系统设计方案的论证与评估,分工合作完成设计作品实物的硬件制作、软件编程、调试,针对设计任务中要求的功能和技术指标设计测试方案对实物作品进行测试。此项占总成绩的50%。

设计报告撰写要求参见第7项。此项占总成绩的20%。

答辩针对设计中涉及的技术原理、方案设计与评估、团队分工与合作等情况向小组中的每个学生提出问题,进行答辩,并给予评价。此项占总成绩的30%。

3 相关知识及背景

本实验涉及集成运算放大器的应用、音频功率放大器的设计、电压比较器电路设计、模拟锁相环电路设计、模拟滤波器设计、单片机电路设计与程序开发等知识,要求学生学习过模拟电子技术、数字电子技术、单片机技术相关课程。实验要求学生综合运用以上知识、电子系统设计方法和实验技能,设计制作一个完整的电子系统。

4 教学目的

本实验在电子技术类课程基础上培养学生的电子系统工程设计能力。实验题目面向工程实际问题,使学生将理论与实践紧密结合,加深对相关理论的理解,掌握利用现代技术手段设计电子系统的基本方法,培养学生的工程实践能力和创新意识。

5　实验教学与指导

在课堂授课过程中,教师讲解电子系统设计的基本方法和设计流程,包括信息收集与文献资料查阅、设计方案的构思过程、多种设计方案比较论证评估的原则与方法、常用的设计工具、电子系统的电磁兼容性设计、技术文档的撰写规范等内容。以一个实际电子系统的设计过程为例,详细讲解电子系统的设计方法和设计过程。

在课堂上布置本次课程设计中要求学生完成的具体设计任务,包括题目的实际工程背景以及具体的功能和技术指标要求。明确课程考核要求。

在学生实验过程中,教师安排固定时间采用面对面和网络课程平台等多种方式对学生进行答疑指导。

实验题目背景:电报是一种最早用电的方式来传送信息的远距离通信方式。电报信息通过专用的通信线路或无线电波以电信号的方式发送出去,该信号用编码代替文字和数字,通常使用的编码是摩尔斯编码,也称摩斯电码(Morse Code)。

摩斯电码是一种时通时断的信号代码,通过不同的排列顺序来表达不同的英文字母、数字和标点符号,它由美国人萨缪尔·摩尔斯于 1837 年发明。摩斯电码是一种早期的数码化通信形式,但是它不同于现代只使用"0"和"1"两种状态的二进制代码,它的代码包括五种:

(1) 短促的信号"点"(·),读"嘀",占 1 个时间单位;

(2) 保持一定时间的信号"划"(一),读"嗒",占 3 个时间单位;

(3) 每个点和划之间的停顿,占 1 个时间单位;

(4) 每个字符之间的停顿,占 3 个时间单位;

(5) 每个单词之间的停顿,占 5~7 个时间单位。

数字 0~9 对应的摩斯电码如表 4-11-1 所示。

表 4-11-1　数字摩斯电码对照表

数字	电码	数字	电码	数字	电码	数字	电码	数字	电码
1	·————	3	···——	5	·····	7	——···	9	————·
2	··———	4	····—	6	—····	8	———··	0	—————

6　实验原理及方案

系统由发报机和收报机两部分构成。

发报机应能够发出按照摩斯电码规则编码的 1 kHz 的正弦信号,推动扬声器发声。系统应包含信号发生电路和音频功率放大电路两部分(如图 4-11-2)。其中 1 kHz 正弦信号既可采用文氏振荡器直接产生(如图 4-11-3),也可使用方波振荡器产生方波再经低通或带通滤波器滤成正弦信号(如图 4-11-4)。自动编码发报功能可使用数字逻辑电路(如图 4-11-5)或单片机程序控制方式(如图 4-11-6)实现。

图 4-11-2　发报机基本功能参考设计方案　　图 4-11-3　发报机 1 kHz 正弦信号产生参考设计方案 1

图 4-11-4 发报机 1 kHz 正弦信号产生参考设计方案 2

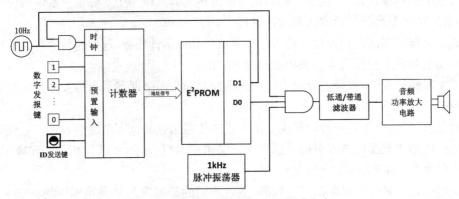

图 4-11-5 发报机提高部分参考设计方案 1

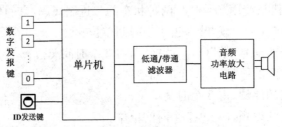

图 4-11-6 发报机提高部分参考设计方案 2

收报机应能接收并识别出频率为 1 kHz 的声音信号,自动对摩斯电码进行解码并显示。其中声音识别功能可由驻极体话筒接收声音,经前置放大后采用锁相环音频解调电路实现(如图 4-11-7)。摩斯电码解码功能由单片机(如图 4-11-8)实现。

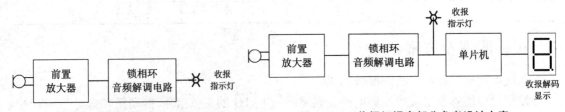

图 4-11-7 收报机基本部分参考设计方案   图 4-11-8 收报机提高部分参考设计方案

实验中涉及模拟小信号放大电路设计、音频功率放大器电路设计、模拟滤波器设计、锁相环电路设计、数字逻辑电路设计、单片机技术等多种电子技术。

7 实验报告要求

为培养学生撰写技术文档的能力,设计报告要求小组中每位学生"背靠背"独立撰写。报告内容要求如下:

(1) 设计任务要求

（2）设计方案及论证（35分）

① 方案分析比较（20分）；

② 系统结构设计（5分）；

③ 具体电路设计（5分）；

④ 单片机软件算法流程（5分）。

（3）制作及调试过程（20分）

① 制作与调试流程（10分）；

② 遇到的问题与解决方法（10分）。

（4）系统测试（15分）

①测试方案（含接线图）（5分）；

② 测试数据（表格）（5分）；

③ 数据分析和结论（5分）。

（5）系统使用说明（10分）

① 系统外观及接口说明（5分）；

② 系统操作使用说明（5分）。

（6）成本与效益评估（10分）

（7）总结（10分）

① 本人所做工作（5分）；

② 收获与体会（5分）；

③ 对本课程的建议。

（8）参考文献

8 考核要求与方法

1）成绩构成

（1）实物测试——以小组为单位，针对设计任务书中要求的功能和性能指标测试验收，给予评价。此项占总成绩的50%。题目配有完整的评分表，包括测试方法和细化的评分标准。

（2）设计报告——每人独立撰写，单独打分。针对设计过程和设计方案的科学性、理论分析与测试的严密性、文字表达能力等方面因素，给予评价。此项占总成绩的20%。

（3）答辩——单人答辩，单独打分。针对设计中涉及的技术原理、方案设计与评估、团队分工与合作等方面向小组中的每位学生提出问题，进行答辩，给予评价。此项占总成绩的30%。

2）评定方式

统一标准打分后全年级学生排序，根据排名和分数确定最终成绩。成绩采用五级九段制评定（A^+、A、B^+、B、C^+、C、D^+、D、F）。

3）实物作品评分表

实物作品评分表如表4-11-2所示。

表 4-11-2　实物作品评分表

摩斯电码通信系统　评分表

负责教师:_____　　选课教师:_____　　验收时间:____年____月____日　　验收教师签字:_____

组员 1:姓名:_____　学号:_____　专业/班级:_____　答辩成绩:_____　报告成绩:_____

组员 2:姓名:_____　学号:_____　专业/班级:_____　答辩成绩:_____　报告成绩:_____

组员 3:姓名:_____　学号:_____　专业/班级:_____　答辩成绩:_____　报告成绩:_____

备注:_____

实物作品测试评分表:　　　　　　　　　　　　　　　　　　　　　实物作品成绩:_____

序号	测试项目	测试方法及评分标准	测试结果	得分
1	发报机人工发报功能(20分)	将示波器探头接在发报机扬声器两端,按下发报机"发报电键",观察"发报指示灯"是否点亮,扬声器是否有 1 kHz 声音信号发出,从示波器上观察输出波形及频率。抬起"发报电键"观察"发报指示灯"是否熄灭,扬声器是否停止发声。 "发报指示灯"工作正常给 5 分;扬声器发声正常给 5 分;示波器显示正弦波无明显失真给 5 分,轻微失真给 3~4 分,严重失真或非正弦波 0 分;信号频率在 1 kHz±10 Hz 范围内给 5 分,偏差每增加 10 Hz 扣 1 分。	"发报指示灯"工作: 正常 □ 异常 □ 扬声器发声: 正常 □ 异常 □ 输出正弦波形无明显失真: 是□ 否□ 输出信号频率:_____Hz 备注:_____	
2	收报机收报功能(20分)	将信号发生器输出端接测试用扬声器,调整信号发生器输出正弦信号频率,使扬声器发出 0.8 kHz、0.9 kHz、1.0 kHz、1.1 kHz、1.2 kHz 五种频率的声音信号,任意调节信号发生器输出信号幅度(即调节扬声器音量),观察收报机"收报指示灯"是否随该声音信号的有无产生亮灭变化。 如"收报指示灯"仅随 1 kHz 频率声音信号的有无亮灭变化,其他频率声音信号无效,给 2 分。 除 1 kHz 外,如其他频率声音信号也能使"收报指示灯"状态变化,每增加一个频率扣 3 分。 如"收报指示灯"不随以上任何频率声音信号的有无亮灭变化,则给 0 分。	"收报指示灯"随声音信号亮灭变化: ◊声音信号频率 f=0.8 kHz: 是 □ 否 □ ◊声音信号频率 f=0.9 kHz: 是 □ 否 □ ◊声音信号频率 f=1.0 kHz: 是 □ 否 □ ◊声音信号频率 f=1.1 Hz: 是 □ 否 □ ◊声音信号频率 f=1.2 kHz: 是 □ 否 □ 备注:_____	
3	有效通信距离(10分)	仅在项目 1、2 均有得分的情况下进行本项测试。 将发报机与收报机摆放在相距 30 cm 的位置进行发报-收报通信测试,观察收报机"收报指示灯"是否能显示发报状态,如无反应则缩短发报机与收报机之间的距离再次进行测试,直到收报机能稳定显示发报机发报状态为止。 稳定通信距离≥30 cm 给 10 分,小于 30 cm 每少 3 cm 扣 1 分,不足 3 cm 按 3 cm 计算。	有效通信距离:_____cm 备注:_____	
4	供电(10 分)	仅在项目 1、2 有得分的情况下进行本项测试。 检查系统供电电源。 如发报机、收报机均采用直流+5 V 单电源供电,给 10 分。发报机、收报机有一项不是+5 V 单电源供电的扣 5 分,两项都不是的给 0 分。	发报机供电路数:_____路;供电电压:_____V 收报机供电路数:_____路;供电电压:_____V 备注:_____	
5	发报机自动编码功能(10分)	逐一按下发报机上的"数字发报键",听扬声器发出的电码声音是否正确。 十个按键电码声音全部正确给 10 分,错一个扣 1 分。	发报机正确发码数字: 1□ 2□ 3□ 4□ 5□ 6□ 7□ 8□ 9□ 0□ 备注:_____	

续表

序号	测试项目	测试方法及评分标准	测试结果	得分
6	收报机一位解码显示功能(20分)	使用发报机采用人工或自动方式分别发送十个数字电码,观察收报机是否正确显示相应数字。如发报机不能正常工作,可使用其他能正常工作的发报机或信号发生器或其他设备模拟发报测试。测试时发报机与收报机间距离可以小于30 cm。 收报机接收解码识别正确一个数字给11分,此外每增加一个数字加1分,全部正确给20分。	收报机正确解码数字: 1□ 2□ 3□ 4□ 5□ 6□ 7□ 8□ 9□ 0□ 备注:_____	
7	发报机ID一键发送功能(5分)	按下发报机上的"ID发送键",听扬声器发出的电码声音与设计者学号是否相符。 电码声音与设计者学号完全相符给5分,否则给0分。	学号:_____ 实际发送电码:_____ 备注:_____	
8	收报机连续解码显示功能(5分)	使用发报机采用人工或ID一键发送方式连续发送8位数字电码,观察收报机是否正确显示相应数字报文序列。如发报机不能正常工作,可使用其他能正常工作的发报机或信号发生器或其他设备模拟发报测试。测试时发报机与收报机间距离可以小于30 cm。 收报机解码显示完全正确给5分,错一位扣1分,5分扣完为止。	正确显示数字报文位数:_____位 备注:_____	
9	扩展部分(额外加分)	仅当前8项总分大于等于80分时进行以下测试		
		(1) 英文及符号字符通信功能 每成功收发一个字符,加2分,满分20分。	成功收发英文及符号字符数:_____个 备注:_____	
		(2) 收报机发报速度自适应功能 使用发报机采用人工或自动方式发送一位数字,观察收报机收报解码显示情况。调整发报速度,连续测试5次。测试时发报机与收报机间距离可以小于30 cm。 解码显示正确达到2次的,给15分;正确3次,给20分;正确4次,给25分,正确5次,给30分。	平均解码显示正确率:_____% 备注:_____	
		(3) 其他有意义的扩展功能。根据功能的创新性、实用性、难度,每项酌情给0~10分。	功能:_____ 备注:_____	
备注				

注:实物作品测试所需仪器:低频信号发生器、示波器、万用表、直尺、小型扬声器。

4) 主观评价评分表

设计报告及答辩评分表如表4-11-3所示。

表4-11-3 主观评价评分表

___摩斯电码通信系统___ 评分表(主观评价)

题目负责教师:_____ 验收时间:___年___月___日 验收教师签字:_____

学生姓名:_____ 学号:_____ 专业/班级:_____ 选课教师:_____

备注:_____

答辩评分

答辩成绩(满分100分):_____分

答辩问题	评分	备注
1. 系统设计思路、工作原理(20分)		
2. 系统设计方案的评估选择依据(包括技术因素、成本因素、安全及环境因素等)(20分)		
3. 对照电路实物指出本人在系统设计制作过程中所做的工作,说明团队合作情况(20分)		

答辩问题	评分	备注
4. 系统设计制作过程、遇到的问题及解决的方案(20 分)		
5. 对照电路原理图和电路实物解释各部分电路的功能、参数计算方法(20 分)		
备注:		

设计报告评分
设计报告成绩(满分 100 分):_____分

报告内容项	评分	备注
1 设计任务要求	——	
2 设计方案及论证(35 分)	——	
2.1 方案分析比较(20 分)		
2.2 系统结构设计(5 分)		
2.3 具体电路设计(5 分)		
2.4 单片机软件算法流程(5 分)		
3 制作及调试过程(20 分)		
3.1 制作与调试流程(10 分)		
3.2 遇到的问题与解决方法(10 分)		
4 系统测试(15 分)	——	
4.1 测试方法(含接线图)(5 分)		
4.2 测试数据(表格)(5 分)		
4.3 数据分析和结论(5 分)		
5 系统使用说明(10 分)	——	
5.1 系统外观及接口说明(5 分)		
5.2 系统操作使用说明(5 分)		
6 成本与效益评估(10 分)		
7 总结(10 分)		
7.1 本人所做工作(5 分)		
7.2 收获与体会(5 分)		
7.3 对本课程的建议	——	
8 参考文献	——	
报告格式扣分(视情节最多可扣除报告总分的一半)		
同组报告雷同扣分(报告分数=原始分数÷雷同人数)	雷同人数:_____人;雷同人姓名:_____	
备注:		

成绩一票否决□

一票否决原因	原因选择	情况说明
1. 答辩时对设计原理完全不懂或知之甚少,经调查发现本人实际未参与小组工作,或工作量严重不足。		
2. 在设计中存在严重的抄袭行为(包括设计方案、设计报告、软件代码等)。		

9　项目特色或创新

（1）综合性：实验内容同时涵盖模拟电子技术、数字电子技术、单片机技术。

（2）设计性：电路硬件和单片机程序完全由学生自行设计。

（3）原创性：题目新颖，全新设计，避免学生抄袭。

（4）趣味性：演示效果好，激发学生的学习热情。

（5）与学生专业相结合：结合学生专业背景，渗透通信工程专业概念。

实验案例信息表

案例提供单位	北京交通大学电子信息工程学院电工电子实验教学中心		相关专业	通信工程	
设计者姓名	马庆龙		电子邮箱	qlma@bjtu.edu.cn	
设计者姓名	王　睿		电子邮箱	rwang@bjtu.edu.cn	
设计者姓名	赵　翔		电子邮箱	xiangzh@bjtu.edu.cn	
相关课程名称	电子系统课程设计		学生年级	大三	学时	24＋24
支撑条件	仪器设备	直流电源、示波器、函数信号发生器、数字万用表、直尺等			
	软件工具	Multisim、Tina-TI、Proteus、Altium Deigner 等			
	主要器件	集成锁相环、集成运算放大器、电压比较器、集成音频功率放大器、单片机、石英晶体振荡器、驻极体话筒、扬声器、LED 数码管或液晶显示器、发光二极管、三极管、二极管、电阻、电容等			

4-12　谐振式无线能量传输系统的设计(2016)

1　实验内容与任务

　　了解近场式无线电力传输的基本原理,设计制作短距感应式和中距谐振式无线能量传输系统,包括驱动电路、耦合线圈、谐振回路、接收电路等;测量作用距离、工作频率、传输电压/电流等参数,归纳总结其特点;对于有一定理论基础并对无线能量传输问题感兴趣的同学,可进一步对比理论分析与实验结果,提出效率或距离最优的自动控制方法。

　　实验内容包括:

　　(1) 设计制作实验所需的桥式驱动电路,要求 24 V 工作电压下 2 A 连续电流输出,工作频率不小于 800 kHz,效率不小于 90%,死区时间可调节;

　　(2) 设计制作多组收发线圈,直径 10 cm,电感量分别为 12 μH 和 120 μH,线径选择需考虑趋肤效应;

　　(3) 利用实验仪表(实验电源、波形发生器等)、前述电路模块等,分别搭建短距感应式和中距谐振式能量传输系统,调试电路使系统可正常工作,点亮无线接收端白炽灯;

　　(4) 分别针对两种传输方式,调节系统工作参数,测量不同参数组合下的系统传输性能;绘制图表,分析参数间关系,思考并提出最优控制方法。

2　实验过程及要求

　　(1) 学习了解近场式无线电力传输基本原理、系统基本构成;

　　(2) 设计开关式高频高效驱动电路,将直流电源的能量加载到发送线圈上;

　　(3) 利用示波器、波形发生器等实验仪表,调试装配好的驱动电路板,观察并记录不同频率、不同负载下末级输出波形;调整死区保护时间,确保驱动电路的安全稳定工作;

　　(4) 计算给定条件下传输系统中空心线圈的关键参数,如电感量、Q 值、趋肤深度等,设计并绕制多组收发线圈;利用电桥测量所制备线圈的参数;

　　(5) 计算谐振回路中电容参数(频率特性、容量及耐压等),选用合理的电容器,与空心线圈构成谐振式能量传输回路;

　　(6) 利用实验仪表、电路模块等,搭建短距感应式和中距谐振式能量传输系统,调试电路和参数使系统可正常工作,应观察到接收线圈所挂接的负载(白炽灯)被点亮;

　　(7) 分别针对两种传输方式,调节系统工作参数,测量不同参数组合下的系统传输性能;绘制图表,定性分析参数间关系,思考并提出最优控制方法;

　　(8) 撰写设计总结报告,并通过分组演讲,学习交流不同解决方案的特点。

3　相关知识及背景

　　本实验要求学生具有电路分析、模拟/数字电路、电磁场等方面的基础知识,并具备基本的电路设计、电路制作、电路调试、仪表使用等能力。实验中涉及的知识点和技术方法包括高速功率开关驱动电路、电感器设计制作与测量、变压器原理、谐振回路设计与调试、负载匹配等。通过该简单系统的设计,使得学生了解如何利用所学电子技术相关知识和技能,采用何种设计思路和方法解决现实生活和工程实际问题。

4 教学目的

在一个较为完整的能量无线传输工程项目实现过程中,加深学生对所涉及基础知识的认知,引导学生依据项目需求在多种技术方案中做合理选择;以科学有效的方法分解项目功能,模块化设计完成各功能单元;搭建测试环境,验证设计结果,并对技术方案进行总结评价。

5 实验教学与指导

无线能量传输实验是一个较为完整的工程实践项目,学生需经原理学习、方案讨论、系统设计、模块分解、单元设计、制作调试、性能测量、数据分析、设计总结等环节,才能真正完成实验并达到实验目的。在实验教学中,需对学生在以下几方面着重引导:

(1)学习了解无线能量传输的多种方法、各自的技术特点和适用场景;

(2)对近场式无线能量传输,深入了解感应式和谐振式方案的技术原理,分析两种方法的技术差异;给出系统构成中的主要功能模块,以及各模块设计中的关键性参数;

(3)以实验参考设计为例,系统描述能量传递过程,给出工作参数选择依据,鼓励学生在此基础上尝试其他设计实现;

(4)给出高频开关驱动电路设计原理,说明开关损耗、工作效率、寄生参数、工作频率之间的定性关系;

(5)介绍谐振回路工作原理,强调谐振产生的条件及其能量转移过程;

(6)线圈参数计算及尺寸/结构设计,自制完成空心线圈换能器件,然后结合电桥测量方法的讲解对器件参数进行测量验证;

(7)简要描述能量效率最优的反馈控制流程,供学有余力的学生设计完成特定负载下参数自适应调整的无线能量传输系统。

教学完成后的设计过程中,需注重学生设计的规范性,如模块化功能分解、模块间接口定义、驱动电路布局及引线连接等,养成良好的设计习惯。

在实验过程中,需先完成模块测试再组成完整的实验系统,以便于故障定位排查,同时要注意由电源馈线引起的前后级干扰、线圈间距的稳定等细节,保持整个系统的稳定工作和测量的可重复性。

在实验完成后,组织学生以项目演讲、答辩、评讲等形式进行交流,了解不同解决方案及其特点,拓宽知识面。

6 实验原理及方案

1)实验原理

感应式无线能量传输本质上是利用发射线圈与接收线圈所构成的空心变压器,在原边线圈施加交变电压而在副边线圈中得到同频的感应电压,如图 4-12-1 所示。

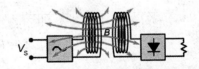

图 4-12-1 感应式无线能量传输示意图

由于该结构中 B（磁场）的开放性，使得作用距离和传输效率均十分有限。其改进方法则引入了谐振回路，如图 4-12-2 所示。

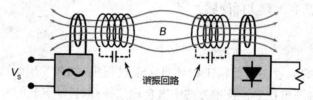

图 4-12-2　改进的感应式无线能量传输示意图

利用谐振回路的特性，这种无线能量传输方式可实现线圈直径 4～10 倍的传输距离，并保持相当高的传输效率，是本实验的重点。将图 4-12-2 转换为一般电路模型，如图 4-12-3 所示。

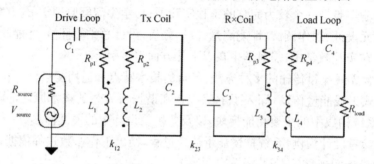

图 4-12-3　谐振回路电路模型

其中，R_{source} 为电源内阻；R_{load} 为等效负载电阻；R_{p1}，R_{p2}，R_{p3}，R_{p4} 分别是 4 个线圈的寄生电阻；定义 k_{12}、k_{23}、k_{34} 分别是驱动线圈和发射线圈、发射线圈和接收线圈、接收线圈和负载线圈之间的耦合系数。由于作用距离的原因而忽略 k_{13}、k_{14}、k_{24} 的影响。

根据基尔霍夫定律：

$$I_t\left(R_{source}+R_{p1}+j\omega L_1+\frac{1}{j\omega C_1}\right)+j\omega M_{12}=V_8$$

$$I_2\left(R_{p2}+j\omega L_2+\frac{1}{j\omega C_2}\right)+j\omega(I_1 M_{12}-I_3 M_{23})=0$$

$$I_3\left(R_{p3}+j\omega L_3+\frac{1}{j\omega C_3}\right)+j\omega(I_4 M_{34}-I_2 M_{23})=0 \tag{1}$$

$$I_4\left(R_{load}+R_{p4}+j\omega L_4+\frac{1}{j\omega C_4}\right)+j\omega \dot{I}_3 M_{34}=0$$

其中：

$$k_{xy}=\frac{M_{xy}}{\sqrt{L_x L_y}},\qquad 0\leqslant k_{xy}\leqslant 1 \tag{2}$$

根据式(1)(2)，可以解得传递函数：

$$\frac{V_L}{V_S}=\frac{i\omega^3 k_{12}k_{23}k_{34}L_2 L_3\sqrt{L_1 L_4}R_{load}}{(k_{12}^2 k_{34}^2 L_1 L_2 L_3 L_4 \omega_4+Z_1 Z_2 Z_3 Z_4+\omega^2(k_{12}^2 L_1 L_2 Z_3 Z_4+k_{23}^2 L_2 L_3 Z_1 z4+k_{23}^2 L_3 L_4 Z_1 Z_2))}$$

$$Z_1=R_{p1}+R_{source}+j\omega L_1+j/(\omega C_1)$$

$$Z_2=R_{p2}+j\omega L_2-j/(\omega C_2)$$

$$Z_3=R_{p3}+j\omega L_3-j/(\omega C_3)$$

$$Z_4 = R_{p4} + R_{\text{load}} + j\omega L_4 - j/(\omega C_4) \tag{3}$$

定义散射参数 S_{21}，来描述传输效率：

$$S_{21} = 2\frac{V_{\text{load}}}{V_{\text{Source}}}\left(\frac{R_{\text{source}}}{R_{\text{load}}}\right)^{1/2} \tag{4}$$

简化电路模型，忽略寄生参数，假设 $R_{\text{source}} = R_{\text{load}}$，$k_{12} = k_{34}$，并确定式（4）中的相关参数。根据散射参数 S_{21} 的定义，可以确定 S_{21} 与耦合系数 k_{23}，频率 f 的函数关系，如图 4-12-4 所示。

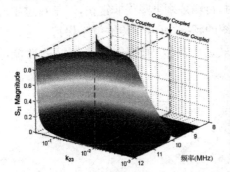

PARAMETER	VALUE
$R_{\text{source}}, R_{\text{load}}$	50 Ω
L_1, L_4	1.0 μH
C_1, C_4	235 pF
R_{p1}, R_{p4}	0.25 Ω
k_{12}, k_{34}	0.10
L_2, L_3	20.0 μH
C_2, C_3	12.6 pF
R_{p2}, R_{p3}	1.0 Ω
k_{23}	0.0001 to 0.30
f_0	10 MHz
Frequency	8 MHz to 12 MHz

图 4-12-4　散射参数 S_{21}、耦合系数 k_{23} 和频率 f 的函数关系示意图

由图可得到以下结论：

（1）观察 k_{23} 发现，存在过耦合、欠耦合、耦合三种情况（一般情况下，耦合系数反比于两个线圈距离的三次方）；

（2）观察 f 发现，存在频率劈裂；

（3）S_{21} 存在最大值；

（4）在欠耦合区域，S_{21} 下降得很快，改变频率 S_{21} 下降得更快；

（5）在过耦合区域，S_{21} 在频率 f 的变化下，能保持一定的值。

按照品质因数的定义：

$$Q_i = \frac{1}{R_i}\sqrt{\frac{L_i}{C_i}} = \frac{\omega_i L_i}{R_i} = \frac{1}{\omega_i R_i C_i} \qquad \omega_i = \frac{1}{\sqrt{L_i C_i}} \tag{5}$$

假设：忽略寄生参数，$k_{12} = k_{34} = k_{lc}$，$k_{23} = k_{cc}$，$R_{\text{source}} = R_{\text{load}}$，发射线圈和接收线圈的品质因数都为 Q_{coil}，驱动线圈和接收线圈的品质因数都为 Q_{loop}。那么在谐振时，可得传递函数如下：

$$\left(\frac{V_{\text{load}}}{V_{\text{source}}}\right)\bigg|_{\omega=\omega_0} = \frac{ik_{cc}k_{lc}^2 Q_{\text{coil}}^2 Q_{\text{loop}}^2}{k_{cc}^2 Q_{\text{coil}}^2 + (1 + k_{lc}^2 Q_{\text{coil}} Q_{\text{loop}})^2} \tag{6}$$

解式（6），令式（6）关于 k_{cc} 的导数等于零，可求出极值条件：

$$k_{\text{critical}} = \frac{1}{Q_{\text{coil}}} + k_{lc}^2 Q_{\text{loop}} \tag{7}$$

那么，当 $k_{cc} = k_{\text{critical}}$ 时，传递函数取得最大值。将式（7）代入式（6）且 $R_{\text{source}} = R_{\text{load}}$，可得：

$$|S_{21}|_{\text{critical}} = \frac{k_{lc}^2 Q_{\text{coil}} Q_{\text{loop}}}{1 + k_{lc}^2 Q_{\text{coil}} Q_{\text{loop}}} = \frac{k_{lc}^2 Q_{\text{loop}}}{k_{\text{critical}}} \tag{8}$$

化简得：

$$|S_{21}|_{\text{critical}} = 1 - \frac{1}{k_{\text{critical}} Q_{\text{coil}}} \tag{9}$$

上式中存在一个较小的 k_{critical}，即存在一个较远的传输距离，使得传输效率保持一定的值。

令式(10)的导函数等于 1,可求得一个:

$$k_{\text{critical-knee}} = Q_{\text{coil}}^{-\frac{1}{2}} \tag{10}$$

联合式(10)和式(7)可得到一个限制条件:

$$k_{lc}^2 \, Q_{\text{loop}} \geqslant Q_{\text{coil}}^{-\frac{1}{2}} - Q_{\text{coil}}^{-1} = Q_{\text{coil}}^{-1}\left(Q_{\text{coil}}^{\frac{1}{2}} - 1\right) \approx Q_{\text{coil}}^{-\frac{1}{2}} \tag{11}$$

即当满足式(11)就可以得到一个较大的传输距离。

当发射线圈和接收线圈处在欠耦合区域时,传输效率下降得非常快,但是在过耦合区域,可以利用频率劈裂的特性,在谐振频率附近调节系统的频率,可以让传输效率保持一定。即,发射线圈和接收线圈可以确定一个最远距离,在这个最远距离以内,都能保持较好的性能,如图 4-12-5 所示。

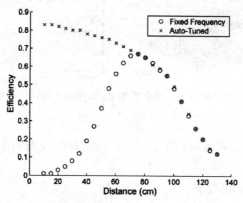

图 4-12-5 传输效率与距离关系示意图

2) 实验系统构成

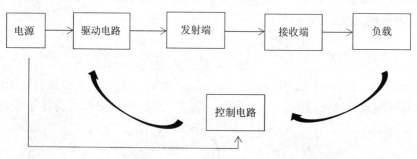

图 4-12-6 实验系统构成

完整的实验系统由直流电源、开关驱动电路、发射端线圈、接收端线圈、负载以及控制电路构成。其中,为了方便调节不同的工作频率以观察能量传输状况,系统中没有设计可调振荡器,而采用了驱动电路外接方波发生器的方案;发射端线圈和接收端线圈共同构成感应或谐振回路,完成能量的无线传递(当采用谐振方式时需加入谐振电容);接收端未使用整流、稳压等技术,而是直接挂接白炽灯作为负载,以方便直接观察;控制电路为扩展内容,有兴趣、有能力的学生可自行设计针对特定目标的最优控制方法。

3) 实验系统设计

下面对实验系统中的驱动电路、收发线圈等关键模块进行设计,其他如电源、负载等较为简单,不再赘述。

（1）驱动电路

要求:高频电源,采用 H 桥结构(或者可以采用功率放大电路),频率能达到 800 kHz,峰峰值电压 48 V,电流 2 A。

基本电路结构如图 4-12-7 所示。

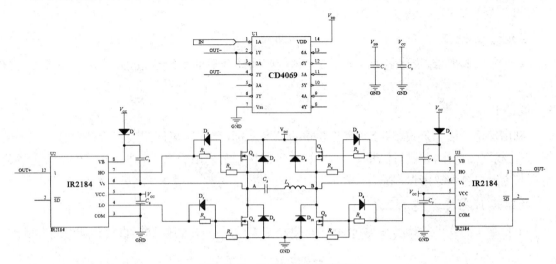

图 4-12-7　H 桥结构驱动电路图

H 桥工作原理:Q_2 和 Q_3 导通,Q_1 和 Q_4 关断时,电流经过 V_{DC},Q_2,A 点,B 点,Q_3,最后到 GND;Q_2 和 Q_3 关断,Q_1 和 Q_4 导通时,电流经过 V_{DC},Q_1,B 点,A 点,Q_4,最后到 GND。进而导通两个对立的回路,这样就会在 LC 串联电路两端产生相应的交流方波,如果驱动信号频率与 LC 电路固定频率相匹配,驱动信号就会与 LC 串联电路产生谐振,当接收端的 LC 串联电路也有和前级相同的固有频率时,发射端与接收端就会产生谐振,电能就会通过磁耦合方式高效地传输到接收端。

IR2184 驱动芯片:HO 与 LO 能够输出一对带 400 ns 死区时间相反方波,来驱动桥臂上的 MOS 管;配合外部的自举电容(C_3,C_4)和自举二极管(D_1,D_4),可以驱动上管;开始工作时,下管导通,上管关断,电源 V_{CC} 给自举电容充电,当下管关断,上管打开,那么自举电容抬高的电压,经过芯片内部电路,HO 端来驱动上管,以确保上管正常导通。自举二极管的作用是防止被自举电容抬高的电压冲击电源 V_{CC},注意此处的自举二极管需要用快恢复二极管。

CD4069 芯片:提供 6 个反向器,此处只需要使用两个反相器,输出一对反向的方波,供给后面的两个 IR2184 使用。

（2）收发空心线圈

一般是采用驱动线圈、发射线圈,接收线圈,负载线圈结构。线圈使用普通漆包铜线,其线径受线圈品质因数和趋肤效应影响,线圈直径和线圈匝数决定线圈电感量。此处驱动线圈和接收线圈的电感值为 12.4 μH,直径 10 cm,线径 0.47 mm,谐振电容值 10 nF;发射线圈和接收线圈的电感值 124 μH,直径 10 cm,线径 0.47 mm,谐振电容值 1 nF。那么根据公式可得谐振频率约为 450 kHz。实际采用的线圈以及电容均有误差,需在实验中进行补充调整。

根据中继结构所描述,也可以把驱动线圈、发射线圈、接收线圈、负载线圈都统一理解成谐振线圈,即四线圈结构。同理也可采用两个线圈结构。实验中都可以一一验证。

7 实验报告要求

1)实验需求分析

无线能量传输的应用需求,本实验中所利用传输方法的基础理论;通过本实验对前期学习知识的巩固和加深,对实践能力的培养等。

2)实现方案论证

针对本实验要求,论述多种实现方案的特点,选择合适的系统构成,并分析实现方案的优缺点。

3)理论推导计算

利用理论方法和公式,结合本实验要求的技术指标,计算谐振回路线圈设计参数和绕制数据,完成线圈的制作,并进行测量验证;计算满足谐振调节的电容参数,选择合适的电容器并将线圈与电容组合构成谐振回路。

4)电路设计与参数选择

结合本实验要求的技术指标,计算驱动电路中关键元器件选择参数,设计驱动电路并装配、调试。

5)系统测试和实验数据记录

先完成主要模块的单独测试,即驱动电路的测试,观察并记录其在不同频率、不同功率等条件下的输出波形,转换效率,以及收发线圈在不同条件和参数配置下的工作特性;再利用现有模块、器件、仪表等搭建实验系统,进行能量传输实验,记录距离、频率、输入/输出等参数。

6)数据处理分析和实验总结

将实验数据分析整理为图表,直观得到实验结果:系统指标是否满足,实验数据与分析数值的误差,分析可能导致误差的原因等;梳理实验过程中所遇到的问题以及解决办法,积累实践经验;思考保持高传输效率的控制方法,提出控制电路设计思路和框架。

8 考核要求与方法

(1)实物验收:需按时完成驱动电路的设计和制作,完成收发线圈/谐振回路的设计和制作,并最终完成整个无线能量传输系统的搭建,实现感应式和谐振式电力传输。实物验收以两种方式体现:在实验室中直接演示系统功能,关键模块和最终系统运行状况的拍照存档。

(2)实验质量:方案的合理性,电路设计的规范性,系统中各模块焊接质量、组装工艺等,教师在实验室现场观察并记录;所要求的实验数据均需上传存档,课后校验是否完整,并分析模块及系统测试数据的准确性。基于以上两点对学生实验的质量进行评估。

(3)实验报告:实验报告需提交电子版和纸质版,对其规范性与完整性进行评估,并分析学生实验过程中反映出的问题,以进一步改进实验教学方法和调整实验内容。

(4)自主创新:对学生实验中功能构思、电路设计的创新性应鼓励,即使其并非完全合理或最终成功。在可能的情况下,与学生进行分析讨论,给出建议,以提高其自主思考与独立实践能力。

9 项目特色或创新

　　谐振式无线能量传输系统实验具有良好的工程实践价值,对学生有很大的吸引力,这使得他们能主动投入更多时间和精力来完成实验目标;实验中涉及的知识点较多,如器件、数字/模拟电路、功率变换、反馈控制等,对巩固基础知识、提高综合应用能力以及系统设计/实现能力等将起到很好的作用。

实验案例信息表

案例提供单位	电子科技大学微固学院		相关专业	电路与系统	
设计者姓名	王京梅		电子邮箱	wangjm@uestc.edu.cn	
设计者姓名	许 都		电子邮箱	xudu@uestc.edu.cn	
设计者姓名	贾利军		电子邮箱	jlj@uestc.edu.cn	
相关课程名称	电路分析		学生年级	1	学时	64
支撑条件	仪器设备	示波器、波形发生器、实验电源、万用表、电桥			
	软件工具	Protel DXP			
	主要器件	VMOS功率开关管、桥式驱动IC、高频高压电容、漆包线、PCB等			

第五部分

电子系统设计

5-1 LED 单元屏的控制器设计(2015)

1 实验内容与任务

设计要求以 LED 点阵模块及其组合屏幕为实验对象,完成 LED 点阵的硬件驱动电路设计和软件编程任务。

1) 基本部分

以 8×8 LED 点阵模块为实验对象,设计硬件驱动电路,编写程序实现图形显示。

2) 发挥部分

(1) 以 16×16 单色 LED 屏为实验对象,协调点阵模块间硬件驱动电路,编写程序实现图形显示;

(2) 以双色 LED 屏为实验对象,设计硬件驱动电路,编写程序实现图形显示;

(3) 以彩色 LED 屏为实验对象,每种基色的灰度等级不低于 5 个比特,编写实现图形显示程序。

2 实验过程及要求

1) 自学预习

(1) 了解 LED 的基本知识,掌握 LED 的几种驱动方法;

(2) 了解 LED 屏模块的接口定义(单色、双色、全彩)。

2) 思考讨论与设计电路

(1) 比较 LED 点阵模块的并行控制和串行控制电路设计差异及优缺点;

(2) 学习如何选择移位寄存器,如 74164 和 74595 等;

(3) 掌握在应用晶体管和场效应管进行电路设计中应该注意的问题;

(4) 掌握 LED 点阵屏的级联方法。

3) 构建平台和软件仿真

(1) 先完成 LED 8×8 点阵硬件电路设计和软件编程,实现简单的显示功能;

(2) 选择合适难度的 LED 显示屏为实验对象,设计硬件驱动电路,编写程序。

4) 观察现象与测试数据

(1) 可以实现屏幕的全亮、全灭、任意位置的显示控制;

(2) 在 LED 屏全灭或全亮状态下，测量记录电路的电流，并计算功耗。

5）设计过程及优化算法

(1) 分析测试 1/8、1/16、1/32 等扫描方式对功耗的影响，实现低功耗设计；

(2) 编写软件 PWM 算法，实现 5 级灰度控制；

(3) 编写串口 RS-232 程序，实现和上位机的通信。

6）总结和验收

撰写设计总结报告，并通过分组演讲学习交流不同解决方案的特点。

3 相关知识及背景

这是一个运用数字和模拟电子技术解决现实生活和工程实际问题的典型案例，需要运用电源管理、晶体管或场效应管驱动电路、移位寄存器电路、地址译码器电路、人机接口设计、系统通信等相关知识与技术方法。并涉及控制信号级联增强、低功耗设计、软件 PWM 算法等工程概念。

4 教学目的

在较为完整的工程项目实现过程中引导学生了解电流型器件的驱动方法、亮度控制软件 PWM 算法、实现方法的多样性及根据工程需求比较选择技术方案；引导学生根据需要设计电路、选择元器件，构建测试环境与条件，并通过测试与分析对项目作出技术评价。

5 实验教学与指导

本实验是一个比较完整的工程实践项目，需要经历学习研究、方案论证、系统设计、实现调试、测试标定、设计总结等过程。在实验教学中，应在以下几个方面加强对学生的引导：

(1) 学习 LED 的基本驱动方法，了解电流型器件的亮度控制方法，掌握共阳极驱动、共阴极驱动的控制电路及其优缺点；

(2) 在进行 LED 单元屏控制器设计之前，可以先采用 LED 8×8 点阵(分立元件)为实验对象，在实验板上插接电路，来学习基本的 LED 点阵硬件驱动电路和软件编程；

(3) 比较并行驱动电路和串行驱动电路的优缺点，选择 LED 标准单元屏采用串行还是并行接口；

(4) 注意单元屏接口的上拉、下拉电阻的抗干扰设计，并考虑与单片机端口的内部结构的匹配；

(5) 先以单色 LED 屏为实验对象，实现图形显示功能，并编写测试屏幕坏点的测试程序；

(6) 在关闭和点亮 LED 屏幕时，分别测量系统的功耗；

(7) 分析测试 1/8、1/16、1/32 扫描对系统功耗的影响，思考如何进一步降低系统功耗；

(8) 设计实现每种基色 5 级灰度控制的软件 PWM 算法；

(9) 人机接口可以采用独立按键、红外遥控方式，也可以采用上位机控制；

(10) 在实验完成后，可以组织学生以项目演讲、答辩、评讲的形式进行交流，了解不同解决方案及其特点，拓宽知识面。

6 实验原理及方案

1) 系统结构

如图 5-1-1 所示。

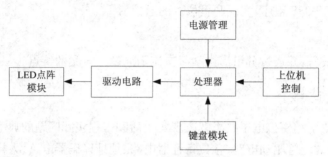

图 5-1-1 系统结构框图

2) 实现方案

系统各单元电路实现方案如图 5-1-2 所示。

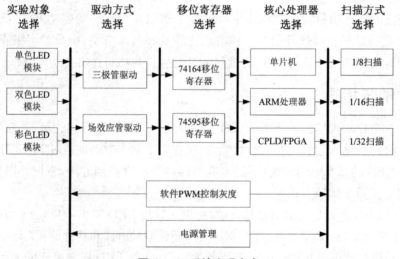

图 5-1-2 系统实现方案

首先,实验对象可选择单色 LED 模块、双色 LED 模块、彩色 LED 模块。

不论哪种 LED 模块,基本都是串行工作,主要利用以下信号:时钟输入 CLK、数据输入 DATA、地址选择 A/B/C/D、片选信号 CS 等。

单色 LED 模块,只需要一个串行数据输入 R(DATA 端口),一个时钟输入端口(CLK),及时钟输入、地址选择、片选等信号。

双色 LED 模块,需要两个数据输入接口,分别为 R(DATA 端口-红色)和 G(DATA 端口-绿色),其他信号如时钟输入、地址选择、片选等可以共用。

彩色 LED 模块,需要三个数据输入接口,分别为 R(DATA 端口-红色)、G(DATA 端口-绿色)和 B(DATA 端口-蓝色),其他信号如时钟输入、地址选择、片选等可以共用。

实验对象选择不同,设计复杂度也不同。如选择彩色 LED 模块,并设计多级灰度的显示控制,需要用到软件 PWM 技术,是设计的难点。

3）学生作品

学生设计实现各阶段作品示例见如图 5-1-3。

(a) LED 8×8 点阵(8×8)

(b) 汉字显示(16×16)

(c) LED 涂鸦作品(64×32)

(d) 全彩 LED 控制(32×32)

图 5-1-3　学生作品示例

7　实验报告要求

实验报告需要反映以下工作:

1）设计要求

主要叙述设计题目要求、设计指标等。

2）设计要求分析及系统方案设计

应该有对设计要求进行分析的文字说明,在此基础上给出系统总体结果框图,并简要介绍设计原理与方法。

3）各功能模块硬件电路设计

根据上述给出的系统总体结构框图,针对每一个功能模块给出硬件电路设计,并作必要的说明和理论计算。

4）系统软件设计

需要进行软件编程的题目,还应该给出软件流程图,并附加主要源代码。

5）系统运行结果说明分析

首先要给出系统运行的软硬件环境,如在什么样的计算机平台上、什么样的软件调试环境、系统中参数选取情况等,然后给出系统运行结果,以及必要的中间结果,对运行结果是否满足设计要求进行说明,对没有达到设计指标等情况要进行分析。

6）结论

这里主要说明在本工作中进行了什么设计,设计结果如何。

7）参考文献

8　考核要求与方法

（1）出勤（10 分）:学生每次课签到。出勤率是保证大部分学生完成课程设计的重要因素。个别特殊情况下学生需要在课外完成设计题目要求,也可以不考核出勤。

（2）预习（10 分）:课前预习对学生完成设计有很大帮助。带着问题进入实验室进行设计,可以充分利用课堂时间。

(3) 基本部分(30 分):在实验板上完成 LED 8×8 点阵的硬件驱动电路设计和实物制作,编写显示程序;考虑驱动电路的设计成本、电路搭建的规范性、程序实现的功能。

(4) 发挥部分(40 分):选择合适的 LED 显示屏为实验对象,完成单色屏控制、双色屏控制、彩色屏控制,考虑人机交互、低功耗设计、亮度的灰度控制等。

(5) 实验报告(10 分):实验报告的规范性与完整性。

9 项目特色或创新

项目的特色在于:LED 点阵屏幕应用十分广泛,如街头广告、银行等。LED 点阵显示实验选题贴近生活,项目涉及模块级联控制、低功耗设计、软件 PWM 算法等工程实用技术;实验项目包含模拟电路、数字电路、单片机知识,综合性较强;实验设计分层次、方案具有多样性。

实验案例信息表

案例提供单位		大连理工大学电工电子实验中心		相关专业	电气信息类	
设计者姓名		孙 鹏	电子邮箱	sunpeng@dlut.edu.cn		
设计者姓名		程春雨	电子邮箱			
设计者姓名		高庆华	电子邮箱			
相关课程名称		电子系统设计	学生年级	大三	学时	36
支撑条件	仪器设备	直流稳压电源、示波器、万用表、编程器				
	软件工具	Altium Designer、Keil、STC-ISP、Processing(上位机编程)				
	主要器件	单片机最小系统、LED 模块				

5-2 光立方的设计与实现(2015)

1 实验内容与任务

1)基本任务

(1)以 4×4×4 的 LED 光立方体为控制对象,设计制作一个具有多种造型和图案、能进行三维立体显示的光立方系统;

(2)光立方至少有三种显示效果。

2)扩展任务

(1)用键盘输入选择不同的造型和图案,或者光立方呈现变化的速度;

(2)扩展成 8×8×8 的光立方系统,实现闪烁、平移、旋转、缩放等各种呈现效果;

(3)可扩展创新动态显示模式,如根据感应到的音频、光照强度及触摸屏操控来变化显示状态;

(4)可扩展用在上位机 PC 上用软件来控制光立方。

2 实验过程及要求

(1)了解 LED 器件的显示原理和驱动条件;

(2)了解光立方的结构、原理、制作焊接方法;

(3)选择合适的主控微处理器芯片(如单片机),了解该主控芯片的基本功能、I/O 接口电气特性及驱动能力;

(4)了解光立方呈现静态、动态显示效果的原理;

(5)了解键盘接口的设计方法,包括独立式和行列式键盘等的设计原理;

(6)了解稳压电源电路的设计方法;

(7)设计电路,可按主控模块、电源模块、驱动模块、键盘模块、光立方模块等分单元设计;

(8)构思光立方呈现 3D 静态或动态图形的编程方法;

(9)构思扩展功能:尽可能多地设计不同的显示图案,实现闪烁、平移、旋转、缩放等各种呈现效果;可通过按键选择或传感器感应信号来实现图案及动画节奏快慢的变化;

(10)撰写设计总结报告,并通过分组讨论,学习交流不同解决方案的特点。

3 相关知识及背景

光立方显示打破了传统的平面显示方案,它不仅可以像发光二极管点阵一样显示平面静态或动态画面,还可以显示立体的静态或动态画面,视觉效果强烈,使显示呈现丰富多彩、美轮美奂的效果,可广泛用于传媒信息和各种装饰显示,为将来显示技术的进步和发展拓宽了方向。

这是一个将单片机系统知识应用于实际生活的典型案例。本设计在光立方制作部分非常锻炼学生的焊接和动手能力;需要运用单片机(或其他主控制器)系统设计、电源设计、驱动原理、键盘和显示原理、Proteus 仿真软件、Keil C 编程软件及 Protel 设计软件等相关知识与技术方法,并涉及较复杂的软件编程、软硬件联合调试、元器件选择、仪器设备的使用等工程技术与方法。

4 教学目的

熟练掌握单片机(或其他主控制器)的原理和功能,学会系统设计的基本方法,培养兴趣、提升能力;提高汇编、C语言或二者的混合编程能力;提高动手能力、独立分析和综合运用知识解决问题的能力;提高熟练使用 Keil、Proteus、Protel 等应用软件的能力;提高调试分析、独立查阅资料、撰写报告的能力;引导学生设计多种技术方案及 3D 动态光立方显示效果,激发学生的主动性和创新性。

5 实验教学与指导

本实验是一个来源于日常生活、趣味性较强的工程应用实例,是一个比较完整的工程实践过程,需要经历学习研究、方案论证、系统设计、硬件制作、软件编程、联合调试、撰写报告等环节。教学中,应在以下几个方面加强对学生的引导:

(1)了解单片机(或其他主控制器)的基本原理、系统设计的方式方法;光立方课题的来源及应用前景。

(2)光立方的焊接方法:例如可采用"层共阴,列共阳"的连接方式。为了使灯连接可靠、美观整齐,焊接时一定要认真细致,预先规划和测量尺寸、位置。

(3)驱动模块设计:了解 LED 灯的基本发光原理,驱动单个 LED 灯和多个 LED 灯所需电流的计算,单片机(或其他主控制器)I/O 口的驱动能力;各种驱动芯片或电路的原理及选择。

(4)立体图形图案的编程原理:将预先设计好的图形图案数据信息进行保存,显示采用动态扫描方式进行,可以按照列信息和行信息分别控制输出,利用锁存器和人眼的视觉暂留效应就能呈现多种立体显示效果;每幅画面的延迟时间可采用软件延时子程序或定时/计数器来实现。

(5)调试修改的方式方法:软件应采用模块化设计思想,按从上到下、从主到次、从整体到局部的思路规划流程并编写,分模块调试,便于查找错误及修改;软、硬件设计好后建议先使用 Proteus 软件进行仿真,仿真成功再进行实物制作;硬件调试重点在单片机小系统、驱动电路及光立方的 LED 灯连接部分是否准确可靠。

(6)实验完成情况:实验要求的精度并不高,至少要完成基本任务,能准确、清楚地呈现两种立体显示效果即可;根据自身知识掌握和时间限制情况可自行扩展多种显示效果或增加光立方的行列数。

(7)报告的撰写:实验报告按要求撰写,内容要完整、清晰、有条理,图表规范。

(8)在实验完成后,组织学生以项目演讲、答辩、评讲的形式进行交流,了解不同解决方案及其特点,拓宽知识面。

在设计中,要注意引导学生规范设计:如系统结构与模块构成,模块间的接口方式与参数要求;在调试中,要注意电路工作的稳定性与可靠性,常用测试仪器设备的使用,注意分析问题形成的原因,寻找测试和解决问题的方法,并记录总结经验。

6 实验原理及方案

1) 光立方设计原理

光立方是利用控制 LED 点阵显示的原理和控制技术,通过编写程序控制不同 LED 的亮灭,根据人眼的视觉暂留效应,设置每幅画面的延迟时间,使连续的一系列画面呈现动态,再利用图形数据、表加巧妙算法的动画编程,最终达到所要显示的效果。

一般光立方体按"层共阴,列共阳"来设计,通过层信号和列信号来共同控制整个光立方的显示。例如 4 阶的光立方设计原理如图 5-2-1 所示。

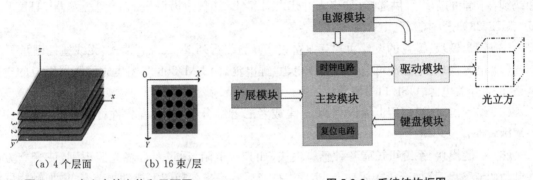

| (a) 4 个层面 | (b) 16 束/层 |

图 5-2-1 光立方的立体和平面图　　　　**图 5-2-2 系统结构框图**

2) 系统结构

图 5-2-2 是光立方系统实现的硬件结构框图,系统实现至少需要主控模块和光立方体两部分。

3) 实现方案

主控模块中可供选择的主控芯片有多种,如单片机、ARM、DSP、FPGA 等。以下描述以单片机为例。

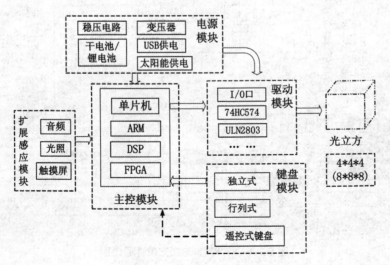

图 5-2-3 光立方系统实现方案

首先,引导学生了解目前各种主流单片机的特点,选择适合实验的具体的单片机型号,如 8951、AT89C51、C8051F、STC89C52RC 等。

其次,按主控芯片系统设计的方法,对其他各个模块进行方案设计选择。

(1)光立方模块:光立方模块也要考虑选择合适的 LED 发光二极管,按颜色分有单基色、双基色和全彩色显示;按使用场合可分为室内、室外屏;还可按发光点直径分类;学生可根据成本和控制的难易程度来选取;学有余力的同学还可将立方体扩展为 8×8×8,显示效果将更加绚丽多彩。

(2)驱动模块:按光立方的显示原理,驱动模块可分别设计行驱动和列驱动,有多种带有驱动或锁存功能的芯片可供选择,如串入并出芯片 74LS164、边沿触发的 D 型触发器 74HC574/573、ULN2803 达林顿管、5 V 固体继电器等。

(3)键盘模块:键盘的设计通常有独立式、编码式、行列式、二维直读式、无线遥控键盘等。

(4)电源模块:电压源可选择普通干电池、锂电池、由 LM7805 三端集成稳压器组成的电源电路、5 V 开关电源、USB 口供电等。

(5)编程语言:可选用汇编语言、C 语言或者二者结合编程;编程软件可用 WAVE、Keil C 等常用软件开发环境。

(6)扩展模块:系统可扩展各种感应模块,如光敏电阻,通过对环境光照识别,使光立方能够自动调节亮度;增加音乐播放功能,实现根据音乐频率来变换图案或动画节奏;增加触摸屏模块,通过触摸感应控制光立方图形变化;增加上位机电脑,通过电脑软件来进行控制等。这些功能都可在基本设计的基础上继续开发得以实现。

该实现方案图对各个模块都提供了设计选择,使实验项目具有分层次、可扩展的特点。从最简单的方案"单片机最小系统+4×4×4 光立方",到扩展的多功能的复杂光立方方案,均可实行。

4)硬件原理图(参考)

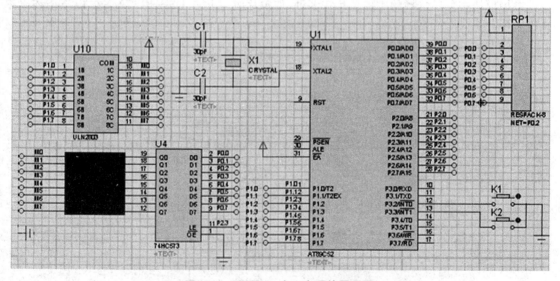

图 5-2-4 8×8×8 光立方硬件原理图

5）软件算法流程

在三维光立方中采用动态扫描显示，将连续的几帧画面高速的循环显示，只要帧速率高于24帧/秒，人眼看起来就是一个完整的，相对静止的画面。图 5-2-5 是单层 LED 灯用动态扫描显示的方式显示字符"B"的过程。

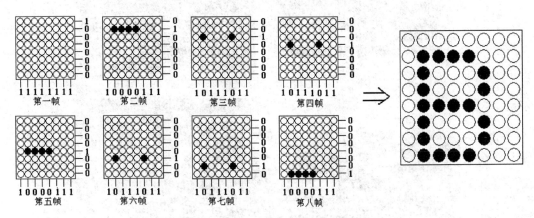

图 5-2-5   用动态扫描显示字符"B"的过程

应用程序主要实现了点、线、面、体及两两结合组成的各种三维立体图像的显示，由于各种不同花样的图像都是通过软件来实现的，软件的代码量较大。编程时，一般将各种图案预先设计好，以数据表的形式保存；利用图形数据表加巧妙算法的编程，实现静态图案输出，也可以实现动态、左移、右移、循环等花样显示。

动态扫描分为行扫描和列扫描，选通第 i 列后，找到对应数据表中的第 i 到 $i+7$ 个数据元素，由低至高位依次从控制端口输出显示。将各行的数据输出到锁存器，通过片选控制锁存器同时输出显示，如此依次循环选通各列来显示所需画面，直到把所有的数据输出传送完毕，显示完成，退出显示程序，等待指令。

设计 3D 图形需要有新的思维方式，发现三维空间中点、线、面、体的算法规律。在程序中运用循环语句、判断语句、参数逻辑运算等方法，用最少的语句达到最佳的显示效果，任意操控每一个点，设计出任何想要的图形效果。另外，还可以操控 LED 的亮度、动画速度、全局显示和反亮显示。此部分给学生留有充分的自由发挥空间，可以激发学生的主动性和创造性。

6）焊接制作

光立方的焊接非常考验耐性和锻炼动手能力，特别要注意每个灯的焊接时间和焊接整齐度，焊接整齐度直接影响整个制作效果。图 5-2-6 是学生自己焊接制作的作品。

(a) 单片机小系统板

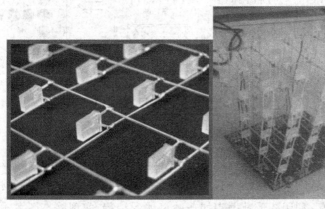

(b) 4×4×4 光立方

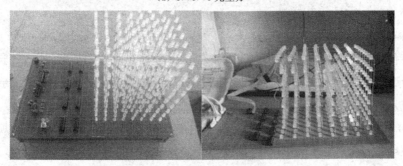

(c) 8×8×8 光立方

图 5-2-6　部分学生作品

7）实验效果

图 5-2-7 是几种光立方显示效果图。

7　实验报告要求

实验报告需要反映以下工作：

(1) 实验需求分析；

(2) 实现方案论证；

(3) 硬件电路设计仿真，包括电路原理图、元器件参数及各模块设计说明；

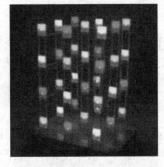

(a) 4×4×4 光立方单色显示   (b) 4×4×4 光立方多色显示   (c) 8×8×8 光立方沙漏图案

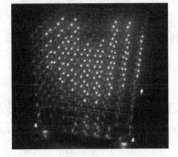

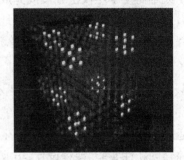

(d) 8×8×8 光立方心形图案   (e) 8×8×8 光立方字母图案   (f) 8×8×8 光立方花形图案

图 5-2-7   多种光立方显示效果

（4）理论推导计算；

（5）软件设计,包括系统资源分配说明、软件流程图及关键部分模块程序说明；

（6）实物调试,包括调试过程、测试及修正方法；

（7）实验结果情况记录；

（8）实验总结。

8 考核要求与方法

（1）实物验收：功能与性能指标的完成程度,如：光立方运行稳定,能呈现舒适、逼真、清晰的 3D 视频显示；基本任务和扩展任务的完成情况、完成时间。

（2）实验质量：电路设计方案的合理性,焊接质量、组装工艺；软件设计的逻辑性、可扩展性及可移置性。

（3）自主创新：功能构思、电路设计的创新性,自主思考与独立实践能力。

（4）实验成本：是否充分利用实验室已有条件,材料与元器件选择合理性,成本核算与损耗。

（5）实验报告：实验报告的规范性与完整性。

9 项目特色或创新

1）项目呈现的趣味性、实用性

光立方功能强大,样式绚丽,其炫酷、连贯、有节奏的图形效果,具有极强的趣味性和感染力,容易吸引观赏者的眼光,强化设计者的成就感,促进设计者克服困难完成实验；可广泛用于传媒信息、各种装饰显示、心情表达、娱乐等,有社会工程应用背景,具有实用性。

2) 实现方法的多样性、创新性

系统结构中的各个模块都有多种实现方式,尤其是 3D 图形图案的设计及其软件实现,更能体现创新性、灵活性和多样性。使学生有充分的自主选择任务与自主发挥空间,实现方法具有探索性,实验结果也具有多种不确定性。

3) 知识应用的综合性、适用性

整个项目包括"设计→焊接→编程→调试→呈现"5 个部分,综合运用了单片机(或其他主控芯片)系统设计的知识;实验难易程度适中,总体上既体现了单片机强大的控制能力,又不至于太难而使学生没法开展或完成。设计部分能很好地锻炼学生单片机相关知识的综合运用能力;制作光立方体部分,能很好地锻炼焊接、动手能力;编写 3D 图形功能部分能很好地锻炼编程能力;调试部分能很好地锻炼独立分析、综合运用知识解决问题的能力;效果呈现及扩展部分又能锻炼创造性和创新性。

4) 项目设计的层次性、可扩展性

项目从基本功能到扩展功能,任务和要求上可分层次设计,循序渐进地进行扩展。因此能适用于不同学习水平能力的学生,便于因材施教;也适合不同的教学需求和环节,如单个实验、综合创新性实验、课程设计、毕业设计等。

实验案例信息表

案例提供单位	山东科技大学		相关专业	自动化、电气、电子信息、通信等	
设计者姓名	孙秀娟	电子邮箱	sun8sd@163.com		
设计者姓名	王传江	电子邮箱			
设计者姓名	卢文娟	电子邮箱			
相关课程名称	单片机原理及应用	学生年级	三年级	学时	10(4+6)
支撑条件	仪器设备	PC 机、万用表、电烙铁、焊锡、松香、胶枪、胶棒等			
	软件工具	Proteus、Protel、Keil、Wave 等			
	主要器件	PCB 万用板、单片机、74HC573、ULN2803、7805、LED 灯(64 个)、小键盘、晶振、电阻、电容、光敏电阻、音频线、导线、插排等			

5-3 数字化语音存储与回放系统(2015)

1 实验内容与任务

1) 实验任务

设计一款基于 STM32 单片机的数字化语音存储与回放系统。

2) 基本要求

(1) 以 STM32 单片机为核心,自行设计系统完成音频信号的录制、存储和回放功能;

(2) 要求语音可控、回放灵活、无磨损、可靠简单;

(3) 录制时间尽可能长(不少于 6 s);

(4) 录音的效果尽可能好,信噪比高,并保证语音信号采样不失真;

(5) 回放语音信号时信号质量要好,要求信号清晰。

3) 发挥部分

在保证语音质量的前提下:

(1) 录音时间尽可能长,如增加至 10 s 以上;

(2) 录音的效果尽可能好,并保证语音信号采样不失真;

(3) 回放语音信号时信号质量要好,要求信号清晰;

(4) 其他你能想到的任何发挥内容。

2 实验过程及要求

(1) 实验中包含数字电路、模拟电路及单片机等知识,要求学生做好预习,并学会综合运用。

(2) 查阅资料,尽可能多的查找满足实验要求的方案,分析比较各方案的优缺点,确定最优方案。

(3) 按照所选方案,先设计出整体电路原理图,然后拆分细化原理图,对每个小部分进行进一步的完善和设计。

(4) 运用 Multisim 仿真工具对实验电路中的放大电路和滤波电路进行仿真。

(5) 列出元器件清单,领取所有所需元器件,利用面包板搭建出完整的实际电路。

(6) 编写实验程序,利用 Keil MDK 及 JLINK 仿真器运行调试程序和硬件电路,直到实现所有实验要求。

(7) 制作 PCB 板焊接整个电路,利用 JLINK 仿真器下载程序到单片机中,制作成一个独立的单片机小作品。

(8) 学生可根据自身的能力选择独立完成实验还是分组完成,分组的目的是充分调动学生的主观能动性,发挥其自身能力和特长,培养团队协作精神和沟通交流能力。

(9) 验收答辩:独立完成的学生完整介绍作品的原理和方案,进行实物演示,解答教师提出的问题。分组完成的学生先进行实物演示,然后分别介绍作品中本人完成部分的原理和方案,解答教师提出的问题,要求分组完成的同学对实验的整体原理也要有一定程度的认识。所有学生答辩结束后进行讨论,互相交流实验心得。

(10) 撰写实验总结报告,要求用 Word 编辑打印。

3 相关知识及背景

本实验是设计一款基于 STM32 单片机的数字化语音存储与回放系统,需要综合运用模拟电路、数字电路、单片机原理及接口等相关知识,具体涉及语音拾取、信号放大、滤波、模/数转换、数据存储、数/模转换及扬声器播放等技术方法。学生需要学会运用 Multisim 仿真工具进行电路仿真,利用 Keil MDK 及 JLINK 仿真器对实际电路进行在线调试及程序下载等。

4 教学目的

32 位单片机由于其高速的数据处理能力和芯片内部集成的丰富外设接口资源,在各个领域受到越来越广泛的应用。实验要求学生掌握用 32 位单片机进行系统设计的整个流程,学习了解产品开发思路和过程;培养学生硬件设计和软件设计的能力、实践能力、创新精神和工程意识。项目引入成本概念,要求学生学会收集、查阅资料,掌握综合运用所学知识,能够自主学习电路焊接技术,熟练使用相关工具软件,学会使用单片机仿真器调试硬件电路、单片机电路设计,软、硬件联调,系统分析等综合技能,独立撰写项目报告。

5 实验教学与指导

本实验是学生利用 32 位单片机设计一个单片机应用系统的过程,包括构思、设计、制作、运行、调试和实现等各个环节。在整个实验过程中,采用学生为主体,教师辅助指导的形式。

1) 教师实验前讲解

(1) 介绍实验内容、要求,布置任务,让学生对课程及项目有清楚的认识;

(2) 简单演示相关工具软件的使用方法,如 Multisim 仿真工具、Keil 开发环境、Proteus 仿真软件、Protel 软件等;

(3) 介绍单片机仿真器的使用方法;给出常用元器件的参数;提醒学生在使用示波器、稳压电源、万用表等实验仪器时的注意事项,重点强调用电安全;

(4) 讲解单片机应用系统设计的一般思路和方法,提醒学生在软件设计和硬件设计中应注意的问题;

(5) 对 STM32 单片机进行简单介绍,主要有 STM32F103 单片机的主要特点、应用范围、内部结构等;重点介绍本次实验所用到的单片机定时器、GPIO、ADC 和 DAC 等功能;

(6) 讲解单片机应用系统设计的一般思路和方法,提醒学生在软件设计和硬件设计中应注意的问题;

(7) 介绍放大电路、滤波电路的基本原理,要求学生自行设计满足实验要求的放大、滤波电路,演示讲解如何利用 Multisim 仿真工具进行电路仿真;

(8) 演示讲解 Keil MDK 的软件功能、开发环境、使用注意事项等,介绍如何利用 JLINK 仿真器运行调试程序和硬件电路。

2) 实验中的指导

（1）学生查阅资料后，会提出不同的设计方案来完成实验要求，如果学生对方案把握不准确，要给予学生一定的指导，引导学生综合各种因素，最终确定方案。

（2）学生用面包板搭建的实际电路，会因为各种主观原因和客观原因导致电路故障，例如导线没有插实、部分元器件损坏、操作不当等等。因此要指导学生先调试单元电路，然后按照信号流的方向逐渐加入新的单元电路进行联调，最后进行整机调试。锻炼学生自己找错和纠错，培养学生的动手实践能力。

（3）JLINK仿真器是学生新接触的硬件设备，所以调试电路过程中学生会出现很多问题，教师在实验中对学生出现的问题要进行有效指导。

（4）在验收答辩阶段，教师对实验的知识点和实验各个环节出现的常见问题进行归纳和总结，对个别同学提出的疑惑进行解答。

（5）组织学生在答辩阶段互相交流经验，了解不同解决方案及其特点，拓宽知识面。

（6）提出撰写实验报告的要求，给出实验报告模板，规范实验报告撰写格式。

（7）对于制作PCB板的同学，介绍画板、制版过程，电路焊接技术及各个环节的注意事项。

（8）指导学生利用JLINK仿真器下载程序到单片机中。

6　实验原理及方案

1) 实现方案

（1）方案一：采用单片机和专用的语音处理芯片结合实现，系统框图如图5-3-1所示。此方案的优点是电路简单，容易实现。缺点也比较明显：可调节性低，缺少灵活性，很难满足多种场合。

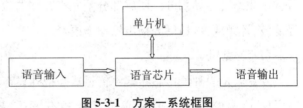

图5-3-1　方案一系统框图

（2）方案二：将单片机作为核心控制器，外接一些电路（如放大器、滤波器等），实现语音信号的录放功能，系统框图如图5-3-2所示。此方案优点很明显：可调节性好，功能强大且全面，滤波电路可以减少失真保持音质，同时满足存储空间的要求。缺点是电路略微复杂。

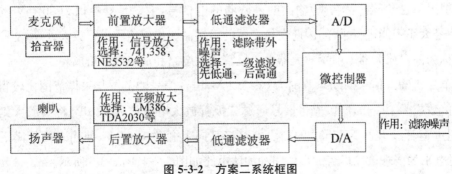

图5-3-2　方案二系统框图

对比上面两种方案,本实验选择方案二更加合理,效果更好。方案二的电路原理图如图 5-3-3 所示。

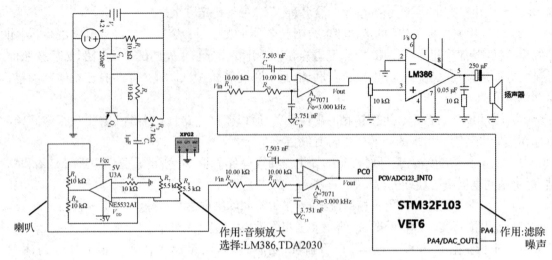

图 5-3-3　方案二的电路原理图

2) 方案原理

本系统通过麦克风采集语音信号,先经过前置放大器,再通过低通滤波器滤除音频以外的干扰噪声信号,减小混叠失真。然后进行 A/D 转换,将数字信号存储于单片机的存储器中,完成数字化语音存储部分。回放部分是先将存储的数字信号进行 D/A 转换,变为模拟信号,然后经滤波、音频放大,最后经扬声器输出语音。

(1) 麦克风

麦克风是一种声传感器。声传感器是把外界声场中的声音信号转换成电信号的传感器,它在通信、噪声控制、环境监测、音质评价、文化娱乐、超声检测、水下探测和生物医学工程及医学方面有广泛的应用。麦克风包括拾音头(换能装置、唱针)和音臂等附件。麦克风的选择对语音质量影响比较明显。总而言之,麦克风的作用是将语音信号转换成电信号。

(2) 前置放大器

通常情况下,拾音器(麦克风)输出的是微弱的电信号,大约是峰峰值为 20 mV 的正弦信号,此电信号太小不能进行采样,因此在拾音器的后端需要将该信号进行放大处理,能完成此功能的电路称为前置放大器。前置放大器由三极管放大电路和加法电路组成。

后级单片机输入信号的动态范围为 0~3.3 V,语音信号的范围与采样范围比较得出放大器的放大倍数应为 165 倍,所以先将信号通过三极管放大电路放大 22 dB,将其放大到伏特量级,然后通过运算放大器 NE5532 的加法电路将其向上搬移 1.65 V,使输入信号满足单片机STM32 对电平的要求。三极管放大电路和加法电路如图 5-3-4、图 5-3-5 所示。

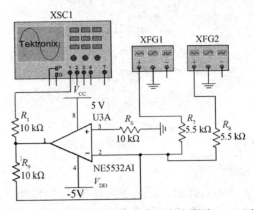

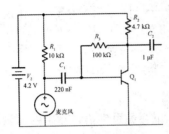

图 5-3-4　三极管放大电路(前级放大 22 dB)　　图 5-3-5　加法平移电路(使电压向上搬移 1.65 V)

（3）前置低通滤波器

语音频率的范围一般为 300 Hz～3.4 kHz,因此语音信号经放大后要经过低通滤波器来滤除语音频率范围以外的频率成分,以便提高语音回放的质量。滤波电路如图 5-3-6 所示。

（4）A/D、微控制器、D/A

语音信号经过放大、滤波后,就要对语音信号进行采样,即进行 A/D 转换,将转换好的数字信号存储于单片机的存储器中,然后对数字信号进行 D/A

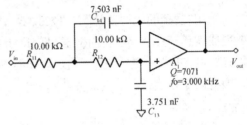

图 5-3-6　前置低通滤波器

转换,把数字信号转换成模拟信号。STM32F103 单片机工作频率为 72 MHz,低功耗,内置高速存储器,丰富的增强 I/O 端口,多达 11 个定时器,13 个通道接口,其内部包含 3 个 12 位的 A/D 转换器和 2 通道 12 位 D/A 转换器。所以本实验的 A/D 转换过程和 D/A 转换过程都可由 STM32F103 来完成。实验中用到的 STM32F103 单片机的 PC0 引脚是 A/D 转换的模拟信号输入端,PA4 引脚是 D/A 转换的输出端。STM32F103 内部的 64KB RAM 可存储转换好的数字信号,采样率为 10 K,因而可存储 6.4 s 的音频数据。

（5）后置低通滤波器

考虑到语音信号的固有特点和电路的简单化,D/A 转换后的模拟信号通过低通滤波器将高于 3.4 kHz 的分量滤掉后语音质量仍然良好。将低通滤波器设计为典型的截止频率为 3.4 kHz,这样可以滤掉 D/A 转换带来的高频分量,很好地滤除掉噪声,滤波电路如图 5-3-7 所示。

（6）后置放大器

D/A 输出的信号经低通滤波器后,其输出通常情况下不能满足喇叭(扬声器)对功率的要求。完成 D/A 输出到喇叭的功率驱动的放大电路称为后置放大器,即为一个功率放大器,我们可以采用低电压音频功率放大器 LM386 来实现。LM386 是一种音频集成功放,具有自身功耗低、更新内链增益可调整、电源电压范围大、外接元件少和总谐波失真小等优点,功放部分的前置隔直电容用于滤除直流成分,这是因为输入到 LM386 的电压必须为交流电,放大器增益为 20 dB 可调,由滑动变阻器控制电压及音量。后置放大器如图 5-3-8 所示。

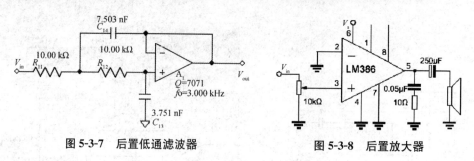

图 5-3-7　后置低通滤波器　　　　　图 5-3-8　后置放大器

(7) 喇叭(扬声器)

喇叭是语音播放回路的最后输出阶段,喇叭质量的好坏也会关系到语音输出的质量,因此,喇叭的选择也是很重要的一个方面。我们可以选用 8 Ω,0.5 W 的普通喇叭。

7　教学进程

采用"基于问题的教学"、"启发教学"、"分步教学"的教学方法,让不同层次学生都有收获,获得成就感;采用学生为主体、教师辅助指导的形式,实验教学中教师和学生互动,达到教学效果;鼓励、支持学生进行电子学社、电子竞赛等课外拓展学习,提高自身创新应用能力。教学进程中有以下环节:

1) 学生预习

(1) 实验原理;

(2) 查阅资料;

(3) 工具软件电路仿真图。

2) 方案确定

(1) 方案合理性;

(2) 实验室资源。

3) 编程仿真

(1) 完善仿真图;

(2) 元器件清单。

4) 搭建电路

在搭建实际电路时,学生会因为各种主观原因和客观原因导致看不到实验现象,要进行有效指导:

(1) 指导学生利用仿真器调试硬件电路;

(2) 指导学生先调试单元电路,然后按照信号流的方向逐渐加入新的单元电路进行联调,最后进行整机调试;

(3) 锻炼学生自己找错和纠错,培养学生的动手实践能力。

5) 调试电路

(1) 单片机仿真器在线调试;

(2) 实现所有要求。

6）制板

　　（1）画板、制板；

　　（2）焊接、调试电路；

　　（3）下载程序。

7）验收答辩

　　（1）PPT 讲解方案原理；

　　（2）实物展示；

　　（3）回答问题；

　　（4）优秀成果分享。

8）撰写论文

　　教师在各教学环境中扮演的角色：

　　（1）组织交流、讨论；

　　（2）对知识点和常见问题进行归纳和总结；

　　（3）解答问题；

　　（4）采用学生为主体，教师辅助指导的形式，实验教学需要教师和学生互动，才能达到教学效果。

8　实验报告要求

　　需要学生在实验总结报告中反映以下工作：

　　（1）摘要：说明实验的背景和主要内容，对如何实现实验内容进行概述；

　　（2）详细的实验内容和要求；

　　（3）实验研究的目的和意义；

　　（4）提出满足实验要求的各种方案，论证其可行性。分析比较各种方案的优缺点，确定最终方案；

　　（5）具体阐述所选方案的实验原理，绘制原理图，确定元器件，参数选择等；

　　（6）实验软件设计过程，包括程序流程图及 Keil MDK 编译调试程序过程，运用 Multisim 仿真工具进行电路仿真的过程；

　　（7）实物制作和调试过程：如何搭建实际电路，利用 Keil MDK 及 JLINK 仿真器运行调试程序和硬件电路；

　　（8）实验现象的描述和分析；

　　（9）发挥部分的实现与调试；

　　（10）实验总结，心得体会，如：实验中遇到的问题和解决的方法，设计方案有待完善之处及改进方法等；

　　（11）参考文献；

　　（12）附录，包括元器件清单和源程序。

9 考核要求与方法

1) 实验考核评分比例

成绩＝实验完成情况 50％＋答辩情况 30％＋实验报告 20％;其中:

(1) 实验完成情况:实物 30％,软硬件操作、解决问题能力 10％,创新 10％;

(2) 答辩情况:理论知识 20％,结果演示 10％。

2) 成绩评定判断依据

(1) 理论知识:是否对实验原理有清楚、深入的理解,方案设计的合理性,电路设计的规范性。

(2) 软硬件操作:是否能熟练运用 Multisim 仿真,Keil MDK 及 JLINK 运行调试程序和电路。

(3) 实物验收:是否独立完成电路的搭建,是否制作 PCB 板,焊接质量,电路运行的稳定性。

(4) 功能和性能指标的完成程度,完成时间,实物所用元器件选择的合理性,成本核算。

(5) 创新能力:电路设计的创新性,能否在借鉴别人方案的基础上,完善实验方案,提出改进方法。

(6) 实践能力:能否综合运用所学知识完成实验,充分利用实验室资源进行电路的检测和调试,分析和解决问题。

(7) 答辩验收:是否能清楚地阐述实验设计的内容,熟练进行实物演示,回答教师提出的问题。

(8) 实验报告:撰写报告是否规范完整,文字表达是否简明清楚。

表 5-3-1　实验考核要求表

理论知识	实际操作	实物	演示	创新	报告	成绩
实验原理不清楚	工具软件使用不熟练、不是独立完成实验	不是独立制作、电路无法运行、没达到设计要求	无结果	无	内容单调、混乱、抄袭	不及格
清楚原理	会使用工具软件	能基本运行,稳定性差	有结果	无	内容完整	及格
清楚原理	会使用工具软件,能够完成基本实验内容	电路运行稳定,实现基本要求	有结果,基本回答	无	内容完整、条理清楚	中
清楚原理,理解深入	熟练使用工具软件,具备一定的设计、调试电路能力及分析解决问题能力	独立搭建电路,性能良好	有结果,能够回答	完善	内容完整、条理清楚、规范	良好
深入理解原理、设计规范	熟练使用工具软件独立调试电路、分析解决问题、知识综合运用、充分利用资源	独立搭建电路,功能齐全、性能指标好、元器件选择合理、焊接质量好(部分同学制作了 PCB 板)	有结果,熟练回答提出问题	完善改进	内容完整、条理清楚、规范	优秀

10 项目特色或创新

(1) 项目开发的工程性:实验要求学生利用 32 位单片机进行一次完整的系统开发,使学生了解产品开发的思路和过程。

(2) 先进性和实用性:学生可接触到目前先进的单片机设计技术,即用 STM32 主流单片机进行系统开发的方法,为今后的项目开发打下基础,提高学生市场竞争力。

(3) 探索性:实验方案多样化,对多种方案进行探索论证,培养学生的创新精神。

(4) 综合性:综合运用模拟电路、数字电路、单片机等相关知识,培养学生的综合实践能力。

(5) 互动性:师生之间、学生之间充分互动,以学生为主体,教师辅助指导,激发学生学习兴趣。

(6) 分层次:分层次教学,部分学生开拓思路,创新发挥,完成发挥任务。

11 附件

如图 5-3-9 所示为学生制作的数字化语音存储与回放系统。本系统可录制 6.4 s 的语音信号,并且回放音质清晰,明亮。

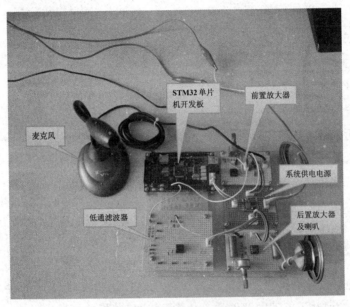

图 5-3-9 学生作品实物图

实验案例信息表

案例提供单位	大连海事大学		相关专业	通信、电信、电科		
设计者姓名	翟朝霞	电子邮箱	shirlyllei@126.com			
设计者姓名		电子邮箱				
设计者姓名		电子邮箱				
相关课程名称	单片机应用课程设计	学生年级	大三	学时	20+8	
支撑条件	仪器设备	计算机、STM32 单片机开发板、JLINK 仿真器、热转印机、腐蚀桶和腐蚀液、打孔机、打印机、示波器、稳压电源、万用表、电烙铁等				
	软件工具	Keil MDK、Multisim、Proteus、Protel DXP				
	主要器件	麦克风、喇叭、STM32 单片机、电阻、电容、三极管、NE5532 芯片、LM386 芯片、芯片座、面包板、孔板、焊锡、导线等				

5-4　多功能数字时钟的设计与制作(2015)

1　实验内容与任务

根据所学知识,设计并制作一个符合日常生活的多功能数字时钟。

1）基础要求

（1）能在 4～7 V 直流电源下正常工作;

（2）能准确显示时间(格式为:时时:分分:秒秒,24 小时制,分、秒按 60 进制显示);

（3）可以随时进行时间调整;

（4）具有整点报时功能。

2）扩展要求

（1）具有语音报时功能;

（2）具有设置闹钟时间的功能(闹钟的开/关,止闹功能);

（3）能够对所处环境进行温度测量并显示;

（4）能够对所处环境进行湿度测量并显示。

3）创新要求

在满足基础要求、扩展要求的基础上自主开发设计其他功能。

2　实验过程及要求

（1）尽可能地查找满足实验要求的单片机、显示器、存储器、温度传感器、湿度传感器以及其他相关元器件,学习并了解不同器件的参数指标,比较分析选择最优;

（2）掌握单片机工作原理、实际编程应用及相关知识;

（3）学习计算机软件辅助电路设计方法,能熟练应用 Multisim、Protel 99 SE、Protel 99 PCB SE 或 Protel DXP 进行电路设计和制作;

（4）设计硬件电路并优化、仿真,记录仿真结果;

（5）制作硬件电路,软硬件联调并测试,优化系统参数,设计合理的测试表格,记录数据;

（6）拓展电子电路的应用领域,能设计、制作出满足一定性能指标或特定功能的电子电路;

（7）撰写设计报告,阐明电路设计、结果分析等;

（8）展示作品,并通过分组演讲、答辩,学习交流不同解决方案的优缺点。

3　相关知识及背景

本实验由主控模块、时钟模块、闹钟模块、显示模块、环境温度检测模块、环境湿度检测模块、键盘控制模块以及信号提示模块组成。学生可根据自身实际情况应用数字电子技术知识完成基本要求部分。也可选作扩展要求部分,需综合运用单片机、模拟电子技术、数字电子技术等相关知识,同时学生须自主学习实验中涉及的其他知识点。需要熟练掌握分析方法和软件编程算法;熟悉一般电子电路的设计、安装、调试的方法;掌握电子技术常用的故障检测和排除方法。

4 教学目的

综合考查学生对模拟电路、数字电路、单片机等相关知识的掌握,引导学生在夯实基础的同时拓展知识视野,设计不同的解决方案及根据需求比较选择技术方案;引导学生根据需要设计电路、选择元器件,构建测试环境与条件,并通过测试与分析对项目做出技术评价;鼓励拔尖学生自主学习,拓宽知识面。

5 实验教学与指导

(1) 要求学生自行设计实验方案、探索实验条件,着重培养学生团队协作、解决实际问题的能力以及创新能力。项目基本要求既不能超出学生的知识水平与操作技能,同时通过项目任务分解由浅入深,循序渐进,对相关课程知识进行适度拓展、提高和综合应用。

(2) 针对设计任务进行具体分析,引导学生仔细研究题目,明确设计要求,充分理解题目的要求。该过程中,教师指导学生宣讲方案并进行讨论,教师适时引入工程的概念,而且尽量按照实施工程项目的规范和标准严格要求学生的行为。

(3) 该过程主要以学生自主学习为主,教师负责答疑解惑。针对提出的任务、要求和条件,要求学生广泛查阅资料,广开思路,提出尽可能多的不同方案,仔细分析每个方案的可行性和优缺点,加以比较,从中选取最优方案,引导学生将分散的知识点通过解决一个工程问题系统的串接起来,并比较不同电路、元器件间的优缺点。

(4) 将系统分解成若干个模块,明确每个模块的功能、各模块之间的连接关系以及各模块之间的关系等。构建总体方案与框图,清晰地表示系统的工作原理,各单元电路的功能。

(5) 在电路设计、搭试、调试完成后,必须要用标准仪器设备进行实际测量,观测数据。

(6) 尝试提出一些错误的要求,通过错误的结果,使学生加深对相关电路和概念的理解。

(7) 在实验完成后,组织学生以项目演讲、作品展示、答辩、评讲的形式进行交流,了解不同解决方案及其特点,引导学生拓宽知识面。

(8) 讲解一些超出目前知识范围的解决方案,鼓励学生学习并尝试实现。

(9) 在设计中,注意学生设计的规范性,如系统结构与模块构成,模块间的接口方式与参数要求;在调试中,要注意各个模块对系统指标的影响,系统工作的稳定性与可靠性;在测试分析中,要分析系统的误差来源并加以验证。

6 实验原理及方案

1) 相关知识

项目设计涉及的相关知识如图 5-4-1 所示。

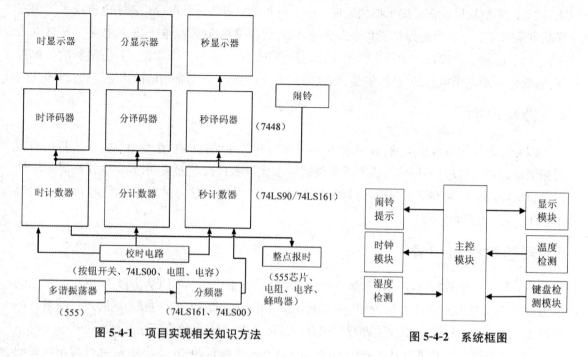

图 5-4-1 项目实现相关知识方法　　　　图 5-4-2 系统框图

2) 系统结构

构成系统的功能模块如图 5-4-2 所示。

(1) 主控模块

主控模块是本系统的核心模块,主要采用单片机完成逻辑计算与任务调度等功能。主控模块应具有如下接口:

① 与显示模块的接口:可采用并行 8 路数据或串行通信方式进行接口;

② 与键盘检测模块的接口:采用 I/O 方式进行接口,可采用高电平有效或低电平有效;

③ 与温度检测模块的接口:一般采用 I²C 接口,主控模块的 I/O 端口可模拟该通信协议;

④ 与湿度检测模块的接口:一般采用 I²C 接口,主控模块的 I/O 端口可模拟该通信协议。

(2) 时钟模块

时钟模块用来实现时、分、秒的走时,并加以显示。可以采用 TTL、CMOS 集成电路实现,也可以用时序逻辑电路(如 555 定时器),对于层次较高的要求,可以考虑用 PLD,也可以采用专门时钟芯片或利用单片机内部的计数器实现。

(3) 温度检测模块

温度检测模块用来实时检测环境温度,可利用热敏电阻、电容和模拟比较器实现;也可以利用电桥原理来测量温度变化引起输出电压的变化,但是其输出的电压需要通过 A/D 转换再输入单片机进行处理;当然也可以选用合适的数字温度传感器(如 DS18B20)或模拟温度传感器(如 AD590)。

(4) 湿度检测模块

湿度检测模块用来实时检测环境湿度,可利用湿敏电阻、电容和模拟调理转换电路实现,但这种方法较为复杂,精度不高;也可以利用湿度传感器(如 HIH-3602)实现。

（5）显示模块

显示模块可采用液晶屏进行显示，主要完成对时、分、秒以及当前温度、湿度的显示等功能。

（6）键盘控制模块

人机接口采用键盘输入方式，可选用独立按键或者矩阵键盘，可实现闹铃开/关、闹钟时间的设置、显示湿度、温度的控制等功能。

3）实现方案

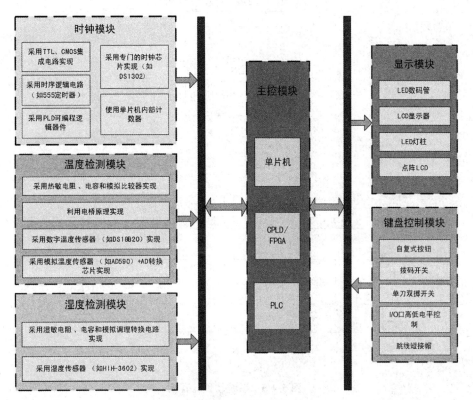

图 5-4-3　实现方法

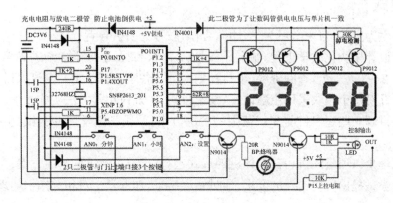

图 5-4-4　项目实现电路

4)系统软件流程图

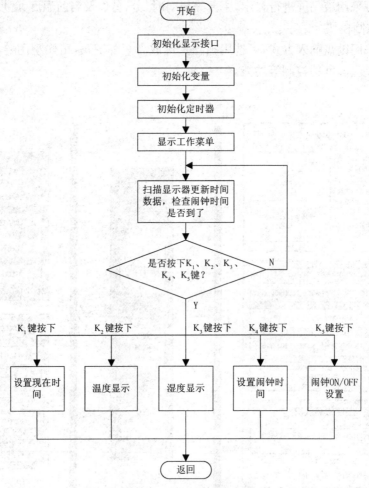

图 5-4-5　系统软件流程图

7 教学模式

(1)以学生为主体,自主学习为主,团队合作,教师充当引导者;

(2)教师设计模块化教学进程,制定任务要求、考核目标,引导学生渐进式学习;

(3)学生 2～3 人 1 组,查阅资料、项目计划、实施,各小组间不定期交流探讨;

(4)教师针对每个模块采用主题讲座、技术分析、答疑讨论等方法实施教学;

(5)适当讲解一些超出目前知识范围的解决方案,鼓励学生学习并尝试,引导学生拓宽知识面;

(6)组织学生以项目演讲、答辩、评讲的形式进行交流,了解不同解决方案;

(7)教师尝试提出一些错误的要求,通过错误结果,加深学生对相关知识的理解。

8 实验报告要求

实验报告需要反映以下工作:

（1）实验要求分析；

（2）实现方案论证；

（3）理论推导计算；

（4）电路设计与参数选择；

（5）电路测试方法；

（6）表格设计,实验数据记录；

（7）数据处理分析；

（8）实验结果总结与心得体会。

9　考核要求与方法

（1）实物验收:功能与性能指标的完成程度,完成时间；

（2）实验质量:电路方案的合理性,焊接质量、组装工艺；

（3）自主创新:功能构思、电路设计的创新性,自主思考与独立实践能力；

（4）实验成本:是否充分利用实验室已有条件,材料与元器件选择合理性,成本核算与损耗；

（5）实验数据:测试数据和测量误差,设计表格的合理性；

（6）实验报告:实验报告的规范性与完整性。

10　项目特色或创新

　　本实验综合应用了模拟电子技术和数字电子技术等理论课程基础知识,实现了多种现代电子技术手段围绕设计主题展开,要求学生从系统角度思考、设计总体方案及实施手段,让学生从理论课的学习思维模式中走出来,认识实际工程问题从提出、分析、设计、实现到测试完成的全过程。开阔了学生视野,丰富了知识面。但实验内容并不是太难,各实验目标经过一番努力都能实现,且完成后有一定的成就感,能够调动学生的实验积极性和主观能动性。在单元电路设计的基础上,利用新型软件设计出具有实用价值和一定工程意义的电子电路；扩展新知识的学习,培养综合运用能力,增强独立分析与解决问题的能力；培养严肃认真的工作作风和科学态度,为以后从事电子电路设计和研制电子产品打下初步基础。

实验案例信息表

案例提供单位		兰州交通大学国家级电工电子实验教学示范中心	相关专业	自动化、电气工程及自动化、自动控制		
设计者姓名		李积英	电子邮箱	ljy7609@126.com		
设计者姓名		蒋占军	电子邮箱			
设计者姓名		赵贺	电子邮箱			
相关课程名称		模拟电子技术、数字电子技术、单片机等	学生年级	大三	学时	8+32
支撑条件	仪器设备	计算机、电源、示波器、信号发生器等				
	软件工具	Multisim、Protel99、Proteus				
	主要器件	555芯片、计数器、分频器、译码器、蜂鸣器、存储器、按键、电阻、电位器、显示器、温度传感器、湿度传感器、电容、晶振、单片机等				

5-5 声控智能饮水系统的设计与实现(2015)

1 实验内容与任务

(1) 通过纯硬件电路的方式,设计一个声控智能饮水系统,可通过语音的方式控制饮水机的"放水"和"停水";实现饮水机的自动报警功能,当饮水机中水量过低时,可自动报警提示向水桶中加水;

(2) 在电路设计、搭建、调试完成后,需要根据实验室所能提供的条件,设计合适的测试方案;

(3) 根据提供的参考电路或自行设计并完成声控智能饮水系统的 4 个主要模块:声控开关模块、继电器控制电路、水量过低警告模块和电机抽水模块;对设计完成的 4 个模块进行组合调试,实现要求的功能;

(4) 提高声音控制的抗外界干扰能力,优化相应电路,解决声控模块灵敏度过高的问题;

(5) 设计完成的声控智能饮水系统尽量小巧,并对其进行外部封装,要求封装后简洁明了,便于观察现象及操作,具有一定的美观性。

2 实验过程及要求

(1) 学习并了解普通饮水机的工作原理;

(2) 尽可能多地查找资料并学习相对应的模/数转换方式,在此基础上设计出满足实验要求并具有一定抗外界干扰能力的声控电路模块;

(3) 学习继电器的结构及原理,选择合适的继电器,设计合适的控制电路,要求通过高电平来控制开关;

(4) 在设计水量过低警告模块中,选择合适的测试水量装置,要求当水槽水量过低时,报警灯亮,蜂鸣器发声报警;

(5) 电机抽水模块受继电器控制电路的输出信号控制,通过电机,可将水槽中的水抽出,将水杯注满;

(6) 构建一个简易的测试环境,检测声控智能饮水系统功能的实现度及声控灵敏度;

(7) 撰写设计总结报告,并通过分组演讲,学习交流不同解决方案的特点。

3 相关知识及背景

这是一个运用数字和模拟电子技术解决现实生活的创新型案例,需要运用信号放大、模/数信号转换、反馈控制等相关知识与技术方法,并涉及抗干扰等工程概念与方法;后期的测试及方案验证环节可进一步提高学生的创新性及专业性技能。

4 教学目的

通过本工程项目,提高学生的知识应用能力和实践动手能力;增强学生思维的创新性及开拓性;帮助学生建立完整的工程概念;引导学生根据需要设计电路、选择元器件;锻炼学生知识应用能力和实践动手能力;构建测试方案,并通过测试与分析对项目作出技术评价;提高学生的岗位职业能力。

5 实验教学与指导

项目的实施是一个比较完整的工程实践过程,需要经历学习研究、方案论证、系统设计、实现调试、测试标定、设计总结、演讲交流等过程。在实验教学中,应在以下几个方面加强对学生的引导:

(1) 学习模/数转换方式,了解不同要求和场合下的多种模/数转换方案;

(2) 在学生理解继电器结构及工作原理的基础上,介绍多种带继电器控制的实例和方案,加深学生对继电器工作的理解,引导学生完成继电器控制模块的设计;

(3) 可以简略地介绍反馈控制的分类及基本原理,要求学生在设计相应模块时加入合适的反馈控制以实现电路的可行性;

(4) 通过实例讲解的方式让学生学习并理解提高抗干扰能力的方法,引导学生自行优化电路,提高声控部分的抗干扰能力;

(5) 在电路设计、搭试、调试完成后,需要根据实验室所能提供的条件,设计与项目作品相适合的测试方案;

(6) 在实验完成后,可以组织学生以项目演讲、答辩、评讲的形式进行交流,了解不同解决方案及其特点,拓宽知识面。

在设计中,要注意学生设计的规范性,如系统结构与模块构成,模块间的接口方式与参数要求;在调试中,要注意工作电源、参考电源品质对系统指标的影响,电路工作的稳定性与可靠性;在测试分析中,要分析系统工作的稳定性及可靠性。

6 实验原理及方案

1) 系统结构

（a） （b）

图 5-5-1 系统构成

2) 设计过程

硬件设计过程及电路搭建原理如下:

(1) 声控开关模块

功能:将声信号转换为电信号。

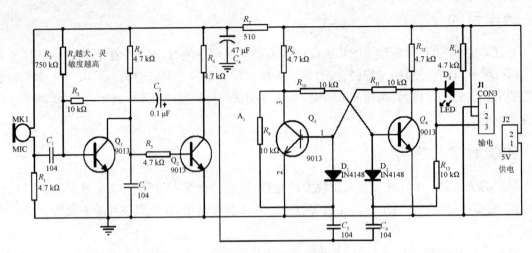

图 5-5-2　声控开关电路

Q_1 和 Q_2 组成二级音频放大电路,由 MK1 接收的音频信号经 C_1 耦合至 Q_1 的基极,放大后由集电极直接反馈至 Q_2 的基极,在 Q_2 的集电极得到一负方波,用来触发双稳态电路。R_1、C_1 将电路频响限制在 3 kHz 左右为高灵敏度范围。电源接通时,双稳态电路的状态为 Q_4 截止,Q_3 饱和,D_3 不亮。当 MK1 接收到控制信号,经过两级放大后输出一负方波,经过微分处理后负尖脉冲通过 D_1 加至 Q_3 的基极,使电路迅速翻转,D_3 被点亮。当 MK1 再次接收到控制信号时,电路又发生翻转,D_3 熄灭。由此来用声信号控制开始、暂停放水和停止放水。

(2)继电器控制电路模块

功能:通过高电平来控制开关。

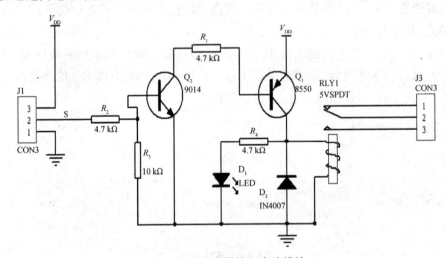

图 5-5-3　继电器控制电路模块

此模块接收上一级电路的输出信号,经过三极管 Q_2 的放大后连接到 Q_1,再由集电极连接到二极管 D_1 上。

(3)水量过低警告模块

功能:水槽质量过低时,断线器松开报警。

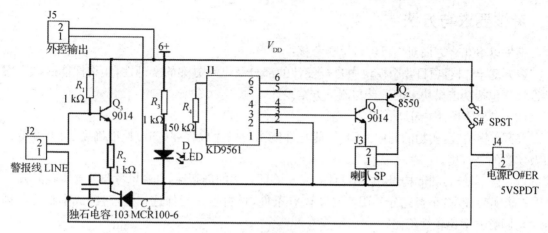

图 5-5-4 水量过低警告模块

触发控制电路由警戒线 LIN3、晶体管 Q_3、电阻器 R_1、R_2、电容器 C_1 和晶闸管 Q_4 组成。声光报警电路由电阻器 R_3、R_4、晶体管 Q_1、Q_3、发光二极管 D_1、音效集成电路 IC_1 和扬声器 SP 组成。

在警戒状态下,Q_3 的基极电压经警戒线 LIN3 对地短路,Q_3 和 Q_4 均处于截止状态,D_1 不发光,SP 不发声;若水过低,LIN3 被断开,则 Q_3 立即饱和导通,其发射极的输出电压经 R_2 加至 Q_4 的门极,使 Q_4 受触发而导通,IC_1 和 Q_1、Q_3 获得工作电源而工作,IC_1 输出的音效电信号经 Q_1、Q_3 放大后,驱动 SP 发出报警声;同时 D_1 点亮。

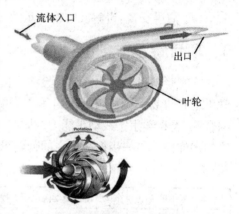

图 5-5-5 抽水机示意图

（4）电机抽水模块

功能:通过电机将水槽中水抽出。

先分别设计制作并调试上面 4 个功能模块电路,再将每一级电路连接调试,就可完成声控智能饮水机系统。

7 实验报告要求

实验报告需要反映以下工作:

（1）实验需求分析;

（2）实现方案论证;

（3）电路设计与参数选择;

（4）电路测试方法;

（5）实验结果总结;

（6）心得体会。

8 考核要求与方法

根据以下几个方面对项目进行综合考核：

(1)设计考核：项目 4 个模块中自行设计的部分及电路方案的合理性,实物性能测试方案的设计。包括功能模块电路设计与测试方案设计。

(2)实验质量：焊接质量、组装工艺。

(3)实物验收：实物的完成时间,功能与性能指标的完成程度(如声控准确度、灵敏度等),以及实物的美观度。

(4)自主创新：功能构思、电路设计方案及验证方案的创新性,自主思考与独立实践能力。

(5)实验成本：是否充分利用实验室已有条件,材料与元器件选择合理性,成本核算与损耗。与同类方案比较性价比。

(6)实验报告：实验报告的规范性与完整性。

(7)演讲交流：讲解及实物演示的流畅性,对提问回答的准确性。

9 项目特色或创新

本实验项目与其他传统实验项目相比具有一定的创新性及趣味性；项目取材于生活,易被学生理解与接受；项目背景的工程性,可以更系统地锻炼学生的岗位职业能力；项目知识应用的综合性,提高学生实践动手能力的同时,使学生更好地理解并运用书本上的知识；实现及验证方法的多样性可进一步提高学生的创新思维,拓宽知识面。

实验案例信息表

案例提供单位		东南大学成贤学院电子工程系		相关专业	电子科学与技术		
设计者姓名		陆清茹	电子邮箱	silver_1120@163.com			
设计者姓名		左 梅	电子邮箱				
设计者姓名		陈德斌	电子邮箱				
相关课程名称		数字逻辑电路、模拟电子电路	学生年级	大二	学时	12(8+4)	
支撑条件	仪器设备	万用表、电烙铁等					
	软件工具	无					
	主要器件	继电器、蜂鸣器、电机、电阻、二极管、发光二极管、三极管等					

5-6 微弱信号检测系统设计(2015)

1 实验内容与任务

设计并制作微弱信号检测系统,用以检测在强噪声背景下已知频率的微弱正弦波信号的幅度值,并数字显示出该幅度值。为便于测评比较,统一规定显示峰值。整个系统的示意图如图5-6-1所示。

正弦波信号源可以由函数信号发生器来代替。噪声源采用给定的标准噪声(wav 文件)来产生,通过 PC 机的音频播放器或 MP3 播放噪声文件,从音频输出端口获得噪声源,噪声幅度通过调节播放器的音量来进行控制。

图 5-6-1 中 A、B、C、D 和 E 分别为 5 个测试端点。

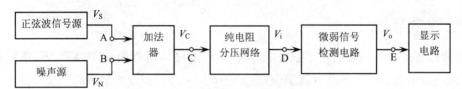

图 5-6-1 微弱信号检测系统示意图

要求如下:

(1) 噪声源输出 V_N 的均方根电压值固定为$(1\pm0.1)\mathrm{V}$;加法器的输出 $V_C = V_S + V_N$,带宽大于 1 MHz;纯电阻分压网络的衰减系数不低于 100。

(2) 微弱信号检测电路的输入阻抗 $R_i \geqslant 1\ \mathrm{M\Omega}$。

(3) 当输入正弦波信号 V_S 的频率为 1 kHz、幅度峰峰值在 200 mV~2 V 范围内时,检测并显示正弦波信号的幅度值,要求误差不超过 5%。

2 实验过程及要求

(1) 调查研究

根据实验任务和要求,查阅文献资料,小组讨论,完成系统功能示意框图。确定设计关键,以及框图中各模块间技术要求等。

(2) 方案选择与可行性论证

要敢于创新,敢于采用新技术,不断完善所提的方案;应提出两种以上的方案,对它们进行可行性论证,从完成的功能、性能和技术指标的程度、经济性、先进性以及完成的时间要求等方面进行比较,最后选择一个较好的方案。

(3) 单元电路设计、参数选择和元器件选择。

(4) 组装与调试。

(5) 编写设计文档与总结报告。

(6) 分组答辩,学习交流不同解决方案的特点。

3 相关知识及背景

本实验是电子信息科学与技术、信息工程等专业本科生在修完"模拟电路""数字电路""单片机原理及应用"等理论课和完成相应的实验课程后的一门综合应用实验课程。

本实验涉及电子元器件的选用,电子电路设计及仿真工具的使用,模/数电路设计,单片机及接口应用电路设计,传感器及检测电路,信号的放大、滤波、阻抗匹配,数/模转换等电子测量方法,C 语言程序设计等。需要运用电子系统设计的一般方法和步骤,以及电子电路的可靠性设计和电子抗干扰设计,电子电路调试等知识和技能。

4 教学目的

通过本课程的学习使学生加深对电子系统设计的理解,掌握电子系统设计的基本操作技能,养成严格、认真和实事求是的科学态度,提高观察、分析和解决问题的能力,为学习后继课程和将来从事实际工作打下必要的基础。

5 实验教学与指导

实验的过程是一个完整的电子系统设计过程,需要经历调查研究、方案论证、系统设计、综合调试、设计总结等过程。在实验教学中,应在以下几个方面加强对学生的引导:

(1) 设计方法选取;

(2) 主要功能电路设计考虑;

(3) 程序设计考虑:在设计中要注意设计的规范性,如系统结构与模块构成,模块间的接口方式与参数要求等;

(4) 调试方法:注意工作电源、参考电源品质对系统指标的影响,电路工作的稳定性与可靠性;在测试分析中,要分析系统的误差来源并加以验证。

6 实验原理及方案

1) 系统结构

对于微弱信号的检测,首先是微弱信号产生部分,由加法器和分压网络组成;然后是微弱信号检测部分,由前置放大器、窄带滤波电路、幅值检测部分组成。最后将检测出的幅值送到 MSP430-2553 处理器的 launchpad 模块处理并显示。其系统结构框图如图 5-6-2 所示。

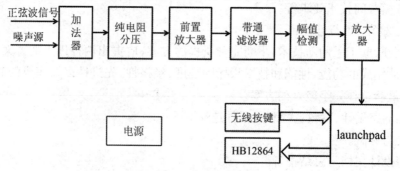

图 5-6-2　整体电路框图

（1）加法器

由于加法器要求带宽不小于 1 MHz，所以此次我们选择了带宽 40 MHz 的 OP37 对信号进行加法运算，将微弱正弦波信号和噪声信号叠加在一起。其原理图如图 5-6-3 所示。

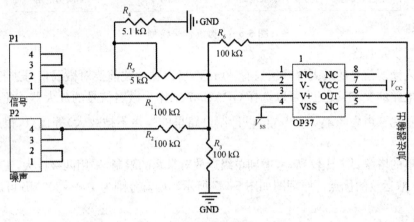

图 5-6-3　加法器

（2）纯电阻网络分压

输入信号最大幅度峰峰值为 2 V，根据微弱信号的要求，至少应该衰减 100 倍。考虑到对信号的影响，这里直接采用纯电阻分压，同时避免影响频率特性。原理图如图 5-6-4 所示。

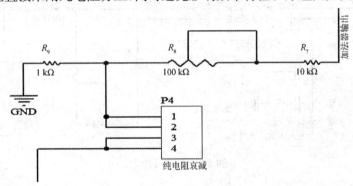

图 5-6-4　电阻衰减

（3）阻抗匹配

为了与下级电路更好的匹配，在这之后可以加一级电压跟随器，提高输入阻抗。如图 5-6-5 所示。

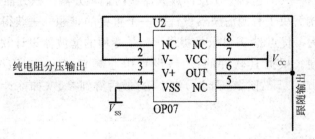

图 5-6-5　跟随器

2) 微弱信号检测电路结构

微弱信号检测电路结构框图如图 5-6-6 所示。

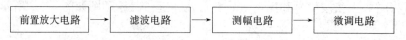

图 5-6-6　微弱信号检测

(1) 前置放大电路

由于输入微弱信号的最大峰峰值只有 20 mV,所以在滤波前要对微弱信号进行放大,以满足后续滤波电路的要求。这里,可以选择 OPA2227 来作为微弱信号的放大器。此运放具有高精度、低噪声(热噪声为 3 nV/$\sqrt{\text{Hz}}$,可以抑制电路里的噪声不被放大)等优点,很好地满足了要求。

由于这里的增益要求比较高,考虑到单级运放对带宽的限制,采用两级放大,正好充分利用了 OPA2227 双运放的优点。原理图如图 5-6-7 所示。增益范围为 100～200 dB 可调。

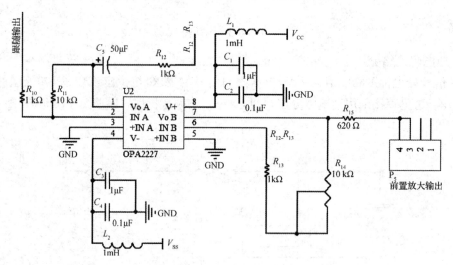

图 5-6-7　前置放大

(2) 滤波电路

由于有用信号被淹没在强噪声环境下,要想很完美的滤除噪声,得到有用信号,一般的带通滤波器很难达到要求。这里我们选用 TI 公司生产的 UAF42。

UAF42 是一款通用型有源滤波器模块,可配置为低通、高通、带通滤波器。它使用了一种经典的状态可调的模拟结构,包含一个反向放大器和两个积分器。积分器包含片上 1 000 pF±0.5%电容。这种结构解决了有源滤波器设计的一个重要的难题——获得紧密对准公差、低损耗电容。UAF42 的另一优点是,B-B 公司提供了一款专用的滤波器设计软件——filter42,这使得使用起来更加方便。根据其软件的设计,设置中心频率(Center frequency)1 kHz,带宽(Passband bandwidth)10 Hz,阶数(Order)为 4 阶,最后得到参数(如前计算部分所述)。其原理图如图 5-6-8 所示。

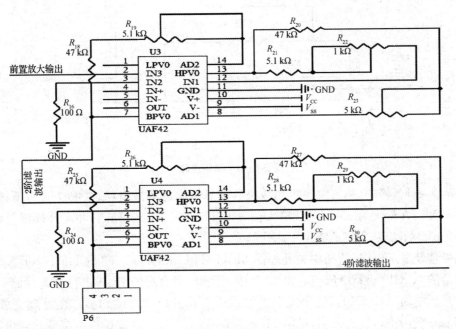

图 5-6-8　滤波器

（3）测幅电路

AD736 是经过激光修正的单片精密真有效值 AC/DC 转换器。其主要特点是准确度高、灵敏性好、测量速率快、频率特性好（工作频率范围可达 $0\sim460$ kHz）、输入阻抗高、输出阻抗低、电源范围宽且功耗低（最大的电源工作电流为 $200\mu A$）。用它来测量正弦波电压的综合误差不超过 $\pm3\%$。其原理如图 5-6-9 所示。

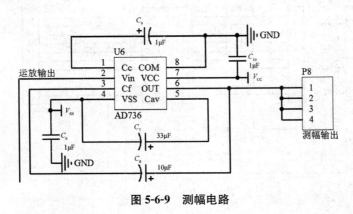

图 5-6-9　测幅电路

（4）微调电路

由于滤波电路会对信号产生一定倍数的衰减，在测幅电路对信号幅值检测后，需要再加一级低增益的放大电路来微调，使输出更加准确。其原理图如图 5-6-10 所示。

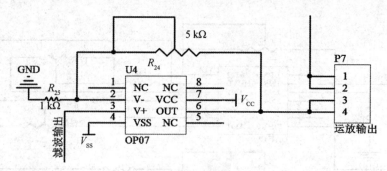

图 5-6-10　微调电路

OP07 是一种低噪声,非斩波稳零的双极性运算放大器集成电路。OP07 具有低输入失调电压(对于 OP07A 最大为 $25\mu V$)、低输入偏置电流(OP07A 为 ± 2 nA)和高开环增益(OP07A 为 300 V/ mV)的特点,很好地满足了此处的要求。

数据处理及显示电路:数据中央处理器 MCU 采用 MSP430-2553 的 launchpad 模块,利用其内部自带的 ADC10 进行电压值的检测,其中,还利用它自身的 flash 进行掉电存储。再加上一个无线蓝牙模块 AU-YK04,使用配套的按键进行单片机功能的切换。在处理完成数据之后,launchpad 利用串口发送数据,送给 HB240128 显示。整个系统始终围绕低功耗进行,在整个装置的控制显示系统中都得到了应用。其电路原理图如图 5-6-11 所示。

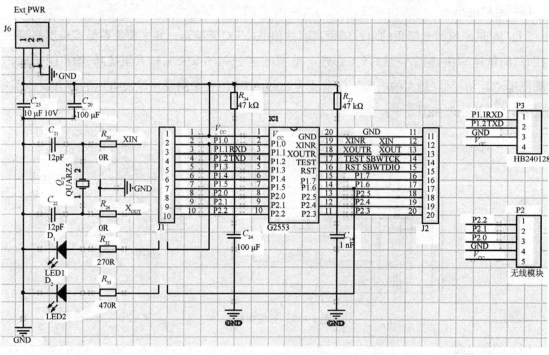

图 5-6-11　MCU 电路

3) 系统程序设计

(1) 程序功能描述与设计思路

根据题目要求,软件部分主要实现采样数据的处理和输出显示。

利用 MSP430-2553 launchpad 自带的 ADC 将采集的模拟量转变成数字量。

显示部分:显示采集的电压值。

利用一个简单的无线模块,实现液晶显示界面的切换。

（2）主程序流程图

主程序流程图如图 5-6-12 所示。

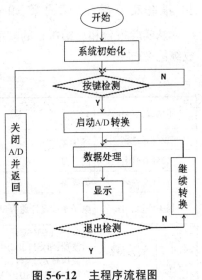

图 5-6-12 主程序流程图

7 教学实施进程

（1）需求分析:调查研究、查阅文献资料;

（2）研讨论证:小组讨论、方案选择、可行性论证;

（3）系统设计:参数选择、元器件选择、单元电路设计;

（4）系统实现:电路焊装、模块组装、硬件调试、软件调试;

（5）总结答辩:编写设计文档、编写总结报告、答辩。

8 实验报告要求

本实验的实验报告分为设计文档和总结报告两部分内容。

1) 设计文档的编写

设计文档的具体内容与以上设计过程相呼应。包含有:系统的设计要求与技术指标的确定;方案选择与可行性论证;单元电路设计、参数选择和元器件选择;参考资料和文献。

2) 总结报告的编写

总结报告的具体内容有:设计工作的进程记录;原始设计修改部分的说明;实际电路原理图、程序清单;功能与指标测试结果(注明所使用的仪器型号与规格);系统的操作使用说明;存在的问题及改进措施等。

9 考核要求与方法

考核的节点与电子系统设计的过程或步骤紧密结合,主要有以下 4 个考核点:

1) 准备阶段,以及方案选择(在课内第 9 学时考核)

检查资料收集和理解,从系统功能构思、电路设计的创新性,自主思考与独立实践能力等几方面考核,占总成绩的 20%。

2) 电路设计和焊装阶段(在课内第 17 学时考核)

从电路设计可行性及元器件选择合理性、焊接质量等方面考核,占总成绩的 20%。

从电路设计的合理性、创新性,自主思考与独立实践能力等方面考核,占总成绩的 20%。

3) 电路调试阶段(在课内第 35 学时考核)

从充分利用实验室已有设备,如信号源、示波器、高精度台式万用表等,以及实验完成情况等方面考核,占总成绩的 20%。

4)报告及答辩(在课内第 39~40 学时考核)

从实验报告和总结报告的规范性与完整性,以及对系统设计的掌握程度等方面考核,占总成绩的 20%。

实验案例信息表

案例提供单位	成都理工大学信息科学与技术学院信息工程实验室		相关专业	信息工程/电子信息科学与技术		
设计者姓名	余小平		电子邮箱	yxpsc@126.com		
设计者姓名	闫 萍		电子邮箱			
设计者姓名	吴雄英		电子邮箱			
相关课程名称	电子系统设计课程设计		学生年级	电子信息科学与技术、信息工程等专业本科四年级(第 7 学期)	学时	40+40
支撑条件	仪器设备	电源:SPD3303C; 示波器:SDS1102CML/SDS2102; 函数信号发生器:EE1641B1 型函数信号发生器/计数器; 万用表:DMM4040/VC890D				
	软件工具	Keil C51				
	主要器件	launchpad MSP430 模块,OP07,OP27,OP37,TL081,TL082,OPA2227,UAF42,AD736,HB240128				

5-7　公交车语音报站系统的设计(2015)

1　实验内容与任务

1）实验任务

设计一个基于单片机控制的公交车语音报站系统。

2）实验内容

(1) 可以设置上、下行路线,手动按键播报公交线路的站名,可以实现语音的录制、存储和播放;

(2) 语音播报站名的同时可以显示当前的站名、下一站的站名、文明用语等;

(3) 扩展功能:显示时间和日期;实现公交车自动报站。

2　实验过程及要求

(1) 学习了解不同的公交车报站方法;

(2) 考虑需要几个功能按键能够实现设置上、下行路线、上一站、下一站、文明用语播报等功能,选择独立按键还是矩阵键盘以获取输入信号,设计相应电路;

(3) 尽可能多地查找满足实验要求的语音芯片,根据选择的芯片选择放大器类型,设计放大电路,设计语音播报电路,实现语音的录制、存储和播放功能;

(4) 构思公交站名信息的显示方式,选择点阵显示屏还是液晶显示屏,根据选择的显示器件选择与之相对应的驱动芯片,设计电路结构;

(5) 选择时钟芯片设计实时时钟电路,产生时间和日期信号;

(6) 尽可能多地查找自动识别站点信息的方法,注意识别范围、稳定性、可靠性、可行性、成本等问题,选择合理的方法,设计电路,实现自动识别站点信息的功能;

(7) 考虑整体电路的供电方式,电路板供电有几种方式可选:电池盒供电、USB供电、电源接口供电,设计电路;考虑语音播报电路供电方式,需不需要电平转换;

(8) 硬件原理图设计完成后,进行软件设计,在 Keil C 开发环境中编写程序,在 Proteus 软件开发环境中将软件和硬件电路图紧密结合进行系统仿真调试;

(9) 仿真通过后,在 Protel 开发环境中画 PCB 板图,制板,焊接元件进行实物制作;

(10) 下载程序进行系统调试、测试;

(11) 撰写设计总结报告,并通过分组演讲、实物展示、答辩,通过交流了解不同解决方案的特点,拓宽知识面。

3　相关知识及背景

本实验要求学生综合运用所学过的模拟电路、数字电路、传感器、单片机原理及其相关接口的理论知识,完成一个单片机应用系统设计。

以学生为中心,让学生全程参与单片机应用系统的整个开发过程。

通过对项目的构思、设计、实现和制作环节,让学生主动获取知识,培养硬件设计和软件设计技能,注重知识与分析、实践、创新、表达等多种能力的关联。

4 教学目的

使学生能深入了解模拟电路、数字电路、EDA 技术、传感器、单片机原理及其相关接口的综合应用技术,掌握单片机应用系统设计的基本方法和步骤;提高学生理论知识的综合应用技能、软/硬件设计能力、实践创新能力;培养学生的系统工程设计、团队合作意识;开发学生的创新思维,提高学生的自学能力、分析问题和解决问题的能力。

5 实验教学与指导

通过实验体验一个完整的系统设计过程,需要经历学习研究、方案论证、系统软硬件设计、仿真调试、实物制作与测试、设计总结等过程。

1) 在实验进行前,教师需要讲解的主要内容

(1) 学习查阅资料。充分利用网络、电子图书馆等资源获取知识、查阅芯片技术资料和手册。

(2) 模块化设计。将公交车报站的功能分成七个模块,按键模块、主控模块、语音模块、显示模块、实时时钟模块、自动识别模块、电源模块。

(3) 结合公交车报站系统框图,介绍单片机应用系统的设计思路和方法。

① 按键设置。考虑需要几个按键能够实现任务的功能要求,可供选择的有独立按键和矩阵键盘。

② 单片机的选择。可供选择的单片机有 51 系列单片机,AVR 系列单片机,PIC 系列单片机,MSP430 系列单片机,STM32 系列单片机等。

③ 语音芯片的选择。可以实现录放功能的语音芯片有 ISD、APR、WT、PM 等系列。常用的如 ISD4004,可以录入长达 8~16 min 的语音。不同语音芯片后续的信号处理电路不同,根据选择的芯片选择放大器类型,设计放大电路。

④ 显示方式的选择。可供选择的元器件有 LED 点阵显示屏、液晶显示屏(LCD1602、LCD12864)等,简要介绍 LED 点阵显示屏、LCD1602、LCD12864 的工作原理。

⑤ 时钟芯片的选择。可以选择的芯片有 DS1302、S35190、PCF8563T、DS1307 等。

⑥ 自动识别方法的选择。可选择的方法有:无线发射接收、GPS 导航定位、红外传感、电子标签(RFID)、脉冲计数等,简要介绍各种方法的基本思想以及相关传感器、芯片、GPS、RFID 等的工作原理。

⑦ 电源供电方式的选择。可供选择的方式有:电池盒供电、USB 供电、电源接口供电,简要介绍不同方式的优缺点。

(4) 介绍 Keil C、Proteus 软件的功能、开发环境,介绍基于 Keil C、Proteus 软件搭建的仿真平台的使用和注意事项;介绍 Protel 软件的功能、开发环境,如何画原理图、PCB 版图,讲解元件布局、布线规则等方面的注意事项;介绍制板过程中的注意事项;介绍焊接注意事项。

(5) 衡量电子产品的标准:满足任务指标要求,电路的稳定性、可靠性,电路简单、成本低、元件品种少,便于调试与维修等。

(6) 介绍实验室所用的 3 个基本小系统板的电路原理图,结合小系统板,如何使用仿真器进行调试。

(7) 提出撰写课程设计总结报告的基本要求。

2）在实验教学过程中,教师主要指导、检查的内容

（1）指导学生查阅与使用《器件数据手册》。

（2）指导学生选择合理的电路方案。

（3）检查实验方案、电路原理图。

（4）指导学生使用 Keil 软件编程,Proteus 软件画仿真图;在仿真过程中,注意硬件原理图和软件程序的紧密结合,检查仿真现象及结果。

（5）指导学生利用 Protel DXP 软件画原理图、PCB 版图,指导学生制板、焊接电路。

（6）引导学生找出在调试和测试过程中遇到具体问题的解决方法。

（7）验收实物。验收内容包括检查功能的完成程度、性能是否稳定可靠,有无自制 PCB板、有无创新,设计方案的合理性、电路设计的规范性、焊接质量、组装工艺、实验数据,是否充分利用实验室资源、材料与元器件选择合理性、成本核算等。

（8）检查实验报告完成的规范性、完整性。

6 实验原理及方案

1）实验原理

本实验的基本原理是站点信息的获取、播报和显示。为实现整个设计,先将设计分为 7 个模块:按键模块、主控模块、语音模块、显示模块、实时时钟模块、自动识别模块、电源模块,然后分别完成各模块原理图及程序设计,最后连接各模块电路,整体调试、验证设计结果。

系统总体硬件结构图如图 5-7-1 所示。

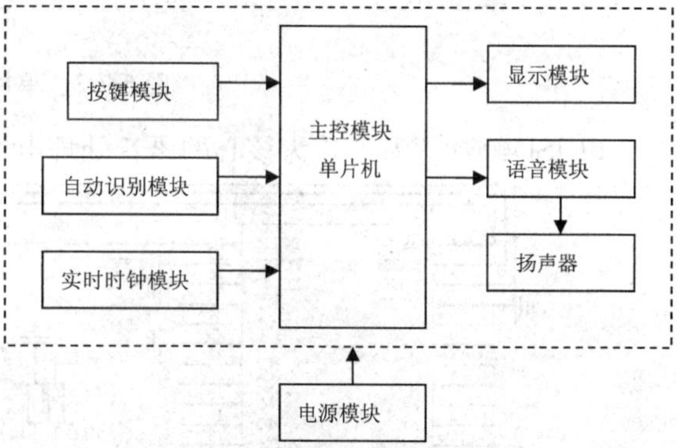

2）实现方案

本系统实现方案很多,每个模块在设计实现过程中都有多种选择。

图 5-7-1 系统总体硬件结构图

（1）按键控制

可供选择的有独立按键和矩阵键盘。考虑本系统仅用 5～8 个按键就能够实现任务的功能要求,所以选择独立按键。

（2）单片机选择

可供选择的单片机有 51 系列单片机,AVR 系列单片机,PIC 系列单片机,MSP430 系列单片机,STM32 系列单片机等。考虑本实验内容简单,51 系列单片机可以胜任实现功能要求,故本系统选择 51 系列单片机 AT89C52。AT89C52 单片机最小系统工作电路如图 5-7-2 所示。

（3）语音播报

可以实现录放功能的语音芯片有 ISD、APR、WT、PM 等系列。市场上有录音功能的芯片主要有 ISD1110、ISD1400、ISD1700、ISD1800、ISD2500、ISD3300、ISD4004、WTR010、WTV040、APR96000 等。常用的芯片如 ISD4004,可以录入 8～16 min 的语音。

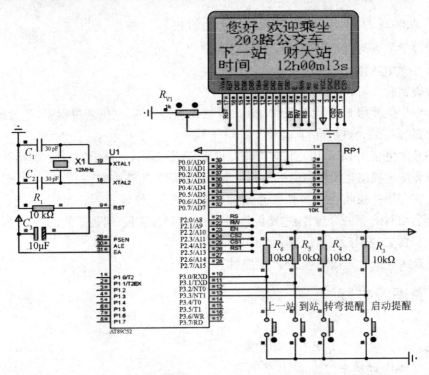

图 5-7-2　单片机最小系统

以 ISD4004 语音芯片为核心的语音处理电路参考电路如图 5-7-3 所示。

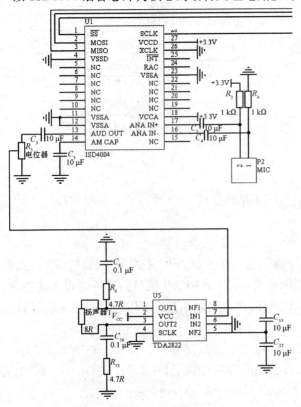

图 5-7-3　语音处理参考电路

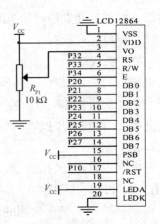

图 5-7-4　LCD12864 工作参考电路

（4）站点信息的显示。

可供选择的元器件有数码管、LED 点阵显示屏、液晶显示屏（LCD1602、LCD12864）等。LCD12864 可以显示字符、汉字、图片等大量信息，而且控制简单。传统的数码管、1602 液晶等器件显示的信息有限，并且这些器件只能显示字符和数字，不能显示汉字。显示汉字内容较多，对于课程设计来说点阵显示屏也不方便，所以本系统选择性价比高的 LCD12864 液晶进行信息显示。

LCD12864 液晶显示屏的工作参考电路如图 5-7-4 所示。

（5）实时时钟电路

可以选择的芯片有 DS1302、S35190、PCF8563T、DS1307 等。常用的芯片 DS1302，工作参考电路如图 5-7-5 所示。

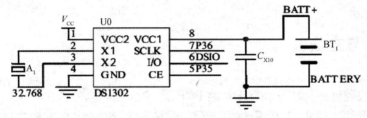

图 5-7-5　DS1302 工作参考电路

（6）自动识别站点信息的方法

可供选择的方法较多，GPS 导航定位、无线发射接收、红外开关检测、电子标签（RFID）、脉冲计数等。

采用 GPS 定位系统对公交车定位，当公交车的经纬度与车站的经纬度相接近时便报站。此方法精度高，稳定性好。但 GPS 价格较高，且必须先对车站的经纬度进行精确勘察，编程难度大、数据处理复杂、精确度要求很高，工作量大。

采用无线收发模块，如 PT2272/PT2262 收发模块，成本低、稳定性好，调节方便；定位距离几十米到上百米，信号传输的距离达到报站的要求；PT2272/PT2262 最多可有 12 位（$A_0 \sim A_{11}$）三态地址端管脚（悬空、接高电平、接低电平），任意组合可提供 531441 种地址码，对一个城市来说已够用。

采用红外开关检测技术，当汽车到站的时候，挡住红外开关，输出的电平会变化，单片机通过检测光电开关输出的电平可以判断汽车是否到站。此方法成本低、稳定性好，但可靠性不高。

（7）系统供电

可供选择的方式有：电池盒供电、USB 供电、电源接口供电。

7　教学实施进程

（1）理论授课：任务布置，2 学时。系统框图，方案论证和选择，硬件电路设计原理图，元件清单。

（2）方案实现：仿真调试，实物制作，26 学时。编写程序代码，软、硬件结合系统调试。

（3）演讲答辩：总结汇报，2 学时。

8　实验报告要求

实验报告要求包括以下内容：

（1）摘要；

（2）实验任务和要求；

(3) 实验研究的目的和意义;

(4) 方案的论证和选择;

(5) 硬件电路设计:硬件原理图、参数选择、元器件清单;

(6) 软件设计:程序流程图、程序清单;

(7) 系统仿真:仿真原理图和仿真结果;

(8) 实物制作和调试:PCB 版图、成品图;

(9) 扩展内容的设计与调试;

(10) 系统测试,实验数据记录,测试结果分析;

(11) 实验结果总结;

(12) 参考文献。

9 考核要求与方法

1) 实物验收

(1) 功能完成程度、完成时间、有无自制 PCB 板,有无创新(30%);

(2) 设计方案的合理性,电路设计的规范性,焊接质量,组装工艺,实验数据(10%);

(3) 是否充分利用实验室资源,材料与元器件选择合理性,成本核算(10%)。

2) 实际操作

基本知识掌握程度、分析和解决问题的能力、自主思考与独立实践能力(20%)。

3) 实验报告

实验报告的规范性与完整性(20%)。

4) 演讲答辩

演讲时表述问题条理性、逻辑性,验收答辩时回答问题的正确性、准确性(10%)。

表 5-7-1 实验考核要求表

题目名称:公交车语音报站系统的设计			权值:1.1	实验日期:		
班级:	第　组　组员:			座位号:		
考核环节1:实物制作(50分)						
序号		层次	功能	教师检查备注	教师打分	得分
1	完成功能(30分)	层次1	手动按键,可设上下行线:语音播报公交站名、文明用语。　(11~15分)	完成时间: 完成功能: 其他:		
		层次2	手动按键:语音播报同时显示公交站名、文明用语。　(16~20分)			
		层次3	手动语音播报和显示,并可以实现语音的录制、存储和播放。　(21~25分)			
		层次4	实现公交车自动语音报站显示,带语音录制、存储播放;显示时间和日期;其他自动功能。　(26~30分)			
2	布线规范,焊接质量,组装工艺　(10分)					
3	材料与元器件选择合理性,成本核算　(10分)					
4	PCB制板　(+8~10分)					
5	主控芯片型号　(+10分)					

续表

考核环节2:实际操作(20分)

序号	姓名	学号	分工记录	学生互评打分(10分)	教师打分(10分)	得分
1						
2						
3						
4						

考核环节3:实验报告(20分)

序号	姓名	学号	完成质量(优、良、中、差)	得分
1				
2				
3				
4				

考核环节4:演讲答辩(10分)

序号	姓名	学号	答辩情况记录	得分
1				
2				
3				
4				

实验成绩

序号	姓名	学号	综合得分(100分)	乘权值后得分(权值:0.9,1,1.1)	实验成绩(优、良、中、及格、不及格)
1					
2					
3					
4					

10 项目特色或创新

(1) 综合性:综合应用模拟电路、数字电路、单片机等理论知识;

(2) 系统性:本实验体现了一个完整的系统设计过程;

(3) 多样性:实现方法多样性;

(4) 趣味性:本实验项目来源于生活,具有声音、显示等感官体验,具有较强的趣味性;

(5) 层次性:实验内容设置上可以满足不同层次学生的需求。

实验案例信息表

案例提供单位		大连海事大学		相关专业	电子、通信、电科、光电		
设计者姓名		金国华	电子邮箱	jingh@dlmu.edu.cn			
设计者姓名		谭克俊	电子邮箱				
设计者姓名		刘剑桥	电子邮箱				
相关课程名称		单片机应用课程设计	学生年级	电类相关专业本科三年级	学时	3	
支撑条件	仪器设备	电脑、单片机小系统板、面包板、仿真器、孔板、烙铁、焊锡、数控覆膜机、打印机、环保型多功能制版系统、全功能智能过孔机、稳压电源、万用表、下载器等					
	软件工具	Keil、Proteus、Protel					
	主要器件	单片机、语音芯片、功率放大器、小喇叭、LCD12864、时钟芯片、红外开关、IC芯片、电阻、电容、按键、晶振等					

5-8 面向多任务驱动的机器人小车综合设计(2016)

1 实验内容与任务

实验内容包含 8 个阶段性任务以及最终的结课竞赛。每个阶段性任务相对独立,鼓励学生全部完成,阶段性任务完成数量作为考核的一个标准。

(1) 装配小车及熟悉软硬件平台:了解装配小车硬件平台,了解 STM32F4 处理器并安装 STM32F4 软件开发平台及相关驱动,熟悉 Keil 编译环境并创建基于 STM32F4 的软件工程。

(2) 直线行驶和直角转弯:设计小车直线行驶和直角转弯控制逻辑,编程实现小车的直线行驶和直角转弯,走出正方形行驶轨迹。

(3) QTI 循迹行驶:认识 QTI(Quick Track Infrared)传感器,掌握 QTI 传感器工作原理及其外围硬件电路,编写 QTI 传感器测试程序,设计基于 QTI 传感器群反馈的小车驱动控制逻辑,并编程实现小车循线行进。

(4) RFID 读卡器和语音播报:学习 RFID(Radio Frequency Identification)技术的工作原理,掌握 RC522 射频模块识别 IC 卡的使用方法、语音模块的使用方法并编程测试,在黑色循迹线下埋设感应卡,小车行进到该卡正上方时暂停预定时间,并播报预设语音。

(5) PS2 遥控手柄和超声波避障:使用 PS2 手柄控制小车前进、后退和转弯行驶,掌握超声波测距模块的使用方法,并编程测试,当小车靠近障碍物 30 cm 时手柄开始震动,距离越近震动越强,同时进行语音播报。

(6) 基于颜色的目标取放:掌握 TCS230 颜色传感器的使用方法并编程测试,编程控制机械手臂抓取物品。

(7) 基于视觉的无线远程灭火:掌握 OV2640 摄像头模块、SCCB 通信总线、STM32F4 DCIM 接口、USB-WiFi232 使用方法及外围电路原理并编程通信测试,用 Android 手机 APP 通过 WiFi 连接小车,并通过 APP 控制小车运动及摄像头开启。摄像头工作时,获取到的图像帧实时传送给 APP 显示,手机控制小车行驶至视觉盲区,找到、吹灭燃烧的蜡烛。

(8) 火焰传感器及灭火竞赛:学习火焰传感器使用方法并编程测试。预设比赛场地,制订竞赛规则,采取小组循环,晋级淘汰制,完成最终竞赛任务。

2 实验过程及要求

(1) 按照教师要求自学与本实验相关知识。例如,了解 STM32F4 处理器,熟悉 Keil 编绎环境;学习直流电机的控制方法;学习与机器人小车相关的各类传感器的工作原理及使用方法等。

(2) 以小组为单位,搭建及调试小车硬件平台并讨论控制算法,研究完成任务的策略及突发状况的应对措施。

(3) 逐个完成教师布置的任务,并在实践中调整,优化算法与策略。

(4) 调试过程需要思考故障原因并记录数据,鼓励与其他组同学讨论不同方案的利弊并交流各自的解决方法。

（5）视频记录小车完成各阶段任务的过程并提交给教师，与教师和学生探讨任务完成的满意度。

（6）学生参与制订最后结课竞赛规则及组织分组抽签，并按照要求布置场地；与教师共同组织、完成竞赛。

（7）每个任务完成后需撰写实验报告并回答讲义中附加的思考题，全部任务完成需提交整个综合设计报告，并分组汇报学习心得与竞赛得失。

3 相关知识及背景

结合测控技术与仪器专业的特点，主要进行机器人的综合设计与制作。本实验能帮助学生进一步熟悉典型的机械结构原理及其应用、单片机技术、通信技术；掌握常用传感器的基本特点与应用场所；学习运用自动控制的原理来实现运动控制的基本方法，以加强学生分析与解决机器人定位定姿、运动路径规划与实现、环境感知等问题，为学生综合运用相关专业课知识和进一步研究机器人技术打下初步的基础。

4 教学目的

通过本实验的学习，使学生能较完整、较全面、较系统地了解机器人设计的基本理论、基本分析方法和基本技术。培养学生综合运用机械、电子、感知、控制、驱动及运动控制算法等专业技术进行机器人总体设计的能力。并希望能在此基础上培养学生不仅有较强的理论分析和计算能力，还要有较强的工程应用和动手实践能力，为今后从事机器人技术或光机电一体化相关的工作打下坚实的基础。

5 实验教学与指导

实验讲授以多媒体课件和实践相结合的方式进行，以实践制作为主。实验围绕亚太机器人比赛参赛作品展开，从具体设计目标出发，系统分析、方案讨论、可行性分析、详细设计，全面系统地讲解机器人设计的基础理论、基本技术与基本分析方法，并能实时反映本学科的最新动态和最新发展。实验的主要内容是：机器人模型、机器人结构分析、机器人驱动系统、机器人控制系统、机器人感知与定位、机器人路径规划。

要求学生温习精密机械设计课程的相关知识设计底盘、手臂、指关节等结构；利用传感器技术和程序设计基础，综合运用视觉、听觉、激光扫描以及各类型的传感器等，实现机器人的环境感知；运用信号与处理、自动控制原理、惯性导航技术的知识，实现机器人对环境的测绘、采集，进而实现机器人的路径轨迹规划；运用电子技术与机电传动系统的相关知识，实现机器人的运动控制。重点掌握机器人典型结构的设计与制作，电机控制的基本原理与实现，传感器的选择与设计电路等。实验中需要在以下几个方面对学生进行指导。

（1）了解机器人相关技术：如操作臂技术、移动技术、感知技术、自主控制技术等。讲解机器人典型控制系统，特别是模糊控制器和传统 PID 控制器在多功能移动机器人运动机构及控制系统方面的研究与实现。

（2）介绍 STM32F4 软件开发平台及驱动的安装，介绍 Keil 编绎环境，讲解如何创建一个基于 STM32F4 的软件工程。按照 DEMO 工程的框架,指导学生编写一个简单程序,实现对 STM32F4 的简单操作。

(3) 指导编写电机转动测试程序,实现电机正转、反转及电机转速控制,测试左右侧前后轮相同 PWM 波参数下的转速关系,修改控制参数,调节左右两侧前后轮转速相同;指导学生设计小车直线行驶和直角转弯的控制逻辑,并编程实现。

(4) 完成部分传感器的调试电路和外围硬件电路设计,电路焊接和调试。

(5) 讲解红外线发射管和接收管的工作原理以及其外围硬件电路,根据小车硬件平台及原理图,找到各红外对管对应的单片机引脚。指导学生编写测试程序,使得单片机能读到传感器当前状态值,根据传感器反馈值,设计驱动小车的控制逻辑。

(6) 讲解射频模块与单片机的通信方式,指导学生掌握语音模块的使用方法并编写测试程序。

(7) 讲解 PS2 接收器与单片机的通信方式以及超声波测距原理,指导学生编写通信程序并测试;指导学生设计单片机控制 4 路 HC-SR04 测距的实现逻辑。

(8) 讲解颜色传感器的工作原理及舵机控制方法,指导学生通过编程实现机械手抓放物品的动作。

(9) 讲解 CCD 工作原理及摄像头模块使用方法,指导学生利用 USB-WiFi232 与手机 APP 建立连接。

(10) 简单介绍火焰传感器工作原理及其外围工作电路;指导学生分析基于火焰传感器、超声波传感器群、QTI 传感器在给定范围内寻找火焰需要考虑的问题及注意事项;指导学生在模拟比赛中精心设计小车控制算法逻辑并测试程序,直至调试程序到稳定状态。

在综合设计过程中,要充分调动学生的主观能动性,鼓励学生团结协作、集思广益,不断优化控制算法,完成任务。要提醒学生注意系统的稳定性与可靠性,在保证完成任务的前提下,提高速度。

可以提供 Demo 程序,不同传感器或模块的驱动程序均采用相同的架构封装;各接口函数使用统一的命名规则,程序有详细的注释,只需熟悉任意模块的驱动程序源文件,即可触类旁通地理解其他文件的使用,可帮助快速开发整个系统。

Demo 程序难易梯度适当,适合课时不同、水平层次不同的教学任务。学生可直接调用 Demo 提供的接口函数,结合自己的控制逻辑完成课程要求;也可根据对传感器或模块特性和执行机构的理解,实现个性化的驱动修改和优化控制逻辑。

6 实验原理及方案

1) WHU2015-EIS1 机器人小车硬件原理图

实验硬件平台是教师与学生自主研发的基于 STM32F4 微控制器的教学机器人小车,其顶板和底板均为 PCB 板的车体,底板集成有 QTI 寻迹传感器电路、RFID 射频卡识别电路、颜色识别电路、车轮测速电路。同时底板上安装两个直流电机和一个语音喇叭。顶板集成有 STM32F407 微控制器最小系统电路、直流电机驱动电路、火焰传感器电路、灭火风扇控制电路、QTI 寻迹传感器灵敏度调节电路、电源管理与控制电路、WiFi 模块电路、2 自由度机械手臂控制电路、SG90 舵机控制电路、直流电机和机械手臂工作电流监测电路、OV2640 摄像头模块、语音播放模块、PS2 手柄接收器、预留 LED 指示灯和按键开关。图 5-8-1 是机器人小车硬件原理图，图 5-8-2 是该小车示意图。

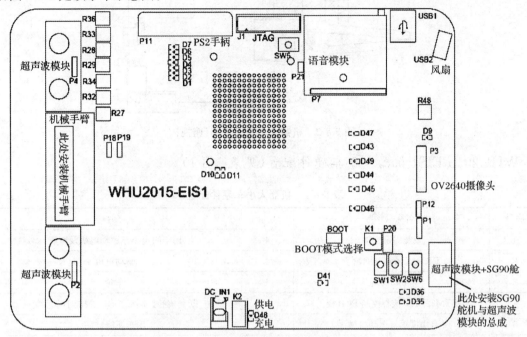

（a）正面

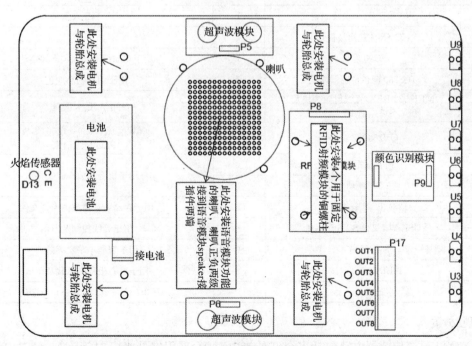

（b）反面

图 5-8-1　机器人小车硬件原理图

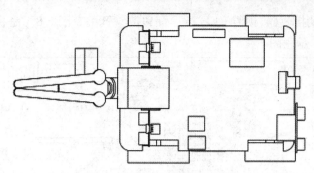

图 5-8-2 机器人小车示意图(俯视)

2) WHU2015-EIS1 机器人小车硬件配置(见表 5-8-1)

表 5-8-1 机器人小车硬件配置

序号	名称/型号	数量	备注
1	减震固定支架	4	用于固定小车驱动电机及减震
2	TT 马达强磁电机轮子	4	驱动电机
3	65mm 车轮	4	车轮
4	STM32F407 核心控制 PCB 板	1	既是核心控制板又作为智能小车底盘
5	2 自由度垂直运动机械手	1	用于抓取物品
6	PS2 手柄及接收器	1	用于控制小车
7	HC-SR04 超声波模块及固定支架	1	用于测距及避障
8	HC-SR04 超声波模块	4	
9	SG90 舵机	1	用于驱动超声波固定支架转动
10	TCS230 颜色传感器模块	1	用于识别物品颜色
11	MRF-522 RFID 无线射频模块及 S50 空白 IC 卡	1	用于 IC 卡识别
12	OV2640 摄像头	1	200W 像素(1600 * 1200)集成 JPEG 压缩引擎
13	语音播报模块	1	用于语音播放声音文件
14	2 寸喇叭	1	
15	128MB Micro TF 卡	1	用于存储语音播报的声音文件
16	USR-WiFi232-S WiFi 模块	1	用于无线控制及通信
17	小风扇	1	用于智能小车吹灭蜡烛
18	ST-LINK V2 调试器	1	用于核心板程序下载及调试
19	电池及充电器	1	7.4V 3 AH 三星 1860s 进口电芯(安全)

3) 实现方案

(1) QTI 寻迹传感器电路包括多个红外光电对管,采用红外光电对管阵列,经过电压比较器对输入的信号进行二值化处理,从而将模拟信号转换为数字信号传输给主控芯片 STM32F407。红外对管循迹避障电路图如图 5-8-3 所示。

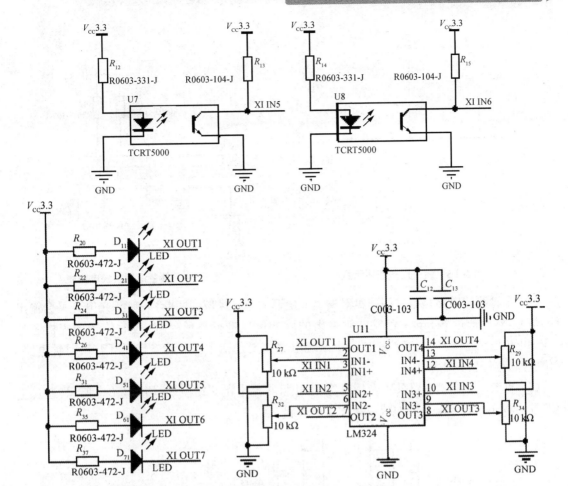

图 5-8-3 红外对管循迹避障电路图

（2）如图 5-8-4 所示，RFID 射频卡识别电路采用的芯片完全集成了在 13.56 MHz 下所有类型的被动非接触式通信方式和协议，通过 SPI 方式与主控芯片 STM32F407 交互。

（3）颜色识别电路采用颜色传感器芯片 TCS230，该芯片是一种可编程彩色光到频率的转换器，可以将不同颜色的光转换为数字量的频率电信号，主控芯片 STM32F407 通过采集输出信号的频率，就可以识别出不同的颜色；根据轨迹任务路线示意图 5-8-5，从停车区启动后，行驶至取物区，抓取某种颜色的物

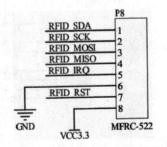

图 5-8-4 RFID 射频卡模块电路图

品，然后把物品送往该颜色堆料区，在交叉路口埋有 S50 卡，小车需在此处语音播报手爪上物品的颜色并选择正确的路线行驶至堆料区，放下物品，然后回到停车区，完成一次物品的取放。图 5-8-6 是颜色识别模块电路图。

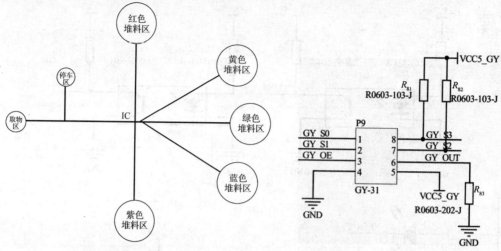

图 5-8-5　轨迹任务路线示意图　　　　　图 5-8-6　颜色识别模块电路图

（4）车轮测速电路是通过测速盘对槽型光电开关感光区域的间断性遮挡，光电开关会输出脉冲信号，然后通过 Schmitt 触发器对输出的脉冲信号进行整形处理，最后传送到主控芯片 STM32F407；STM32F407 微控制器最小系统电路主要包括主控芯片 STM32F407、时钟电路、复位电路、程序仿真烧录接口。

（5）直流电机驱动电路采用专用改进型 H 桥直流电机驱动模块，如图 5-8-7 所示，通过主控芯片可以实现直流电机的加减速和正反向控制。

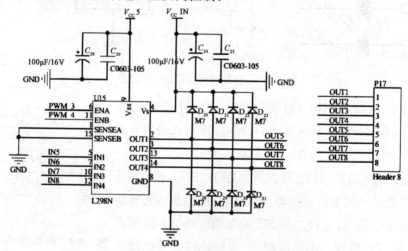

图 5-8-7　车轮电机驱动电路图

（6）火焰传感器电路通过火焰传感器 YS-17 对火焰光波段的识别全输出相应的模拟信号，通过电压比较器将模拟信号数字化，传送到主控芯片进行采集，或者直接通过 AD 的方式对火焰传感器的输出信号进行采样处理。火焰传感器模块电路图如图 5-8-8 所示。

（7）如图 5-8-9 所示，灭火风扇控制电路是采用双 MOS 管的控制方式，实现微控制器对高电压的控制。

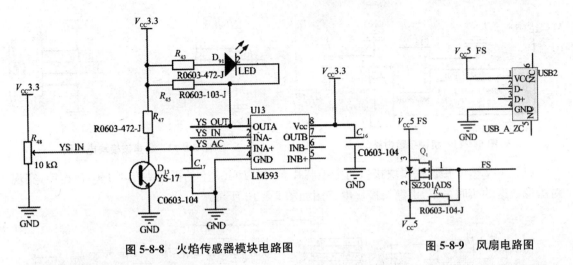

图 5-8-8 火焰传感器模块电路图　　　　　　　图 5-8-9 风扇电路图

（8）WiFi 模块电路采用内置 WiFi 天线的模块，通过 UART 串口方式与主控芯片进行交互，该 WiFi 模块可以通过 AT 指令进行配置，可以直接与智能手机或者 PC 连接，同时也可以两个 WiFi 模块之间实现互联。图 5-8-10 是 WiFi 模块电路图。

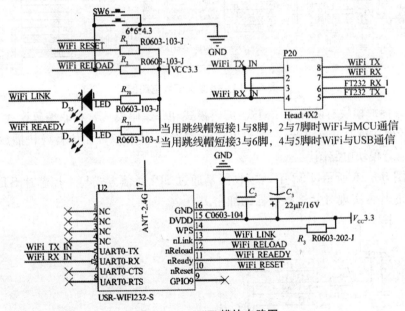

图 5-8-10 WiFi 模块电路图

（9）2 自由度机械手臂控制电路通过 PWM 波实现对 2 自由度机械手臂的控制。机械手臂电路图见图 5-8-11。

（10）SG90 舵机控制电路通过 PWM 波实现对 SG90 舵机的控制，因为 SG90 舵机上装有一个超声波模块，从而可以实现超声波模块的摆动避障。如图 5-8-12 所示为超声波模块电路图。

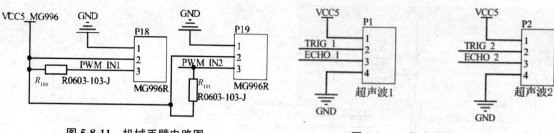

图 5-8-11　机械手臂电路图　　　　　　　　图 5-8-12　超声波模块电路图

（11）OV2640 摄像头模块接口与主控芯片 STM32F407 上的摄像头专用 I/O 口连接，实现对图像数据的实时采集，摄像头模块电路图如图 5-8-13 所示。

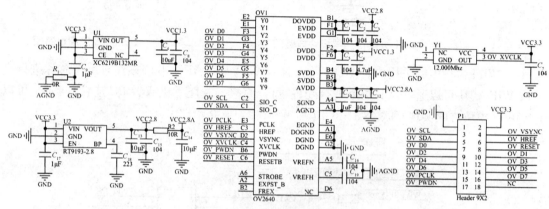

图 5-8-13　摄像头模块电路图

（12）语音播放模块有两种工作模式（编码模式和非编码模式），在非编码模式下，主控芯片可以控制语音模块播放 9 首语音；在编码模式下，主控芯片可以控制语音模块播放 31 首语音。图 5-8-14 是语音模块电路图。

（13）如图 5-8-15 所示，PS2 手柄接收器是通过 SPI 通信方式与主控芯片 STM32F407 交互，通过主控芯片可实现对 PS2 接收器的加密。

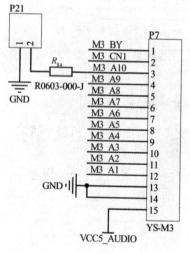

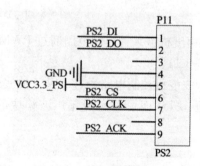

图 5-8-14　语音模块电路图　　　　　　　　图 5-8-15　PS2 手柄电路图

（14）底板上安装有不带减震的两个双轴直流电机,直流电机的转轴上会安装有测速码盘,顶板上安装有带减震的两个双轴直流电机,顶板与底板之间安装有语音喇叭和供电电池。

4）结课竞赛规则及竞赛场地图

如图 5-8-16 所示,竞赛规则简述如下:竞赛选手将小车摆放到起点位置,配对成功,裁判发出开始命令后,选手按下启动按钮,开始比赛,小车驶入直线区。驶出直线区需播报"完成直线行驶"。接着小车进入循迹区,完成该区行驶后需播报"完成循迹行驶"。进入综合区后小车自动开启遥控接收器,选手遥控小车抓取该区域内目标物,行驶至 S50 射频卡处,播报射频卡内内容"当前颜色是?（具体颜色,例如红色）"。小车根据超声波信号,自动沿障碍物通道行驶,期间不能碰触障碍物,当驶出通道后,小车根据火焰目标位置,自行决定行进路线。小车在灭火区自动寻找区域内火源并启动风扇灭火。取胜规则是:先灭火者取胜,若均未在规定时间内完成灭火,则完成分项任务多者取胜。

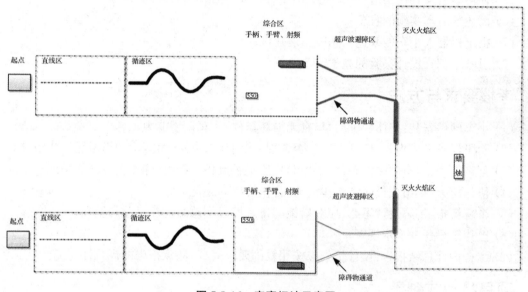

图 5-8-16　竞赛场地示意图

5）实验思考问题

实验过程中,给出如下附加思考问题,以扩大学生思维空间,提升他们解决实际问题的能力。

（1）如何控制小车平稳起停及走出不同半径的圆形轨迹;

（2）思考优化控制逻辑的方法,使小车沿着轨迹线平稳行驶而非左摇右晃地前行;

（3）实现 RC522 模块的读写卡和对 IC 卡密码的修改;

（4）如何通过 RC522 模块对 IC 卡的感应来实现对小车位置的定位;

（5）实现手柄对小车运动速度的控制;

（6）如何实现以 60 ms 为周期,同时完成 5 路 HC-SR04 测距;

（7）如何控制机械手臂稳定、匀速地慢速动作;

（8）如何利用超声波传感器协助物品的取放;

(9) 使用超声波传感器来控制吹灭蜡烛时小车与蜡烛的距离;

(10) 优化控制逻辑算法,缩短完成任务时间;

(11) 同时有 5 辆或更多的参赛小车,考虑如何完成任务;

(12) 如果将比赛场地范围扩大,小车如何可靠地寻找燃烧的蜡烛。

7 实验报告要求

实验结束后实验报告(设计总结报告)需要反映以下工作:

(1) 介绍综合设计的总体技术思路;

(2) 解释运用的关键技术与控制算法;

(3) 总结阶段性任务的难点、解决方法及故障处理措施;

(4) 说明本组结课竞赛的策略、亮点;

(5) 评价本组及其他小组在结课竞赛中的表现(包括经验与教训);

(6) 简述学习本实验的收获;

(7) 提出机器人小车的改进与功能拓展建议;

(8) 思考本综合设计实验的教学改革建议。

8 考核要求与方法

(1) 小车硬件安装:整体装配质量,有无损坏器件,小车调试能力;

(2) 阶段任务完成报告:控制方法是否合理,采用什么方法优化,附加思考题完成情况;

(3) 创新能力:现有的硬件条件下,控制算法是否具备创新性,能否进行功能拓展;

(4) 协作能力:小组成员团结协作能力,合作解决问题能力;

(5) 讲解汇报:讲解设计思路、应对措施的条理性以及总结比赛经验与教训;

(6) 上传阶段任务演示视频;

(7) 综合设计总结报告:设计报告应按照教师要求完成,注意报告的规范性与完整性。

9 项目特色或创新

项目的特色和创新在于:

其一,采用课程小组与学生自行研发的机器人小车平台,该平台控制主板采用主流的 STM32F4 系列 Corte-M4 内核处理器,集成了超声波传感器、QTI 传感器、颜色传感器、无线射频接收模块、摄像头、机械手、遥控手柄等模块,克服了市场上机器人教学小车大多基于 C51 单片机控制、集成的传感器种类少、任务单调、不能充分调动学生学习兴趣和创新思维等缺点,以多任务驱动型实验来激发学生参与的兴趣,有效提升了学生的创新思维和团结协作能力。

其二,在综合设计考核中,改变了以往单一实验的验收模式,借鉴了 ROBOCON 机器人比赛的评审规则,学生组队参与,通过设置竞赛场景,将多个实验项目结合起来,竞赛成绩与学生最后的考核成绩挂钩。

实验案例信息表

案例提供单位	武汉大学电子信息学院		相关专业	测控技术与仪器
设计者姓名	刘 刚	电子邮箱	lg@whu.edu.cn	
设计者姓名	张 铮	电子邮箱	zz@whu.edu.cn	
设计者姓名	王 刚	电子邮箱	wg@whu.edu.cn	
相关课程名称	机器人综合设计	学生年级	3	学时	90(36+54)
支撑条件	仪器设备	PC 机、ST-LINK-V2 仿真器、电工工具		
	软件工具	Keil、VC、ARM、NetAssist、UartAssist		
	主要器件	STM32F407、HC-SR04、TCS230、MRF-522 RFID、USR-WiFi232-S、SG90		

5-9 Arduino 智能小车超声波避障实验(2016)

1 实验内容与任务

1) 基础任务

以 Arduino 为开发环境,设计一个能够利用超声波传感系统避障的智能小车,要求如下:

(1) 小车需双轮行走,条件允许可多加一组万向轮,行走姿态可前进、后退、左右转向;

(2) 小车需拥有两个超声波传感器,分别探测左右两侧障碍物距离;

(3) 若前方障碍物距离大于 1 m,则前进;若障碍物距离小于 0.2 m,则后退,否则再判断是否需要左、右转向;

(4) 需可探测前方障碍物角度为 $0 \sim 180°$。

2) 扩展任务

若小车进入下坡运行,在坡下放置障碍,如何有效防止小车与障碍发生碰撞?

2 实验过程及要求

1) 知识储备

(1) 学习 Arduino 相关知识,了解 Arduino UNO 板的结构、功能和端口,下载安装其驱动与开发软件;

(2) 小车由电机驱动双轮进行运动,理解晶体管组成的双 H 型 PWM 调制电路控制电机运转状态的原理,掌握双通道直流电机驱动芯片的使用方法。

2) 设计电路与器件选择

(1) 掌握直流电压变换(DC-DC)并稳压的基本电路,设计一个降压模块将电源电压降低以供开发板使用;

(2) 查找满足实验要求的超声波传感器(会根据实验要求分析传感器的性能指标,并根据传感器性能指标选择器件,如探测距离、角度,供电电压,与 Arduino 的接口等),注意传感器的类型、感应角度、探测距离等关键特征参数;

(3) 学习和了解舵机转向原理,选择合适的舵机,使用时注意硬件的连接,防止出现舵机烧坏的情况;

(4) 对所选择的符合实验要求的器件进行分模块调试(以电机调试为例,具体调试方法见附件 5,测试其功能。

3) 程序设计与参数确定

(1) 根据系统框图,利用 Arduino 专用绘图软件 fritzing 设计电路原理图;

(2) 利用 Arduino IDE 软件编写相关程序,上位机通过 USB 接口将程序烧至开发板进行测试。

4）观察现象与测试数据

观察小车行动轨迹,测试小车避障是否符合实验要求,在此基础上反复进行调试,修改程序参数。

5）结果分析与方案优化

考虑不同地形对小车避障产生的影响和实际存在的探测误差以及控制误差,根据测试情况,及时修改、完善设计方案,实现小车避障无死角,无碰撞。

6）实验总结

撰写实验总结报告,并通过分组讨论,学习交流不同解决方案的特点。

3　相关知识及背景

这是一个运用电子技术及单片机技术解决现实生活和工程实际问题的典型案例,需要运用Arduino UNO 硬件技术平台,传感器及检测技术、信号放大、模/数信号转换、参数设定、反馈控制、脉冲宽度调制及参数设定等相关知识与技术方法;并采用单片机系统设计、程序设计、超声波避障及测距等技能。

4　教学目的

在对 Arduino UNO 硬件技术平台学习和了解的同时,构建智能小车系统,培养学生掌握自动控制的能力。在实践过程中,熟悉以 Arduino UNO 为核心的控制器,设计小车的检测、驱动和显示等外围电路,采用智能控制算法实现小车的智能避障功能,灵活应用机电等相关学科的理论知识,联系实际电路设计的具体实现方法,达到理论与实践的统一。

5　实验教学与指导

Arduino 是以 ATMEL 公司的 AVR 单片机为核心的单片机控制板。Arduino 硬件电路的软件开发环境都是完全开源的;Arduino 划定了一个比较统一的框架,一些底层的初始化采用了统一的方法;可以深入了解底层的全部机理,预留了非常友好的第三方库开发接口。

本实验的过程是一个比较完整的工程实践,需要经历学习研究、方案论证、系统设计、实现调试、测试标定、设计总结等过程。在实验教学中,应在以下几个方面加强对学生的引导:

（1）小车实体构建时,学习了解小车架构的几大模块,例如核心控制模块、电机模块、舵机模块、超声波模块等。熟悉各个模块之间的关系,结合小车所要实现的功能进行设计、制作、组装。

（2）掌握 Arduino 编程的基础语言,熟悉各器件的基本参数,对智能小车所要完成的工作有初步规划,然后进行编程,烧入程序后指导学生进行多次调试,以达到实验要求。

（3）可以简略地介绍反馈控制的基本原理,要求学生自学实现反馈控制的方法(本系统带宽比较低,而采样和处理器运算速度较快,可以不需要进行参数整定)。

（4）搭建模拟实验场所,对小车在不同的地理环境中(平地、斜坡)实现前进、后退、转向、识别障碍等功能进行实验并调试,以达到最佳效果。

（5）指导学生学习超声波测距的基本原理,超声波是一种频率比较高的声音,指向性强。

了解超声波测距的优势和不足,在后续实验扩展中可以综合其他测距方式修改完善系统方案。

（6）在程序设计方面引导学生根据小车上各部件的参数,运用不同的方法进行程序设计,最后在调试阶段择优选择。

（7）在实验完成后,可以组织学生以项目介绍、技术要求、演示讲解的形式进行交流,了解不同解决方案及其特点,拓宽知识面。

在设计中,要注意学生设计的规范性,如系统结构与模块构成,模块间的接口方式与参数要求;在调试中,要注意工作电源、参考电源品质对系统指标的影响,电路工作的稳定性与可靠性;在测试分析中,要分析系统的误差来源并加以验证。

6 实验原理及方案

1) 系统结构

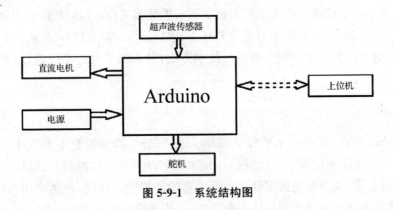

图 5-9-1　系统结构图

2) 电路原理图

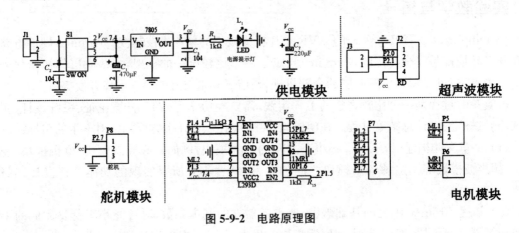

图 5-9-2　电路原理图

3) 实现方案

(1) 硬件系统

超声波避障智能小车犹如人体一般,能够灵活、自如地完成自动避障行进,需要利用多模块协调配合,控制系统主要包括以下 5 个模块:核心控制模块、电源管理模块、电机驱动模块、超声波传感模块和舵机转向模块。

① 小车的大脑——核心控制模块

系统采用 Arduino UNO 板作为核心控制模块。Arduino 是一款基于开放源代码的 USB 接口开发板,采用 Atmega328 微处理器,本质就是一个将 CPU、内存、外设等封装好的单芯片计算机,并且具有使用类似 Java、C 语言的 IDE 集成开放环境。为了测试编写的应用程序和模块,通过 USB 串口与 PC 机连接通信,将程序发送至 Arduino 中测试。Arduino 可以用来开发交互产品,比如它可以读取大量的开关和传感器信号,并且可以控制各式各样的电灯、电机和其他物理设备。

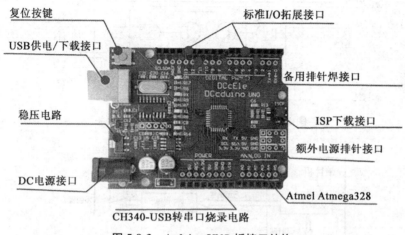

复位按键　　　　　　　　　　　　　标准I/O拓展接口
USB供电/下载接口　　　　　　　　　备用排针焊接口
稳压电路　　　　　　　　　　　　　ISP下载接口
　　　　　　　　　　　　　　　　额外电源排针接口
DC电源接口　　　　　　　　　　　Atmel Atmega328
CH340-USB转串口烧录电路

图 5-9-3　Arduino UNO 板接口结构

Arduino UNO 板性能的主要功能如下:Digital I/O 数字输入/输出端口 0~13;Analog I/O 模拟输入/输出端口 0~5;支持 ICSP 下载,支持 TX/RX;输入电压:USB 接口供电或者 5~12 V 外部电源供电;输出电压:支持 3.3 V 及 5 V DC 输出;处理器:使用 Atmel Atmega328 处理器。

② 小车的心脏——电源管理模块

电源管理模块为系统正常工作提供可靠的电压和能量。小车外置电源为两节 3.7 V 锂电池供电,因为与所需供电电压存在差异,需要用到直流降压模块。采用 7805 IC 稳压芯片进行稳压或采用降压稳压电路(电路见图 5-9-2 中的供电模块),将 7.4 V 电压稳定在 5 V 输出,保证开发板正常工作。

③ 小车的双腿——电机驱动模块

小车模型采用双轮电机驱动方式,通过左右两个电机来控制小车的转动方向,后面是个万向轮,可以自由转动。在单一电源下直流 H 桥集成功放电路可以让电机实现正转和反转双向运转。小车可采用类似 L293D 双通道直流电机驱动芯片,内部有双 H 桥集成功放电路,实现对两路电机控制,进而控制小车的运动方向。

④ 小车的眼睛——超声波传感模块

超声波传感器可选用符合实验要求的 HC-SR04 模块(具体技术参数见附件4),采用 DC5V 供电,感应角度不超过 15°,探测距离为 2~400 cm。模块包括超声波发射器、接收器和控制电路。探测时,超声波发射出长约 6 mm,频率为 40 kHz 的超声波信号,此信号被物体反射回来由超声波接收器接收,接收器实质上是一种压电效应的换能器。它接收到信号后产生毫安级的微弱电压信号,电压信号再在核心控制模块中转换为数字信号。设超声波脉冲由传感器发出到接收所经历的时间为 t，超声波在空气中的传播速度为 c，则传感器距目标物体的距离 $D=ct/2$。

HC-SR04 接口定义：V_{cc}、Trig(触发端)、Echo(回声端)、GND。

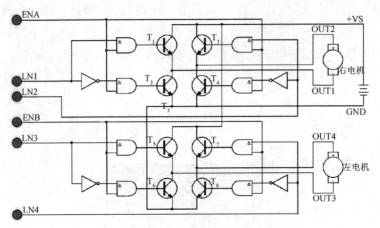

图 5-9-4　L293D 内部等效图(双 H 桥路)

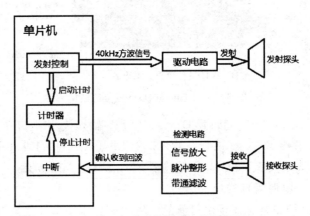

图 5-9-5　超声波传感器工作原理图

触发端发出一个 $10~\mu s$ 以上的高电平，就可以在回声端等待高电平输出。一旦有输出就可以开定时器计时，当此口变为低电平时就可以读定时器的值，即此次测距的时间，根据该时间值就可算出距离。如此不断地周期测，就可以达到移动测量的值。

⑤ 小车的颈部——舵机转向模块

舵机是智能小车转向的执行机构，一般由舵盘、减速齿轮组、直流电机、位置反馈给电位计、控制电路等几部分组成。其工作原理是，由控制电路板通过控制信号控制电机转动，电机带动齿轮组，齿轮组减速，舵机转动。同时齿轮组将带动位置反馈给电位计，电位计的变化将即时输出一个电压信号，控制电路板根据获得的信号就可以决定电机的转动方向和速度，从而控制目标。为符合实验要求，系统可选用 HG14-M

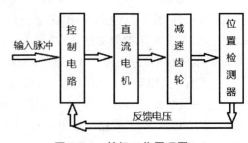

图 5-9-6　舵机工作原理图

型舵机，舵机的转角达到 $185°$，由于采用 8 位 CPU 控制，所以控制精度最大为 256 份。运动时可以外接较大的转动负载,舵机输出扭矩较大,而且抗抖动性很好,电位器的线性度较高,达到极限位置时也不会偏离目标。

(2) 软件系统

① 程序流程图

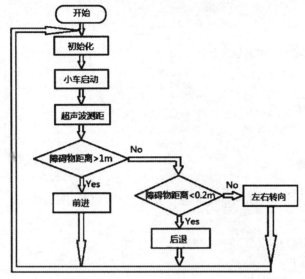

图 5-9-7　主程序流程

② 主程序代码

```
void loop()
{
  keysacn();    //调用按键扫描函数
  while(1)
  {
    front_detection();//测量前方距离
    if(Front_Distance<=1000)//当遇到障碍物时
    {
      brake(2);//停下来2 s做测距
      left_detection();//测量左边距障碍物距离
      right_detection();//测量右边距障碍物距离
      if((Left_Distance<1000)&&(Right_Distance<1000))//当左右两侧均有障碍物小于1 m,执行
下一步判断
      {  if((Left_Distance<200)&&(Right_Distance<200))//当左右两侧均有障碍物小于20 cm
          back(50);//后退减速;否则
      else if(Left_Distance>Right_Distance)//左边比右边空旷
      {
        left(20);//左转
        brake(1);//刹车1 s,稳定方向
      }
      else//右边比左边空旷
```

```
        {
            right(20);//右转
            brake(1) ;//刹车 1 s,稳定方向
        }
        }
        else
        {
            run();//如前方障碍物距离大于 1 m,直行
        }
    }
    }
}
```

7   实验报告要求

实验报告是对一次实验的总结,要求独立完成,简明扼要、图表清晰。实验报告需要反映以下工作:

(1) 实验需求分析;

(2) 实现方案论证;

(3) 实验使用的仪器与设备;

(4) 电路设计与器件选择(硬件);

(5) 程序设计与参数确定(软件);

(6) 小车轨迹测试(完成基本前进、后退、左右转向动作);

(7) 小车避障测试(包括测距、障碍物预判、避障动作正确性等);

(8) 对实验结果的分析讨论(分析小车避障失败碰撞的原因,缩小探测误差和控制误差);

(9) 实验方法总结(总结解决问题达到实验要求的有效方式方法,完善实现方案);

(10) 实验注意事项与误差分析;

(11) 心得体会与意见建议。

8   考核要求与方法

实验考核采取实验过程结合实验报告进行综合评判,分制为百分制,具体分值分配如下:

(1) 实物验收:功能与性能指标的完成程度及完成时间(以调试组装完成为准)。(共 40 分,具体分值分配如下)

① 完成基本轨迹:前进、后退、左右转向(10 分);

② 完成基本避障:10 m 外前进,0.2 m 内后退,否则再左右转向(10 分);

③ 完成复杂避障:上坡或下坡地形,不溜车,不跑偏,不碰撞(10 分);

④ 完成时间(10 分);

(2) 实验质量:硬件组装的完整性,程序设计准确、简单、流畅(20 分)。

(3) 自主创新:功能构思巧妙、电路设计创新、自主思考与独立实践能力(20 分)。

(4) 实验成本:是否充分利用实验室已有条件,材料与元器件选择合理性,成本核算与损耗。器件应选择满足条件、批量生产、性能稳定、可靠性强、价格低廉的产品(10 分)。

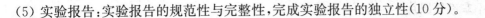

(5)实验报告:实验报告的规范性与完整性,完成实验报告的独立性(10分)。

9 项目特色或创新

1)项目特色

该项目是基于目前国际最为前沿、最流行的 Arduino 这一开源电子原型平台设计出来的实用型项目,和传统的单片机控制项目不同,该项目开发的理念是将系统分离成各个模块而不是分立的元件,简化了复杂的硬件安装与调试,将硬件软件化,便于学生查找问题和解决问题;以智能小车为实验载体极大地激发了学生对电子和单片机技术学习的兴趣,Arduino 上手快,入门简单,创意自由,让很多不是很了解嵌入式开发的非电专业的学生也趋之若鹜。

2)项目扩展

通过学生实验结果总结来看,超声波智能避障小车对超近距离障碍物容易避障失败,这主要与超声波测距的盲区有关,设计者可加装红外线避障技术,形成超声波测距和红外线测距双避障系统;小车在上下坡等复杂地形容易与障碍物发生碰撞,可加装重力感应器,使小车自动完成感应重力、控制速度、调整姿态的动作(如下坡时,小车通过重力感应器自动完成控制车速降低),以实现智能避障功能。

附件 1 元件清单

名称	数量	名称	数量
Arduino UNO 开发板	1	74HC595	1
USB 数据线	1	mini 遥控器	1
大面包板	1	1602LCD 液晶模块	1
小面包板	2	SG90 9 克舵机	1
高级外包装盒	1	舵机配件包	1
贴片元件盒	1	资料光盘	2
Led 灯(红黄蓝)	各5	多彩面包线(公对公)	1 捆
电阻 220 Ω	8	公对母杜邦线	25 捆
电阻 1 kΩ	5	智能小车底板	1
电阻 10 kΩ	5	车轮	2
有源蜂鸣器	1	减速电机(带插线)	2
按键开关	4	电池盒(带插线)	1
1 位数码管	1	HC-SR04 超声波模块	1
4 位数码管	1	万向轮	1
8 * 8 点阵	1	拓展板(舵机、超声波固定用)	1
滚珠开关	2	拓展板(面包板车载粘贴用)	1
光热敏电阻	2 对	充电器	1
可调电阻	3	3.7 V 电池	2
火焰传感器	1	配件包(铜柱螺丝)	1
红外接收管	1		

附件 2　小车底板图片

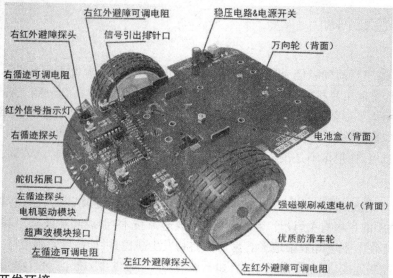

附件 3　软件开发环境

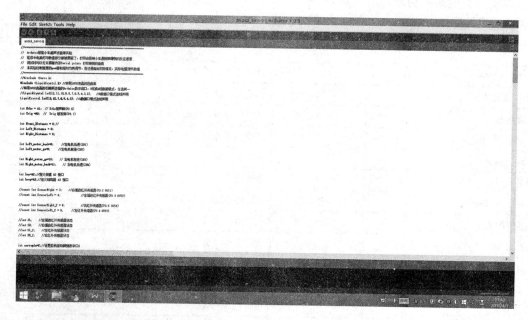

附件 4　HC-SR04 超声波传感器参数指标

电气参数	HC-SR04 超声波传感器	电气参数	HC-SR04 超声波传感器
工作电压	DC 5 V	测量角度	15°
工作电流	15 mA	输入触发信号	10 μs 的 TTL 脉冲
工作频率	40 Hz	输出回响信号	输出 TTL 电平信号，与射程成比例
最远射程	4 m	探测精度	可达 0.3 cm
最近射程	2 cm	盲区	2 cm 超近
规格尺寸	45 * 20 * 15 mm³		

附件 5　电机模块调试方法

电机模块调试：测试条件，把 EN1/EN2 接到 5 V 正电源上。

IN1 接到 V_{CC}（正 5 V 电源）（右电机反转信号线，高电平有效）

IN2 接到 V_{CC}（正 5 V 电源）（右电机正转信号线，高电平有效）

EN1 接到 V_{CC}（正 5 V 电源）（电机使能信号，高电平有效）

EN2 接到 V_{CC}（正 5 V 电源）（电机使能信号，高电平有效）

IN3 接到 V_{CC}（正 5 V 电源）（左电机正转信号线，高电平有效）

IN4 接到 V_{CC}（正 5 V 电源）（左电机反转信号线，高电平有效）

说明，电机正反转时只能接一个信号，比如 IN1/IN2 只能接一个，不能同时接两个。电机转动时要先接入 EN1/EN2 使能信号。

附件 6　实验成果展示

实验案例信息表

案例提供单位	空军勤务学院基础实验中心		相关专业	电工电子	
设计者姓名	王　婷	电子邮箱	cslgwt@163.com		
设计者姓名	于　伟	电子邮箱	1304637819@qq.com		
设计者姓名	许苏晓	电子邮箱	429297475@qq.com		
相关课程名称	Arduino 技术与应用	学生年级	大三	学时	40＋20
支撑条件	仪器设备	Arduino 开发套件、数字万用表、直流稳压电源			
	软件工具	Arduino IDE 程序编写软件、fritzing 绘图软件			
	主要器件	Arduino UNO 板、超声波传感器、双通道直流电机等			

5-10 DDS 波形发生综合设计实验(2016)

1 实验内容与任务

基于单片机或 FPGA,结合模拟器件,设计一台直接频率合成(DDS)发生器。

1) 基本部分,产生正弦波,指标要求如下:

(1) 频率范围:500 Hz～5 kHz;

(2) 频率步进:100 Hz;

(3) 精度要求:优于 1%;

(4) 带外杂散:小于－30 dB;

(5) 输出幅度:2 Vpp,误差小于 5%;

(6) 采用＋5 V 供电。

2) 发挥部分,产生正弦波、三角波、方波,技术指标如下:

(1) 频率范围:50 Hz～10 kHz;

(2) 频率步进:10 Hz;

(3) 精度要求:优于 0.1%;

(4) 带外杂散:小于－30 dB;

(5) 输出幅度可调:100 mVpp～2 Vpp,100 mV 步进;

(6) 采用 R-2R 网络自制 DA,取代 DA 芯片,制作 DDS 发生器;

(7) 其他。

2 实验过程及要求

(1) 自学预习直接频率合成器 DDS 的基本原理,了解实现 DDS 要用到的相位累加器、波形存储器、D/A 转换器、低通滤波器和 R-2R 梯形网络 DA,了解程控放大器设计。

(2) 查阅 MSP430 单片机或 Altera FPGA 的数据手册,了解单片机的时钟,I/O,定时器,中断等模块;或了解 FPGA 的逻辑资源、存储器资源及 PLL 模块等。

(3) 学习如何使用 Matlab 构建符合 DAC 位数的正弦波。

(4) 开展方案论证,设计输出信号调理以及采集转换电路,合理选择器件与元件(运放、单片机/FPGA、DA 等),计算各单元电路的参数,并利用 Multisim、CCS 等软件仿真验证。

(5) 在万用板上搭建实际电路,逐个模块焊接调试,并记录调试中遇到的问题。

(6) 在单片机或 FPGA 开发板上编程实验,并记录编程中遇到的问题。

(7) 系统设计完成后,通过示波器测试各项指标是否达到实验要求,分析 DDS 频率误差产生的原因,以及如何提高 DDS 的分辨率。

(8) 撰写设计总结报告。

(9) 分组验收,记录实验完成情况,并计入期末考试成绩。

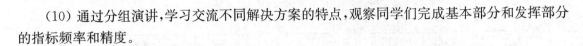

（10）通过分组演讲，学习交流不同解决方案的特点，观察同学们完成基本部分和发挥部分的指标频率和精度。

3 相关知识及背景

DDS 是直接数字式频率合成器(Direct Digital Synthesizer)的英文缩写。与传统的频率合成器相比，DDS 具有低成本、低功耗、高分辨率、输出相位连续、可编程、数字化和快速转换时间等优点，广泛使用在电信与电子仪器领域，是实现设备全数字化的一项关键技术。DDS 波形发生器是一个运用模拟与数字电子技术解决工程实际问题的典型案例，需要运用波形发生技术、信号调理、数/模转换、滤波等相关知识与技术方法。项目涉及仪器精度、仪器设备标定及抗干扰等工程概念与方法。本实验配合微机原理实验课和单片机技术等工科类专业课程，为学生课内实验以及课外科技工程创新活动提供了一种良好的解决方案。

4 教学目的

（1）工程设计思想：引导学生了解现代波形产生方法、DDS 的基本原理；掌握 DDS 实现方法；熟练掌握运算放大器线性应用电路的设计及解决实际工程问题的方法。

（2）实际动手能力：培养学生编程、数字系统设计、模拟电路设计、元器件选择、虚拟仿真等电子技术综合设计及知识运用的能力。

（3）团队协作能力：培养与提高学生工程设计能力及团队协作能力。

5 实验教学与指导

本实验是一个较为完整的设计性实验，需要经历学习研究、方案论证、系统设计、实现调试、测试标定、设计总结等过程。在实验教学中，应在以下几个方面加强对学生的引导：

（1）学习 DDS 设计的基本原理，DDS 的输出频率计算以及如何提高频率的分辨率。

（2）通过单片机或 FPGA 编程实现 DDS，构建 ROM 表，相位累加器，输入时钟的控制，按键控制频率控制字。使用 Matlab 构建正弦表，如何将生成的 ROM 表导入程序。

（3）设计输出信号调理以及采集转换电路，合理选择器件与元件（运放、单片机/FPGA、DA 等），计算各单元电路的参数，并利用 Multisim、CCS 等软件仿真验证。

（4）在实验完成后，进行实物验收，组织学生以项目演讲、答辩的形式进行交流，了解不同解决方案及其特点，拓宽知识面。

在设计中，要注意学生设计的规范性，如系统结构与模块构成，模块间的接口方式与参数要求；在调试中，要注意工作电源、参考电源品质对系统指标的影响，电路工作的稳定性与可靠性；在测试分析中，要分析系统的误差来源并加以验证。

6 实验原理及方案

DDS 的主要组成部分有：累加器部分、ROM 部分、DAC 部分、按键控制部分、定时器部分。其原理框图如图 5-10-1 所示，工作过程如下：

本实验微处理器可选用单片机或 FPGA。

作为示范样例，本实验 16 位的 MSP430F2618，内部自带 16 位的定时器。定时器的 $f_{\text{clk}} =$

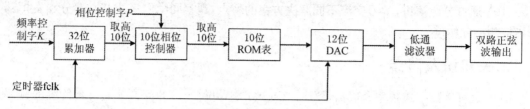

图 5-10-1　DDS 原理图

100 kHz,低通滤波器的截止频率大约为 20 kHz,保证滤除 5 kHz 的正弦波中的高频分量即可。

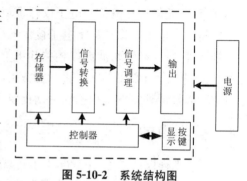

图 5-10-2　系统结构图

7　参考资料

1) DDS 基本原理

　　DDS 的理论是根据奈奎斯特采样定理,对于一个周期的正弦波的连续信号,沿其相位轴方向,以等量的相位间隔对其进行幅度采样,得到一个周期的正弦信号的离散幅度序列,并且对模拟幅度值进行量化,得到离散的数字量,然后固化在只读存储器(ROM)中,每个存储单元的地址即是相位采样的地址,存储单元的内容是一个周期正弦波的幅值。

　　DDS 的原理图如图 5-10-1 所示,主要包括相位累加器、相位调制器、波形存储器、D/A 转换器和低通滤波器。在定时器的时钟控制下,频率控制字 K 由相位累加器得到响应的相码,然后取其高 10 位到 ROM 中,寻址取出相应的幅度值送给 DAC 得到响应的阶梯波形,最后经过低通滤波器进行平滑滤波,即得到由频率控制字 K 决定的连续变化的输出波形。

　　DDS 模块的输出频率 f_{out},系统工作频率 f_{clk},相位累加器比特数 N 以及频率控制字 K 之间的关系,用数学表达式表示为:

$$f_{out} = \frac{f_{clk} K}{2^N}$$

　　它的频率分辨率,即频率的变化间隔:

$$\Delta f = \frac{f_{clk}}{2^N}$$

　　例如,本例中 $f_{clk}=100$ kHz,$N=32$,实验要求频率(f_{out})范围 500 Hz~5 kHz,步进100 Hz,可计算出频率控制字 K 的取值,也可计算出本设计的频率分辨率远远超出题目要求的 100 Hz 以及发挥部分的 1 Hz 步进,每次通过按键控制频率控制字 K 的变化,即可实现 500 Hz~5 kHz 的频率变化。

2) DDS 相位累加器、相位调制器设计

```
//——————————————————————————定时器中断——————————————————————————//
#pragma vector=TIMERA0_VECTOR
__interrupt void Timer_A(void)
{
    Sin_ROMAddr=Accumulator≫22;
```

//取累加器的高 10 位指向 ROM 的地址

DAC12_0DAT＝Sin_ROM_1024[Sin_ROMAddr];

DAC12_1DAT＝Sin_ROM_1024[(Sin_ROMAddr＋PhaseCtrlWord)&0x3FF];

//在 ROM 的地址上调制相位

Accumulator＋＝K;//相位累加器

}

3) Matlab 的正弦表构建

打开 Matlab,在命令窗口输入命令,可观察到正弦波形的生成。然后在 Workspace 窗口双击 y 变量,在出现 y 的量化值的 Excel 表格选中所有的 y 取值,导入到 ROM 表中(可使用 Notepad＋＋编辑),如图 5-10-3 所示。

```
t＝[0:1023];                        %根据 ROM 大小取 1024 点
y＝2047 * sin(2 * pi * t/1024)＋2048;   %量化 12 位的定点波形值
plot(y);
y＝fix(y);
y＝y'
```

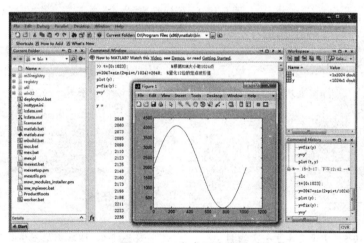

图 5-10-3　生成正弦波形

4) D/A 转换器设计

void Init_DAC12(**void**)

{

　　ADC12CTL0 &＝～ENC;　　　　　　//配置 ADC12 之前关闭使能

　　ADC12CTL0 |＝REF2_5V＋REFON＋ADC12ON;

　　//打开 2.5 V 内部基准电压

　　DAC12_0CTL &＝～DAC12OPS;

　　DAC12_0CTL |＝DAC12SREF0＋DAC12LSEL_0＋DAC12IR＋DAC12AMP_7;

　　DAC12_0CTL |＝DAC12CALON;

　　ADC12CTL1 &＝～ENC;　　　　　　//配置 ADC12 之前关闭使能

ADC12CTL1 |=REF2_5V+REFON+ADC12ON；

DAC12_|CTL &=~DAC12OPS；

DAC12_|CTL |=DAC12SREF0+DAC12LSEL_0+DAC12IR+DAC12AMP_7；

DAC12_|CTL |=DAC12CALON；

}

5）滤波器设计

通带频率为 10 kHz 的低通滤波器

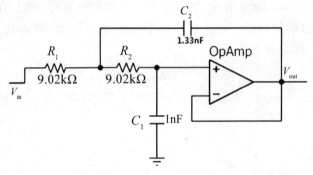

图 5-10-4　低通滤波器

图 5-10-5　实现方案之一实物图

图 5-10-6　DDS 波形发生器实测图

8 实验报告要求

实验报告需要反映以下工作：

（1）实验需求分析；

（2）实现方案论证；

（3）理论推导计算；

（4）电路设计与参数选择；

（5）电路虚拟仿真与验证；

（6）电路装配过程；

（7）电路测试方法；

（8）实验数据记录；

(9) 数据处理分析；

(10) 实验结果总结。

9 考核要求与方法

任务安排后两周内完成，其中第一周单人设计方案，理论推导计算并选择参数，完成虚拟仿真验证；第二周，以两人为小组组队，在万用板上实物焊接、调试并测试。考核成绩共计 10 分。其考核方法如下：

(1) 仿真验收：电路元件参数选择与指标完成程度，单人单组进行。

(2) 实物验收：功能与性能指标的完成程度（如控制精度），完成时间。

(3) 实验质量：电路方案的合理性，焊接质量、组装工艺。

(4) 自主创新：功能构思、电路设计的创新性，自主思考与独立实践能力。

(5) 实验成本：是否充分利用实验室已有条件，材料与元器件选择合理性，成本核算与损耗。

(6) 实验数据：测试数据和测量误差。

(7) 实验报告：实验报告的规范性与完整性。

10 项目特色或创新

1）模式创新

将传统实验箱或完整开发板模块实验转变为用万用板搭建电子系统实验的模式，并且项目背景与现代电子技术紧密结合，易于激发学生的兴趣。

2）方法创新

项目综合了所学的电路基础、模拟电子电路、数字电路、微处理器等多学科的知识，采用先虚拟仿真后搭建实物的"虚实结合"实验模式，引导学生掌握现代电子系统设计实验新方法，提高学生理论结合实际以及解决问题的能力。

3）形式创新

项目为开放性实验，要求用两周时间完成，学生可以自主安排时间。并且项目中设有发挥部分，为学有余力的学生提供锻炼机会，充分发挥学生自主创新潜能。

实验案例信息表

案例提供单位	西安电子科技大学电子工程学院		相关专业	电子信息工程	
设计者姓名	王新怀		电子邮箱	xinhuaiwang@xidian. edu. cn	
设计者姓名	周佳社		电子邮箱	jshzhou@mail. xidian. edu. cn	
设计者姓名	王水平		电子邮箱	wsp_121@163.com	
相关课程名称	电子综合设计实验		学生年级	大三	学时	2＋8
支撑条件	仪器设备	计算机、信号源、示波器、万用表、电源、myDAQ、Multisim 电子虚拟仿真平台			
	软件工具	Multisim、Matlab、CCS、Quartus Ⅱ、Modelsim 等软件平台			
	主要器件	常用阻容、D/A、单片机/FPGA 板、NE5532 运放等			

5-11 光感智能遥控窗帘控制系统设计(2016)

1 实验内容与任务

1)项目内容

(1) 以 AT89C51 单片机为控制核心,通过光感智能控制、无线遥控等不同控制模式,配以系统相关的零部件和软件程序,利用继电器驱动直流电机正反转,实现自动、遥控器遥控窗帘机的动作,既而达到控制窗帘的开合。

(2) 无线遥控部分是由 SC2262/SC2272 编码/解码芯片组成的无线发射/接收模块,通过 SC2272 接收 SC2262 输出端 D0、D1、D2、D3 输出的信号给控制单片机。

(3) 使用单片机控制继电器的吸合来驱动直流电机的正反转,实现窗帘的开合。

(4) 用行程开关来检测窗帘的位置,当窗帘上升或下降到极限时,行程开关会给单片机信号,从而防止过卷,安全无误。

(5) 当按下遥控板上的切换按键,可实现智能模式与手动模式的切换。

(6) 综合考虑电机拉动窗帘的工作时间长度、电机工作的时候是否有鸣响提示,以及光控状态下环境亮度控制参数的调整等,进而对电路进一步改进和优化。

2)项目任务

(1) 设计并实现具有智能模式的控制窗帘开合功能;

(2) 设计并实现行程限位功能;

(3) 设计并实现远程遥控功能;

(4) 设计并实现显示控制方式和运行状态。

3)扩展要求

具有声控感应、温度感应以及时间自动控制功能;自主开发设计其他功能。

2 实验过程及要求

(1) 通过查阅资料学习和了解不同软/硬件方式下,实现系统方案的方法,并确定实验元器件;

(2) 掌握单片机最小系统模块、无线发射/接收芯片的使用;

(3) 制作硬件电路,并调试测试,优化电路参数,记录测试结果;

(4) 通过 SC2262 芯片的 Dout 端进行遥控编码和解码,确定发射模块的技术参数;

(5) 设计系统程序流程图,在程序中实现各模块功能;

(6) 设计电路并优化、仿真,记录仿真结果,系统调试无误绘制 PCB 图;

(7) 撰写设计报告,阐明电路设计方案、过程、数据及结果分析等;

(8) 展示作品,并通过分组演讲,学习交流不同解决方案的特点。

3 相关知识及背景

本实验是运用单片机原理与应用技术、机械制造技术以及加工工艺等技术解决传统窗帘不能满足现代都市居民生活需求问题的典型案例。涉及控制器/按键选择、光感/遥控、时钟电路自激振荡、采光检测、电机控制、继电器驱动、芯片编码/波形解码、元器件参数设定、绘制 PCB 板、系统焊接与调试等相关知识与技术方法。掌握几种常用的计算机辅助分析和设计软件；熟悉一般电子电路的设计、安装、调试的方法；掌握模拟电子和数字电子电路常用的故障检测和排除方法。

图 5-11-1 应用背景

4 教学目的

综合考查学生对单片机技术、模拟电路、数字电路相关知识的掌握，引导学生在夯实基础的同时拓展知识视野，设计不同的解决方案及根据工程需求比较选择技术方案；引导学生根据需要设计电路、选择元器件，构建测试环境与条件，并通过测试与分析对项目做出技术评价；融合相关知识点，通过实验扎实掌握基础知识，体会一个完整工程实践项目的实施流程；鼓励拔尖学生突破知识瓶颈，拓宽知识面，尝试用单片机等方案去实现。

5 实验教学与指导

对系统的设计任务进行具体分析，仔细研究题目，明确设计内容，充分理解题目的要求、每项指标的含义。

针对系统提出的任务、要求和条件，查阅资料，广开思路，提出尽量多的不同方案，仔细分析每个方案的可行性和优缺点，加以比较，从中选取合适的方案。

将系统分解成若干个模块，明确每个模块的功能、各模块之间的连接关系及实现方法等。构建总体方案与框图，清晰地表示系统的工作原理，各单元电路的功能及各单元电路间的关系。

（1）该实验项目可以选用 FPGA 或单片机为控制核心实现整个系统。

（2）掌握电路的基本模型和设计方法，自行设计电路及其参数。

（3）加深对无线发射/接收、光感、继电器驱动、复位启动时间、输入/输出阻抗、时钟脉冲等概念的理解，设计表格，测量并记录相关数据。

（4）在电路设计、搭试、调试完成后，必须要用标准仪器设备进行实际测量，观测波形、数据等，记录数据的同时用照片记录相关波形。

（5）尝试设计故障场景，让学生找出问题所在，分析和总结错误的结果，使学生加深对相关电路和概念的理解。

（6）在实验完成后，组织学生以项目演讲、答辩、评讲的形式进行交流，了解不同解决方案及其特点,交流在实验过程中出现的问题及解决方法等,拓宽知识面。

(7) 讲解一些超出目前知识范围的解决方案,鼓励学生学习并尝试实现。

在设计中,要注意学生设计的规范性,如系统结构与模块构成、模块间的接口方式与参数要求;在调试中,要注意工作电源、参考电源品质对系统指标的影响,电路工作的稳定性与可靠性;在测试分析中,要分析系统的误差来源并加以验证。

6 实验原理及方案

1) 系统结构

(1) 系统原理图及框架图

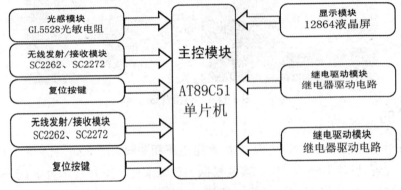

图 5-11-2 系统结构图

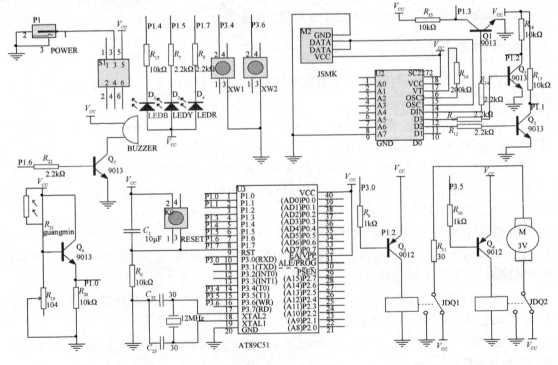

图 5-11-3 系统电路图

（2）程序流程图

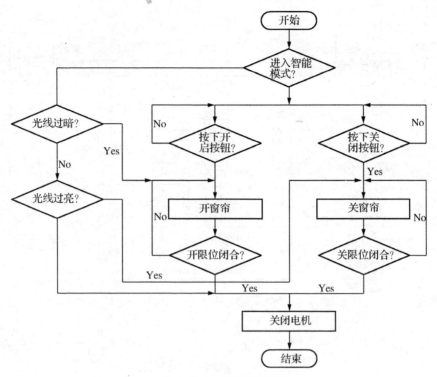

图 5-11-4 程序流程图

（3）无线发射电路图和无线发射模块

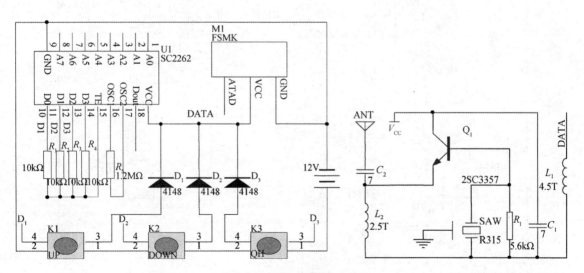

图 5-11-5 无线发射电路图

（4）无线接收电路和无线接收模块

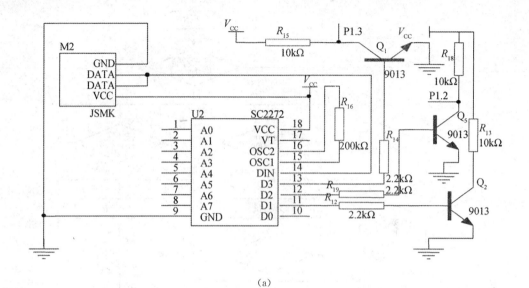

（a）

（b）

图 5-11-6　无线接收电路图

（5）单片机仿真电路图

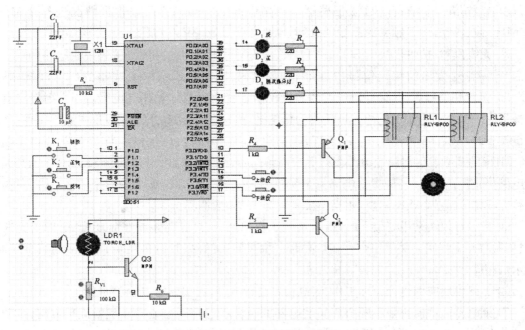

图 5-11-7　单片机仿真电路图

2）实现方案

（1）确定系统总体设计。智能遥控窗帘系统所需的主控制器的运算速度要求并不很高,设计任务所需的控制系统并不复杂,硬件设计使用一种带 2 K 字节闪存、可编程、可擦除只读存储器的 AT 89C51 单片机,可反复擦除只读存储器 1 000 次。该器件采用 ATMEL 高密度非易失存储器制造技术制造,与工业标准的 MCS-51 指令集和输出管脚相兼容,能方便与 MCS-51 系列单片机连接。遥控设计采用无线发射/接收模块。无线发射模块采用 SC2262 编码芯片编码,再经 315M 发射模块电路发射信号,采用 LM358 接收模块电路接收信号,再经 SC2272 解码芯片解码,完成信号的发射和接收工作。SC2262 内部有个时钟电路,其频率由接在其引脚上的外接电阻决定,电阻小,频率小,随之码率高;反之亦然。遥控电源采用 12 V 电池供电;而主控电路有个 3 V 的直流电机,由于手机充电插头和现阶段比较流行的手机充电宝的电压约为3.6 V,考虑到电路可能产生的电压降,可以通过 USB 线连接手机充电宝或手机充电器来提供电源。

（2）设计系统的硬件部分。它由单片机最小系统模块、无线发射/接收模块、指示灯模块、光感模块、继电器驱动模块等电路组成。

① 单片机最小系统是能够让单片机工作的最小硬件电路,除了单片机外,还包括复位电路和时钟电路。复位电路是用于将单片机内部各电路的状态复位到初始值。时钟电路为单片机提供基本时钟,因为单片机内部由大量的时序电路构成,没有时钟脉冲即“脉搏”的跳动,各个部件将无法工作。51 单片机要复位只需要在第 9 引脚接个高电平持续 2 μs 就可以实现,在系统中,系统上电启动的时候复位一次,当按键按下的时候系统再次复位,如果释放后再按下,系统还会复位。所以在运行的系统中可以通过按键的断开和闭合控制其复位。时钟电路用于产生单片机工作所需要的时钟信号,在单片机内部有一个高增益反相放大器,其输入端引脚为

XTAL1,其输出端引脚为 XTAL2。只要在 XTAL1 和 XTAL2 之间跨接晶体振荡器和微调电容,就可以构成一个稳定的自激振荡器。结构中的 X1、C1、C2 可以根据情况选择 6 MHz、12 MHz 或 24 MHz 等频率的晶振,补偿电容通常选择 30 pF 左右。

② 无线发射/接收模块由 SC2262 和 SC2272 配对使用的遥控编码解码集成电路构成。编码芯片 SC2262 发出的编码信号由地址码、数据码、同步码组成一个完整的码字,解码芯片 SC2272 接收到信号后,其地址码经过两次比较核对后,VT 脚才输出高电平。当发射机没有按键按下时,SC2262 不接通电源,其 17 脚为低电平,所以 315 MHz 的高频发射电路不工作;当有按键按下时,SC2262 得电工作,其第 17 脚输出经调制的串行数据信号,当 17 脚为高电平期间 315 MHz 的高频发射电路起振并发射等幅高频信号,当 17 脚为低电平期间 315 MHz 的高频发射电路停止振荡,所以高频发射电路完全受控于 SC2262 的 17 脚输出的数字信号,从而对高频电路完成幅度键控(ASK 调制)相当于调制度为 100%的调幅。

③ 指示灯模块采用 3 个 LED 指示系统工作状态,红灯亮时系统是智能模式,即为光线亮时打开窗帘,光线暗时关闭窗帘。蓝灯亮时电机正转,黄灯亮时电机反转,碰触到行程开关时,指示灯相应地闪烁 3 下,同时停止电动机。

④ 光感模块应用光控原理工作,天亮窗帘自动打开,天黑窗帘自动关闭。

⑤ 继电器驱动模块采用两个 5 V 继电器的吸合状态控制直流电动机的旋转方向,带动窗帘的开合,通过 9012 三极管驱动继电器的吸和,采用 3 个 LED 指示灯来指示系统的工作状态,其中两个指示灯用来指示电机的正反转。

(3) 设计系统软件。系统主程序包括主函数、工作函数、延时函数,其中工作函数包括光感部分函数和遥控部分函数,光感部分函数又分为白天(有光)时打开窗帘和夜间(无光)时关闭窗帘。

(4) 制作系统与调试系统。利用仿真软件画电路图,对各个元件进行参数值的设定,然后进行系统的仿真。调试连接好的系统,智能模式下:改变代替光敏电阻的电位器,调至另一不同光照强度时的电阻值,观察结果如何;同时调节临界点的可调电阻。遥控模式下:按照系统要实现的功能,按动相应的按键。

(5) 通过调试的结果,发现可能存在以下问题:① 遥控控制的过程中可能会出现信号识别错误和按动按键没有反应的情况。② 上升的时候,碰触行程开关会出现电机不停止继续转动的情况。解决的办法:问题①的情况,与所用电阻的大小及码率的高低有一定的关系,一般是电阻小码率高,电阻大则码率低。码率高则控制速度快,低则会出现误动作。若出现遥控失灵的情况,应当选择大一挡的电阻进行配对,降低码率。问题②的情况,经万用表测量两行程开关和下降时所用行程开关工作情况的比对,可知上升的行程开关存在碰触接触不良断电故障的情况。

7 教学实施进程

(1) 通过查阅资料学习和了解不同软/硬件方式下,实现系统方案的方法,并确定实验元器件;

(2) 制作系统各个模块的硬件电路,并进行调试,优化电路参数,记录测试结果;

(3) 设计系统程序流程图,在程序中实现各模块功能;对系统中各模块电路进行优化和仿真,记录仿真结果;

(4) 撰写设计报告,阐明电路设计方案、过程、数据及结果分析等;展示作品,并通过分组演讲,学习交流不同解决方案的特点。

8 实验报告要求

(1) 实验要求分析：正确的理解项目要求；

(2) 实现方案论证：实验的蓝图，关系到实验的成败；

(3) 理论推导计算：科学的计算分析；

(4) 电路设计与参数选择：模型选择及参数计算；

(5) 电路测试方法：调试电路，纠错校正；

(6) 表格设计，实验数据记录：表格合理，数据清晰；

(7) 数据处理分析：结果计算分析；

(8) 实验结果总结与心得体会：误差分析，出现的问题及解决方法，心得体会。

9 考核要求与方法

(1) 实物验收：功能与性能指标的完成程度（如硬件设计、软件设计、电路调试），完成时间。

(2) 实验质量：电路方案的合理性，焊接质量、程序调试、组装工艺。

(3) 自主创新：功能构思、电路设计的创新性，自主思考与独立实践能力。

(4) 实验成本：是否充分利用实验室已有条件，材料与元器件选择合理性，成本核算与损耗。

(5) 实验数据：执行结果和数据误差。

(6) 实验报告：实验报告的规范性与完整性。

10 项目特色或创新

综合、系统的应用已学到的单片机技术、模拟电路、数字电路的知识，在单元电路设计的基础上，利用软件设计出具有实用价值和一定工程意义的电子电路；扩展新知识，培养综合运用能力，增强独立分析与解决问题的能力；培养严肃认真的工作作风和科学态度，为以后从事电子电路设计和研制电子产品打下初步基础。项目的特色如下：

(1) 突出学生的主体地位，给学生研究探索的空间，为拔尖学生提供发挥舞台。

(2) 以项目为驱动，激发学生自主实验的兴趣和自主探索的意愿。

(3) 实验内容是开放的、可扩展的。既培养学生实践能力，又启发学生的创新意识。

(4) 采用过程考核模式，全程跟踪记录，重视实验总结讲评，提高学生综合素质。

实验案例信息表

案例提供单位		兰州交通大学电子与信息工程学院国家级电工电子实验示范中心	相关专业	自动化专、自动控制业		
设计者姓名		程小阳	电子邮箱	360895653@qq.com		
设计者姓名		张华卫	电子邮箱	14169576@qq.com		
设计者姓名		宫玉芳	电子邮箱	52617981@qq.com		
相关课程名称		单片机原理及应用、模拟电子技术、数字电子技术等	学生年级	大三、大四	学时	课外开放实验
支撑条件	仪器设备	计算机、示波器、信号发生器、电源				
	软件工具	Altium Designer6.0、Multisim、Pspice				
	主要器件	AT89C51 单片机、SC2262/SC2272-M4 芯片、315 M 无线可再生发射器/315 M 无线可再生接收器、继电器、行程开关、3 V 直流电机、12 MHz 晶振、电阻/光敏电阻/可调电阻、30 pF 电容、PCB 板、18 脚插座、插针、小灯等				

5-12 无线远程仿生机械手臂的设计与实现(2016)

1 实验内容与任务

本实验教学案例属于综合创新型实验,需要完成的任务是设计并制作无线远程仿生机械手臂,能够实现的功能为:遥控者可以通过微型头戴式显示器实时观察机械臂,并通过穿戴式遥控手臂实时远程操控仿人手机械臂完成一定的动作。用户通过固定在手臂上的位姿信号采集臂来进行手臂位姿信号的采集、处理与无线发射,远程执行臂无线接收信号、处理并通过舵机实现相应的动作,同时通过摄像头将实时画面通过无线视频模块反馈给用户,用户通过头戴式显示器观察实时执行情况并同时进行监听。教学案例采用分层次逐步渐进式的教学方式,引导学生最终实现功能要求。

(1)基础要求:掌握电类基础知识,熟悉单片机知识、编程实现对多个舵机的准确控制,为后续机械手臂的控制做准备;(适合电类所有专业)

(2)层次提升:利用FPGA对多个舵机进行准确控制,并引入无线数据发射模块,实现远程控制机械臂的要求;(适合自动化、通信、物联网专业)

(3)扩展要求:引入可穿戴概念,实现穿戴式遥控手臂系统的设计;引入视频传输模块,通过头戴式显示器对机械臂进行可视化操作;(适合自动化、通信、物联网、电子信息专业)

(4)创新要求:在满足基础要求、扩展要求的基础上自主开发设计其他功能。(适合电类所有专业)

2 实验过程及要求

(1)尽可能地查找满足实验要求的单片机、FPGA控制器、电源、无线传输模块、传感器、视频传输模块以及其他相关元器件,学习并了解不同器件、模块的参数指标,比较分析选择最优;

(2)掌握单片机、FPGA工作原理及实际编程应用;

(3)掌握舵机、无线传输模块、传感器、视频传输模块的工作原理;

(4)掌握一定的软件编程技巧;

(5)学习计算机软件辅助电路设计方法,能熟练应用 Multisim、Protel 进行电路设计和印刷电路板的设计制作;

(6)设计硬件电路并优化、仿真,记录仿真结果;

(7)制作硬件电路,软硬件联调并测试,优化系统参数;设计合理测试表格,记录实验数据;

(8)拓展电子电路的应用领域,设计、制作出满足一定性能指标或特定功能的电子电路设计任务;

(9)撰写设计报告,阐明电路设计、结果分析等;

(10)展示作品,并通过分组演讲、答辩,学习交流不同解决方案的优缺点。

3 相关知识及背景

本实验由主控模块、数据采集模块、无线收发模块、视频采集模块、显示模块以及电源模块

324

等部分组成。学生可以应用电子技术、单片机技术知识完成基本要求部分；也可选作扩展要求部分，此部分需综合应用电子技术、FPGA 技术、无线数据传输等相关知识，同时学生须自主学习实验中涉及的其他知识点。(学生需要熟练掌握电子技术分析方法和软件编程算法；熟悉硬件电路的设计、安装、调试的方法以及与软件的联调实现；掌握电子技术常用的故障检测和排除方法。)

机械手臂是目前在机器人技术领域中应用最广泛的自动化机械装置，在工业制造、医学治疗、娱乐服务、军事、半导体制造以及太空探索等领域都能见到它的身影。尽管它们的形态各有不同，但它们都有一个共同的特点，就是能够接受指令，定位到三维(或二维)空间上的某一点进行作业。近年来，随着电子通信、信息处理、机械自动化以及远程控制等技术的快速发展，机械手在各工业领域的应用也愈加广泛。

4 教学目的

综合考查学生对模拟电路、数字电路、单片机、FPGA 等相关知识的掌握，引导学生在夯实基础的同时拓展知识视野，设计不同的解决方案及根据需求比较选择技术方案；引导学生根据需要设计电路、选择元器件；构建测试环境与条件，并通过测试与分析对项目做出技术评价。通过该实验，使一般学生扎实掌握基础知识，体会一个完整工程实践项目；鼓励拔尖学生自主学习，拓宽知识面。

5 实验教学与指导

案例由点到面，逐渐深入扩大知识覆盖面，涵盖已学知识、自主学习拓展知识、提前进入专业知识。

案例采用先"模块化"再"搭积木"的设计方法，结合仿真软件，完成实际作品，使学生熟悉完整的工程实践过程。

要求学生自行设计实验方案、探索实验条件，着重培养学生团队协作、解决实际问题的能力以及创新能力。项目基本要求既不能超出学生的知识水平与操作技能，同时通过项目任务分解由浅入深，循序渐进，对相关课程知识进行适度拓宽、提高和综合应用。

(1) 针对设计任务进行具体分析，引导学生仔细研究题目，明确设计要求，充分理解题目的要求；该过程采用指导教师宣讲方案和学生间讨论方式进行，在教学过程中教师不仅要引入工程的概念，而且要按照企业的规范和工程的标准严格要求学生的行为；

(2) 针对提出的任务、要求和条件，要求学生广泛查阅资料、广开思路，提出尽可能多的不同方案，仔细分析每个方案的可行性和优缺点，加以比较，从中选取最优方案；引导学生将分散的知识点通过解决一个工程问题系统地串接起来，并比较不同电路、元器件间的优缺点；该过程主要以学生自主学习为主，教师负责答疑解惑；

(3) 将系统分解成若干个模块，明确每个模块的功能、各模块之间的连接关系以及各模块之间的关系等；构建总体方案与框图，清晰地表示系统的工作原理，各单元电路的功能；

(4) 在电路设计、搭试、调试完成后，必须要用仪器设备进行实际测量，观测数据；

(5) 尝试提出一些错误的要求，通过错误的结果，使学生加深对相关电路和概念的理解；

(6) 在实验完成后，组织学生以项目演讲、作品展示、答辩、评讲的形式进行交流，了解不同

解决方案及其特点,引导学生拓宽知识面;

(7) 讲解一些超出目前知识范围的解决方案,鼓励学生学习并尝试实现;

(8) 在设计中,注意学生设计的规范性,如系统结构与模块构成,模块间的接口方式与参数要求;在调试中,要注意各个模块对系统指标的影响,系统工作的稳定性与可靠性;在测试分析中,要分析系统的误差来源并加以验证。

6 实验原理及方案

本系统可以由主控模块、数据采集模块、无线收发模块、视频采集模块、显示模块等5部分组成,如图 5-12-1 及图 5-12-2 所示。根据学生能力,系统可以由简单到复杂逐步递进。

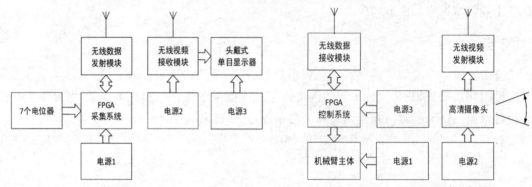

图 5-12-1　穿戴式遥控手臂系统框图　　　　图 5-12-2　远程执行系统框图

1) 入门级

利用单片机等相关知识完成对机械手臂的控制。主要锻炼学生的单片机应用能力,同时针对机械臂具体功能及精度要求,进行控制系统软件算法优化设计,训练学生的编程能力,包括舵机控制算法、位姿角度合成算法、稳定平稳控制算法等。通过对控制系统软件的实验调试,完成机械臂在运行时需要的各项功能,同时也使机械臂的关节控制响应速度达到一定的技术要求。机械臂的驱动装置可采用高精度模拟舵机 MG995,一共有 8 个舵机,各司其职,具体动作内容如表 5-12-1 所示。机械臂的最终运动方式将由 8 个舵机的和运动合成。

表 5-12-1　MG995 舵机的动作内容

序号	动作内容	序号	动作内容
1	大臂前抬	5	手腕旋转
2	大臂侧抬	6	手腕上下动
3	中臂旋转	7	抓取动作
4	中臂弯曲	8	云台控制(入门级不考虑)

2) 提高级

要实现无线远程的机械手臂,系统中要引入无线传输模块,同时控制模块可选择功能较强大的 FPGA 控制系统。该部分重点引入 FPGA 知识,使学生逐步熟悉其工作原理及使用方法,拓展学生视野,鼓励拔尖学生自主学习。FPGA 的顶层原理图及其组成介绍见图 5-12-3 及表 5-12-2。

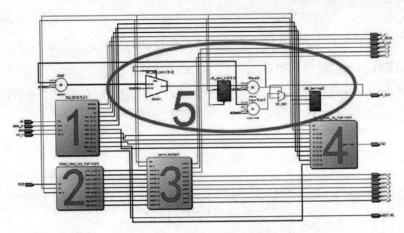

图 5-12-3 FPGA 顶层原理图

表 5-12-2 顶层原理图组成介绍

序号	模块	序号	模块
1	TLC2543 控制模块	4	串行数据发送模块
2	串行接收控制模块	5	测试信号输出模块
3	PWM 生成模块		

3) 拓展级

引入可穿戴概念,实现穿戴式遥控手臂系统的设计;引入视频传输模块,通过头戴式显示器对机械臂进行可视化操作。

(1) 方案 I

系统采用 2.4 G 无线发送模块,显示采用上位机显示器。电源部分只有 3 个电源,FPGA 采集系统、2.4 G 无线数据发射模块和 2.4 G 无线视频接收模块共用一个电源 1;FPGA 控制系统、2.4 G 无线数据接收模块、2.4 G 无线视频发射模块和高清摄像头共用一个电源 2,如图 5-12-4 和图 5-12-5 所示。

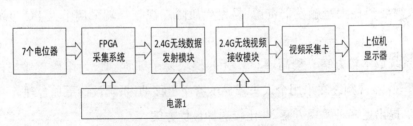

图 5-12-4 原始穿戴式遥控手臂系统图

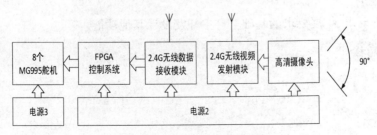

图 5-12-5 原始机械臂系统图

(2) 方案Ⅱ

如图 5-12-6 和图 5-12-7 所示,整个系统共有 6 个电源,虽然使系统成本增高,但是稳定性有大幅提升。无线数据模块改为串口 433M 公共无线电波段模块,工作方式与 FPGA 系统兼容性强,程序结构简单,故障率低。显示终端改为头戴式显示器,大大增强了设备的移动性与实用性。

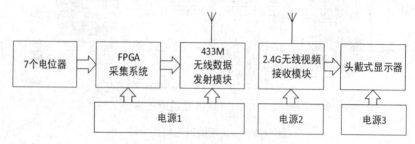

图 5-12-6　穿戴式遥控手臂系统图

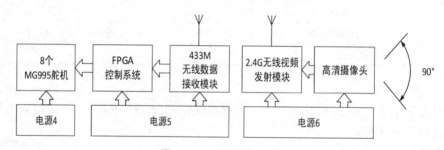

图 5-12-7　机械臂系统图

(3) 方案比较

方案一和方案二的主要区别在于电源的选择和无线发送设备以及显示设备的选择。

方案一系统成本较低,但是稳定性没有方案二好。且 2.4G 模块工作方式与 FPGA 系统编程复杂度高,需要消耗大量触发器资源,易发生故障。视频终端采用个人 PC 显示器,移动性不强。

方案二系统成本较方案一稍高,433M 无线模块易于编程和设计编码校验电路,消耗 FPGA 内部资源较少,视频终端采用个人头戴显示器便于移动,系统设计更加合理。

鼓励学生提出更多种实现方案,并比较选择最优方案。

4) 创新级

在满足基础要求、扩展要求的基础上自主开发设计其他功能。

5) 系统软件流程

见图 5-12-8。

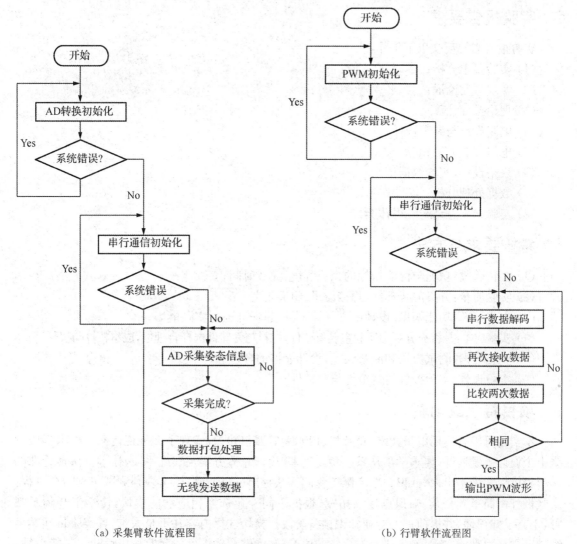

（a）采集臂软件流程图 （b）行臂软件流程图

图 5-12-8 系统软件流程图

6）作品示例

见图 5-12-9。

图 5-12-9 学生作品

7 实验报告要求

实验报告需要反映以下工作:

(1) 实验要求分析;

(2) 实现方案论证;

(3) 理论推导计算;

(4) 电路设计与参数选择;

(5) 电路测试方法;

(6) 表格设计,实验数据记录;

(7) 数据处理分析;

(8) 实验结果总结与心得体会。

8 考核要求与方法

(1) 实物验收:功能与性能指标的完成程度,完成时间;

(2) 实验质量:方案的合理性,焊接质量、组装工艺;

(3) 自主创新:功能构思、设计的创新性,自主思考与独立实践能力;

(4) 实验成本:是否充分利用实验室已有条件,材料与元器件选择合理性,成本核算与损耗;

(5) 实验数据:测试数据和测量误差,设计表格的合理性;

(6) 实验报告:实验报告的规范性与完整性。

9 项目特色或创新

本实验可综合应用电子技术、单片机、FPGA 等课程知识,实现了多种现代电子技术手段围绕 1 个设计主题展开,要求学生从系统角度思考、设计总体方案及实施手段,让学生从理论课的学习思维模式中走出来,认识一个实际工程问题从提出、分析、设计、实现到测试完成的全过程。实验设计由简单到复杂,知识点逐渐拓宽,根据不同专业选择相应功能模块,使学生开阔了视野,丰富了知识面,并提前进入专业知识预备阶段。模块选择内容并不是太难,各实验目标学生经过一番努力都能实现,且完成后有一定的成就感,能够调动学生的实验积极性和主观能动性。在单元电路设计的基础上,利用新型软件设计出具有实用价值和一定工程意义的电子电路;扩展新知识的学习,培养综合运用能力,增强独立分析与解决问题的能力;培养严肃认真的工作作风和科学态度,为以后从事电子电路设计和研制电子产品打下初步基础。

实验案例信息表

案例提供单位		兰州交通大学		相关专业	自动化、物联网、通信、电子信息	
设计者姓名		姚晓通	电子邮箱	545323755@qq.com		
设计者姓名		李积英	电子邮箱	Ljy7609@126.com		
相关课程名称		模拟电子技术、数字电子技术、单片机等	学生年级	大二(下)、大三	学时	8+40
支撑条件	仪器设备	计算机、电源、示波器、信号发生器等				
	软件工具	Multisim、Protel99、Proteus 等				
	主要器件	机械臂、FPGA、舵机、无线模块、云台、摄像头等				

5-13 三维电子向日葵追光系统的设计(2016)

1 实验内容与任务

设计一个基于单片机控制的自动判断光线位置并且响应转向对准光源的系统装置。系统以 C51 单片机最小系统为控制核心,利用光电传感器对光线强弱进行判断,及时控制驱动电机调整向日葵转向,实现系统对准最强光源的目的。

2 实验过程及要求

(1) 3~6 人自由组成团队,分工协作。

(2) 学生尽可能多地查找满足要求的各种传感器,传感器的类型、固定形式、安装方法、测量精度、输入/输出信号形式和动态范围等关键的特性参数以及典型应用以供选择。

(3) 设计实现系统的控制方法,确定系统最终设计方案。

(4) 学生学会自己采购元器件,并进行传感器电路、电机控制的调试。

(5) 学习使用 Altium_Designer 软件绘制 PCB 板。

(6) 学生复习 C51 单片机最小系统电路及编程环境,实现系统的控制程序代码的编写、硬件的连接及调试;分模块或整体综合调试系统功能。

(7) 系统设计完成后进行答辩验收并提交电子版和纸质实验论文各一份。

3 相关知识及背景

1) 理论知识方面

运用单片机编程技术、数模电路与逻辑设计以及传感器知识解决现实生活和工程实践中的问题;运用传感器及检测技术、信号放大、模拟信号转换、参数设定、脉宽控制、电机控制等相关知识与技术方法。

2) 基本工程技能

焊接电路板的各项技能、装配控制装置的工程技能、各种检测仪表的熟练使用。

3) 应用背景

太阳能的利用以及"节能减排"可再生能源的利用。

4 教学目的

通过完成系统控制装置的制造过程,学会产品的各种工艺技术流程,培养学生建立项目设计概念。学会电子电路安装和调试的方法,提高工程设计和实践动手能力。项目设计提高了实验课程的生动性和灵活性,培养学生创新实践的兴趣以及工程实践的素质。

5 实验教学与指导

本课程是一个比较完整的工程实践项目,需要经历方案论证、系统设计、PCB 板绘制、器件采购、焊接组装、程序编写、系统联调、设计总结等全过程。教师的引导体现在对设计方案、测试方案的审核和指导上,重点关注学生在系统调试时解决问题的方法。掌握项目进展情况,发掘团队潜能使项目更加完善。

提供或介绍以下学习资料给学生参考:

(1)光电传感器的基本知识、类型、技术参数及典型应用;

(2)数/模转换的控制;

(3)C51 单片机应用和 Keil C51 编程软件;

(4)直流电机驱动的设计;

(5)系统控制流程;

(6)PCB 电路板设计及 Altium_Designer 软件使用。

6 实验原理及方案

1)实验原理

控制系统采用光敏二极管作为光线传感器,采用 ADC0809 模/数转换器将模拟量信号转换成数字量输入到以 P89V51RC2BN 为核心的单片机完成系统分析处理;电机驱动电路以 L293D 直流电机驱动芯片为核心,实现单片机对直流电动机的控制。结合单轴结构设计的支架,实现电子向日葵始终朝向光强度最大的方向。

电路部分包括数据采集、模/数转换、单片机控制、电机驱动电路、电源 5 个部分。

(1)数据采集电路

如图 5-13-1 所示,采用光敏二极管与电阻分压的电路结构。光敏二极管工作在反向截止状态时,其电阻值随着光强的增加而减小。故随着光强的增大其承受的压降减小。将电阻的电位作为采集的模拟信号,其值随着光强的增大而增大。

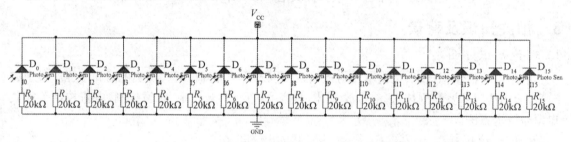

图 5-13-1 数据采集电路

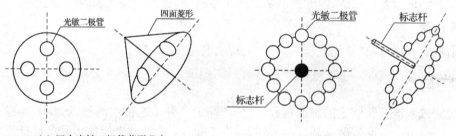

(a) 四个光敏二极管菱形分布　　　(b) 12 只光敏二极管圆形分布

图 5-13-2 光敏二极管安装位置分布

(2)模/数转换电路

如图 5-13-3 所示,采用两片 ADC0809 集成芯片,完成将数据采集电路采集的模拟电压信号转换为数字信号供单片机处理。ADC0809 是 8 输入模/数转换集成芯片,供数据采集电路的 16 路信号输入。其 8 位输出数据总线与单片机的 P_0～P_7 引脚相连,将转换成的 8 位数字信号输入到单片机。用 4 个或非门构成片选读写控制电路,片选端 CS、读写控制端 RD、WR 均为低电平有效。单片机输出地址到 ADC 的 A、B、C 地址引脚。ADC 的转换完成通过 EOC(高电平有效)告知单片机,供单片机判断数字数据输入的时序。

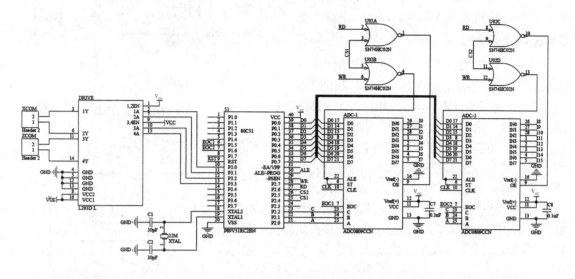

图 5-13-3 模/数转换电路

(3) 单片机控制电路

单片机是数据处理及控制的核心。采用 P89V51RC2BN 作为主控芯片。P0 作为数据输入端口,P2、P1.5、P1.6 为 ADC 控制端口,P3.0~P3.3 是驱动电机的输出信号,如图 5-13-4 所示。

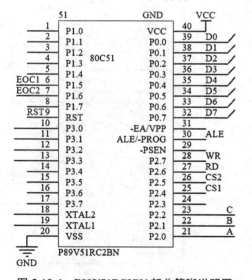

图 5-13-4 P89V51RC2BN 部分管脚说明图

图 5-13-5 电机驱动电路

(4) 电机驱动电路

如图 5-13-5 所示,采用 L293D 芯片作为驱动电路,其主要作用为增加单片机控制引脚驱动大电流的能力。逻辑作用为传送门,即 Y＝A。

(5) 电源模块

采用 USB 供电。其中两个 100 μF 电容的作用是滤波,0.1 μF 电容的作用是滤除高频分量。LED 是电源指示灯,如图 5-13-6 所示。

备注:电路中还有晶振电路、上电复位电路等,其作用不再赘述。COM 是外接电路的接口,连接两块电路板以及连接电机用。

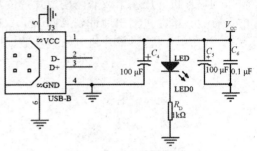

图 5-13-6 电源电路

2) 获取光强控制方法

光强控制采用高度角和方位角相结合的控制方法,将 12 个光敏二极管构成一圈,在圈心立一根短杆,寻找阴影最强的地方,相反方向就是光线最强的位置。闭环系统将 12 个光敏二极管采集到的信号作为输入,传至单片机分析处理并反馈给电机使电机三维转动寻找光源最强处,由光感器件再次获得新的信号作为信号输入,直至找到设定的误差范围阈值为止。

程序算法设计是根据控制原理,光敏二极管处的光强与对应支路电阻的电压呈正相关。通过 A/D 模块将第 i 个光电管支路对应电压值由模拟量转换为数字量,存放到变量 $e[i]$ 中。每当读完一轮电压值数据,就进行一次判断及控制。

将左半区和右半区的 5 个电压值各自求和(左半区:left＝$e[7]+e[8]+e[9]+e[10]+e[11]$,右半区:right＝$e[1]+e[2]+e[3]+e[4]+e[5]$),然后进行比较,电压值较低的一侧即为影子所在的位置,然后控制电机 1 进行相应方向的转动。对于上下半区的判断及电机 2 的控制同理。判断误差取 5%。控制程序流程图如图 5-13-7 所示。

3) 机械结构的构建

机械结构的设计方案如图 5-13-8 所示,其中自行加工的零件为 7 个。

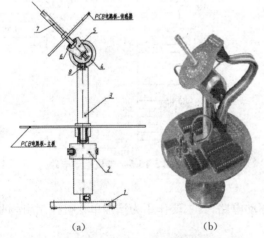

(a)　　　　　(b)

1—底座,2—电机帽,3—立杆,4—电机套筒,
5、6—电机曲臂杆,7—标杆,8—旋转轴

图 5-13-8 机械架构及实物图

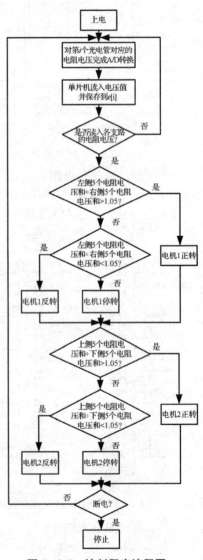

图 5-13-7 控制程序流程图

7 实验报告要求

按论文格式提交,要求如下:

(1) 摘要;

(2) 绪论;

(3) 系统的设计要求;

(4) 需求分析及系统设计方案;

(5) 各功能模块硬件电路设计;

(6) 系统软件设计;

(7) 项目总结及体会;

(8) 项目成本核算;

(9) 参考文献。

8 考核要求与方法

1) 项目开始前

(1) 学生依照项目要求提交系统设计方案;

(2) 考核项目方案设计的合理性、电路设计的正确性。

2) 项目进行中

(1) 考核系统功能模块的完成程度,是否达到需求指标;

(2) 考核实验过程中分析问题,解决问题的能力。

3) 项目完成后

(1) 考核验收系统功能模块的执行程度以及指标参数;

(2) 论文的完成质量;

(3) 答辩。

9 项目特色或创新

工程素质的培养:了解一个产品从调研、设计、论证、制作、装配到成品应用的全过程。

个性化教学:由机械式教学变为学生自发研究自主创新的学习过程。

实验案例信息表

案例提供单位	西安交通大学电气工程学院电工电子教学实验中心	相关专业	电气工程		
设计者姓名	李瑞程	电子邮箱	lirc@mail.xjtu.edu.cn		
相关课程名称	电工电子开放实验	学生年级	2、3 年级	学时(内+外)	32
支撑条件	仪器设备	直流稳压电源、数字万用表、示波器、下载器等			
	软件工具	Keilc、Altium_Designer			
	主要器件	P89V51RC2BN、ADC0809、L293D 减速直流电机、光敏二极管、电阻电容若干			

5-14 音乐楼梯的设计和实现(2016)

1 实验内容与任务

（1）设计和实现一个有趣的音乐楼梯，这是一种娱乐设备，人们上下楼梯时，能够响起音乐声；

（2）完成的装置在实验中心的楼道中实际安装，尺寸和外观符合工程要求；

（3）楼梯宽度为 2 m，级数为 20 级，且 50 级以下均可工作；

（4）音乐声为钢琴音，按楼梯梯级，以"do re mi fa so la xi"七个音符顺序循环排列；

（5）音乐声和人的脚步之间的同步性好，没有延时的感觉；

（6）音频放大器功率不小于 50 W；

（7）可以两种模式工作，一种是梯级与乐音对应不变，一种是按序演奏乐曲；

（8）设计要求：时间为一个学期内完成，使用的传感器类型无限制，设计方法自由选择；

（9）分组完成，每组 3～5 位学生。

2 实验过程及要求

（1）分析音乐楼梯的原理，设计系统框图，了解设计中的要点和难点。

（2）掌握 Altium Designer 软件的使用方法和 PCB 设计要点。

（3）选择合适的传感器并设计检测电路，检测是否有踩踏楼梯以及踩踏的时间节奏。

（4）通信总线的设计：

① 研究现有总线的响应延时及其对系统性能的影响；

② 针对存在的延时问题，研究自定义总线的可行性；

③ 设计自定义总线，并确定使用的器件。

（5）发射部分的设计：

① 设计红外发射电路，并确定器件；

② 画原理图和 PCB 图，焊接和调试。

（6）接收部分的设计：

① 选择红外接收电路的电路形式和器件，确定设计参数；

② 确定频率跟踪器件的型号和传感模块所用单片机型号，并设计电路；

③ 画原理图和 PCB 图，焊接和调试。

（7）主机的设计：

① 选择主处理器；

② 画主处理器模块的原理图和 PCB 图，焊接和调试；

③ 选择 MIDI 音源模块和功率放大器模块；

④ 连接各模块，进行联调。

（8）总结和汇报：

① 每位学生以实验报告形式总结自己的实验；

② 每组以 PPT 形式介绍自己的方案和制作过程及结果。

3 相关知识及背景

这是运用处理器技术和模拟电子技术解决工程实际问题的典型案例。需要运用传感器及检测技术、信号放大和转换、通信、电路工艺设计、处理器软件设计等相关知识与技术方法。设计过程中，要了解红外信号的收发技术，掌握电路中低频信号频率匹配的方法，了解和掌握短距离通信总线的概念和一般方法，了解 MIDI 文件格式，掌握解析 MIDI 文件的方法。

4 教学目的

通过实现完整的工程项目，让学生学习信号放大和频率匹配、自定义总线设计、单片机编程、MIDI 文件解析等技术原理，掌握工艺设计、电路调试等技能。引导学生设计电路、选择器件，构建测试环境，并通过测试分析对项目进行技术评价。

5 实验教学与指导

本实验基于一个完整的工程实践项目，包含学习研究、方案论证、系统设计、实现调试、测试标定、设计总结等过程。在实验教学中，应在以下几个方面加强对学生的指导：

（1）实现互动功能的方法较多，可以使用超声波、激光、红外等形式的物理媒介。这些方式在性能方面存在哪些差异，应仔细地进行分析对比。要考虑的性能有灵敏度、抗干扰性能等。可考虑让学生查找文献，先有一个初步的概念，再用实验进行对比验证。

（2）依照放大器设计流程来设计放大器。首先给出确切的技术指标，再确定电路形式并选择器件，最后设计出电路参数。选择器件时，向学生强调不要"大材小用"，不使用超过性能指标要求太多的器件。

（3）频率匹配可以提高系统的抗干扰性能。实际的频率匹配采用电路来实现还是完全交给单片机来处理，需要分析和验证。这涉及功能的软硬件分配。有些功能可以用软件实现，也可以用硬件实现。如何折中，需要从性能和成本两个方面来综合分析。可以考虑让不同组按不同的分配方式来设计实现，在设计完成后，通过测试指标的对比，来比较不同软硬件分配方式的优劣。

（4）总线设计方面需要做一点创新。基于轮询方式的 RS485 总线是系统延时的主要因素，分析得出延时较大的最主要原因。从主因入手，找出时间冗余来自何处，从而考虑采用自定义总线来实现通信功能，减少时间冗余，大大缩短系统延时。这里需要督促学生去查找现有的技术规范，通过这些规范引导学生掌握通信总线的设计要点。

（5）电源的设计。一方面，系统中的器件很多，其使用的电源电压和电平标准可能不相同，设计中尽量使用相同的电源电压和电平标准；另一方面，由于电源要短距离输送（几十米），可能会有电压的跌落。电源的整体设计要兼顾这两点。另外，要对各处电源的功耗进行估计，并选择合适的电源。

（6）在软件设计方面，强调软件设计规范化和提高软件可读性的意义。教师用示例引导学生注重并恪守设计流程规范化，如严格采用流程图、数据流图等设计方法，并强调使用软件语句注释。另外,规定学生对软件编程中需要的参数进行测试标定,这些数据可以作为实验评分的依据之一。

(7)在进行 PCB 设计的培训时,强调 PCB 工艺对电路性能的影响,可进行一些 EMS 知识的讲解。着重介绍 PCB 的设计要点,同时展示一些 EMC 失败案例,让学生在这方面产生强烈的意识。学生的 PCB 设计出来后,教师进行检查并回馈学生,直到符合规范才能进行加工。PCB 设计图也作为评分依据。

(8)在装配工艺方面,强调可靠性和标准化。让学生了解工程应用中常见的连接器、装配元件的标准构造和规范,以及各种连接器的应用场合、导线颜色规范等工艺标准。通过观看焊接、装配等视频内容,让学生逐步掌握规范化的工艺过程。

(9)实验过程中,不断强调对每一阶段成果进行归纳总结的种种好处,要求学生以文字、图表、代码等形式对实验结果进行严格的记录。在各个设计阶段,组织学生进行分组讨论和讲座,共享成果,交换经验,交流心得,使所有学生充分了解目标系统各个部分的技术原理和方法,建立起对实验设计目标达成的强烈愿望和信心。实验完成后,可以组织学生以项目演讲、答辩、评奖的形式进行交流,了解不同解决方案及其特点,拓宽知识面。

(10)教学形式与进程

① 议定方案

a. 头脑风暴;

b. 阅读资料和收集信息;

c. 讨论如何攻克难点。

② 实施项目

a. 分析和仿真;

b. PCB 设计焊接;

c. 软硬件调试。

③ 展示与评估

a. 交流项目内容;

b. 汇报项目进展情况。

④ 实践收获

a. 针对性强;

b. 理论和工艺并重;

c. 学生参与宣讲。

6 实验原理及方案

1)系统结构

系统结构如图 5-14-1 所示。图中,各传感器模块通过总线向主机的处理器发送楼梯当前的状态。若传感器发来"有人踩下"状态,则处理器向音频模块发出"产生声音"命令,音频模块通过扬声器发声。

如果采用红外线方式,其可能的系统图如图 5-14-2 所示。这种方案中,主机处理器使用 STM32 单片机,而接收模块中采用 Microchip 的中档单片机 PIC16F883。声音模块由 MIDI 音源和功率放大器构成。

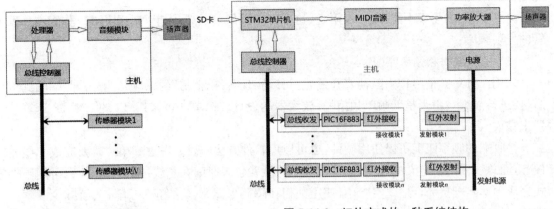

图 5-14-1 系统结构　　　　　图 5-14-2 红外方式的一种系统结构

2) 实现方案

(1) 物理媒介的选择

很多种物理量传感器都可以实现"音乐楼梯",例如激光、超声波、红外线,电容感应,应变电阻/称重传感器,振动传感器等。

根据"音乐楼梯"的实际工作原理以及这些物理量的特点,可以筛选出较为合理的方式。激光方式发射距离远,能量损失小,但其存在对人眼有伤害的缺点,可排除之。超声波安全且易于实现,但超声波发射强度高时容易出现绕过阻挡物体的现象,而发射强度低时易受空气流动的干扰,不适合本设计。而红外线具有安全、发射角度较小(相对于超声波而言)等优点,适合于作为实现"音乐楼梯"的物理媒介。

红外发射管的发射波束有一定角度,且发射强度因方向而异(见图 5-14-3)。此处,让学生了解发射强度图的意义。红外发射管应选择发射角度较小的型号,以避免传感模块之间的相互干扰。图 5-14-3(a)为加了透镜的红外发射波束分布图,图 5-14-3(b)为未加透镜的红外发射波束分布图。

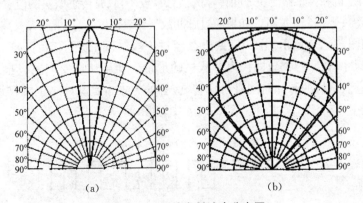

(a)　　　　　　　　(b)

图 5-14-3 红外发射波束分布图

(2) 红外信号的发射

这是要考查的知识点之一。让学生思考:为何遥控器发射的是 38 K 脉冲信号? 这有两方面原因,主要原因是需要传输信息,直流的信号无法做到;另一个原因是,红外信号易受到自然光尤其是阳光的干扰,如果是脉冲信号,则误判的可能大大减小。

另外,选用的频率不能在 38 K 附近(这个理由很简单)。实际上,选用 1 kHz 作为红外发射管的发射频率。

(3)信号放大和频率匹配

采用红外单频信号作为阻挡媒介信号,可以实现"音乐楼梯"的感应功能。接收端收到信号后,要进行放大。由于是低频单频信号,放大器的设计较简单。可采用 TI 的 LM358 运算放大器来完成。

接收端的频率匹配可以使用硬件,也可以用软件方法解决。考虑到单片机要完成总线收发任务,而总线采用自定义的方式,单片机因此将耗费较多时间在总线任务方面,所以采用硬件方式完成频率匹配更为合适。实验中,使用锁相环解码电路来实现频率匹配,从而减少了软件方面的工作量。

(4)自定义总线设计

总线是本实验的设计重点之一,需要引导学生进行总线的性能分析以及简易总线的电路设计。

总线设计方面,首先想到的是基于 UART 的串行总线,其特点是采用以字节为单位的数据传输。串行总线的优点是简单易行,但是在"音乐楼梯"的设计中,这种总线存在一个问题——延时较长。

造成这一问题的原因是:因为存在总线冲突的可能,主机和各传感器模块之间的信息传递需要查询方式。在楼梯级数较多时,轮询总时间较长,使用者会感受到延时。以 50 级楼梯为例,若采用 9 600 波特率,查询一个节点需要的时间约为 4 ms(含通信方向改变的时间),则 50 个节点的通信时间约为 200 ms,已经超出人能够感知的最小延时。

问题的出现是引导学生进行创新思维的好时机,而解决问题的关键是找到其矛盾实质。这里主要的矛盾是时间,而造成延时较长的原因是传输信息冗余多,因此需要从传输信息的量着手,看是否能通过减少信息传输量来解决问题。

在这一场合,主机和传感器模块之间传输的信息量较少,只有传感模块的位置信息及其"是否有人踩"信息,而后者只是一个开关量。如果通过脉冲数来代表位置信息,可以大大减小通信延时。

具体思路如图 5-14-4 所示。图中,主机在经过一段时间的空闲态后,向从机(即传感器模块或节点)发出脉冲,脉冲的个数即代表着从机的地址。而某从机要向主机报告"有人踩下"状态时,只需在对应该从机的脉冲时间进行应答,应答的方式也是脉冲。主机收到该脉冲,就可以知道该从机发生了"有人踩下"事件。图 5-14-4 中,第 5 号从机进行了应答。

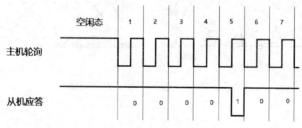

图 5-14-4　自定义总线时序

由于单片机 I/O 端口读取的最小时间为微秒级,因此,主机轮询的时间可缩短到几毫秒。

(5) 乐音的产生

让学生了解目前音乐的各种格式,如 MP3、WAV、WMA、MIDI 格式等,并了解各种格式的特点。重点了解乐器中常用的 MIDI 文件格式的特点。

MIDI 文件是具有以下基本结构的二进制文件:头+数据包括在共同的头文件中描述的类型,结合必要的标准乐器,并且只有有限类型记录的 MIDI 合成的重放音质的智能卡。近年来,用声卡合成音乐时,MIDI 音乐的品质得到很大的提高。

一种具体的 MIDI 文件格式见表 5-14-1。

表 5-14-1　MIDI 文件头格式

mm mm	格式	指定 MIDI 模式
00 00	格式 0	单音轨:头块的后面只有一个音轨块
00 01	格式 1	多音轨,且同步:头块的后面只有两个或者以上的音轨块,所有的音轨块竖直同步,即所有的音轨块开始演奏的时间相同
00 02	格式 2	多音轨,但不同步:头块的后面有多个音轨块,所有音轨块不同步,播放时间由开始时间所决定

格式 0,用于存储多个音轨块信息,播放前需要添加状态标志位,用来区别歌曲发生在哪个通道,以便记录事件发生的通道。

格式 1,一般垂直的一维表格,表示的相关信息为每一个通道的垂直分布。

格式 2,一种较为常用的水平一维表,该表能保存和读取格式 2 的数据。

MIDI 音乐格式一直受到人们的欢迎,使用者越来越多,主要由于 MIDI 音乐格式和其他的一些音乐格式相比存在以下几种优势:① MIDI 音乐文件占用的空间比较小,可以节约用户发送时间;② MIDI 音乐文件采用七位数据传送方法,这样缩短了传输时间,提高了传输效率。基于以上的认识,选用 MIDI 文件格式作为音乐产生的基本格式。

(6) 设计平台

① Multisim/MATLAB:电路分析设计和仿真;

② Altium Designer:原理图和 PCB 设计;

③ MDK/MPLAB:单片机软件设计;

④ AutoCAD:结构设计。

(7) 学生作品

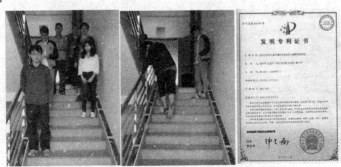

图 5-14-5　学生作品示例及专利

7 实验报告要求

实验报告需要反映以下工作：

(1) 实验需求分析；

(2) 实现方案论证；

(3) 理论推导计算；

(4) 电路设计与参数选择；

(5) 各部分的原理图和 PCB 图；

(6) 软件部分核心代码；

(7) 调试记录；

(8) 实验数据记录和分析；

(9) 实验总结和心得。

8 考核要求与方法

(1) 实物验收：功能与性能指标的完成程度，完成时间。

(2) 实验质量：第一方面，方案的合理性和可行性；第二方面，工艺质量，包括焊接质量、组装工艺等；第三方面，软件质量，包括流程图、数据流图、代码和注释的质量。

(3) 自主创新：功能构思、电路设计的创新性，自主思考与独立实践能力。

(4) 实验成本：是否充分利用实验室已有条件，材料与元器件选择合理性，成本核算与损耗。

(5) 实验数据：各模块的标定数据和测量误差。

(6) 实验报告：实验报告的规范性与完整性。

9 项目特色或创新

项目的特色在于：项目的工程性和趣味性强，需要综合应用知识，且有多种实现方法。实验项目的最终要求是在确定场地(实验中心的楼道中)实现能工作的"音乐楼梯"装置，且要求学生在实验中自己完成电路设计、画 PCB 图、焊接、编程调试等一系列的动手环节，是多方面练手的工程性实验。趣味性强，学生的积极性高。

实验案例信息表

案例提供单位		南京大学电子科学与工程学院		相关专业	电子信息	
设计者姓名		戚海峰	电子邮箱	hf1021@vip.163.com		
设计者姓名		高 健	电子邮箱	jiangao@nju.edu.cn		
设计者姓名		葛中芹	电子邮箱	gxlin_2000@163.com		
相关课程名称		电子系统实践	学生年级	三	学时	60
支撑条件	仪器设备	示波器、信号源、多用表、电脑、电源				
	软件工具	AltiumDesigner、KeilMDK、MPLAB(Microchip 公司)				
	主要器件	PIC16F883、STM32F103RCT6、LM358、LM567、6N136				

5-15 数字听诊器设计(2016)

1 实验内容与任务

利用传统听诊头和驻极体话筒采集心音信号,经过放大滤波,单片机 A/D 转换,具备显示和存储功能,实现一个数字听诊器。

(1) 采用驻极体话筒和传统听诊器的听诊头作为听诊器的传感器;在 Multisim 软件中设计心音滤波放大电路,以分别设计单电源供电的驻极体话筒驱动电路和低通滤波电路,信号放大电路,实现将信号放大到 300 mV 左右。

(2) 用示波器观测驻极体话筒采集的信号、放大后的信号、滤波后的心音信号,并对心音信号的特征进行分析。

(3) 将经过调理之后的心音信号通过单片机的 ADC 采集,并在液晶屏上显示心音波形。

(4) 对心音信号进行分析,计算心率。(发挥)

(5) 将采集到的心音信号存储到 SD 存储卡中。(发挥)

2 实验过程及要求

(1) 学习了解数字测量心音信号的意义以及测量心音的方法。

(2) 进行方案对比,设计一个性价比高的方案。

(3) 以便携式设备为目标,设计电池供电下的驻极体驱动电路、信号滤波与放大电路,进行电路仿真;提交方案和仿真原理图,教师进行审核和指导。

(4) 在仿真电路的基础上选择器件,在面包板上搭建心音信号采集及放大电路,用示波器观察传感器采集的信号、放大后的心音信号,并用耳机听心音信号,感受调节放大器增益的影响。记录放大器倍数,以及波形幅度等数据。

(5) 使用 MSP430 单片机的 ADC 外设进行 A/D 转换,将心音信号转换为数字信号,并将其以波形图的形式在液晶屏显示出来。

(6) 编写简单的心音信号处理程序,计算心跳频率。

(7) 在 SD 卡中存储一定长度的心音信号。

(8) 实验验收,要求三人一组,询问每个学生在设计中的工作量,确保每位学生都了解本系统的原理以及电路各个部分如何设计。根据完成质量和具体工作量进行打分。

(9) 撰写设计总结报告,并通过分组演讲,学习交流不同解决方案的特点。

3 相关知识及背景

当前现状:传统听诊器不能记录心音;只能从听觉上进行识别。

设计目标:可以记录心音信号;可以显示心音图;心音图和心电图结合,促进医生诊断。

(1) 心脏低频心音成分重要,只有有经验的心脏病专家才能辨别出。为了提升一般医生对心脏病鉴别的准确率,故此采用数字方式记录病人的心音状态图并在屏幕上显示出来。如此做到了将不可记录的心音信号转化为可长期保存的心音图像。

(2) 数字听诊器通过数字方式将心音记录下来,便于长期分析,动态监测。

(3) 这是一个运用单片机和模拟电子技术解决现实生活和工程实际问题的典型案例,需要运用传感器及检测技术、信号滤波、信号放大、模/数信号转换、数据显示、SD 卡存储等相关知识与技术方法,并涉及方案调研、仿真验证、电路图设计与制作、单片机程序设计,以及心音信号的处理等工程概念与方法。

4 教学目的

选择以实际应用的工程项目激发学生兴趣;引导学生了解生理信号测量方法、传感器技术,根据需求选择技术方案;通过电路设计、仿真与实现,让学生实际动手,培养学生电子电路设计能力;根据实际需求,编写单片机程序,完成听诊器设计,增加电子系统设计经验;构建测试环境与条件,并通过测试与分析对项目作出技术评价;从工程实际出发,激发学生动手实践的兴趣;支持学生发挥扩展,促进学生进行创新设计。

5 实验教学与指导

本实验是一个比较完整的工程实践,需要经历学习研究、方案论证、系统设计、实现调试、测试标定、设计总结等过程。在实验教学中,应在以下几个方面加强对学生的引导:

(1) 数字听诊器的背景意义,了解不同传感器的性能、价格,根据功能需要和指标要求如何制定合理的系统方案。

(2) 学习心音信号的传感器驱动电路,以获得驻极体话筒上的声音信号。

(3) 单电源电路在便携式设备中应用极为广泛,讲授如何设计单电源放大电路,滤波电路。

(4) 讲授电路设计软件应用,在 Multisim 软件上进行仿真,对学生的方案和电路进行审核指导,审核后学生选择元件,在面包板上搭建电路,进行调试。

(5) 学习心率测量的方法,如何在心音数据上计算心率,如何在液晶屏上显示和 SD 卡上存储。

(6) 在实验完成后,可以组织做得比较优秀的学生以项目演讲、答辩、评讲的形式进行交流,了解不同解决方案及其特点,拓宽知识面。

6 实验原理及方案

1) 系统结构

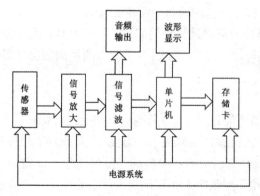

图 5-15-1　系统方案

2）实现方案

可供选择的传感器有三种。第一种是心音传感器，采用空气室切割磁感线的原理实现，得到较高灵敏度的同时，也拥有较高的成本。第二种是 PVDF 传感器，其原理是外力压力通过 PVDF 膜转化为电荷移动，同时以电压变化形式反映出来，得到较高灵敏度的同时，也拥有较高的成本。第三种是驻极体话筒，采用的是压敏电容的原理，成本较低，但噪声较大，动态范围和灵敏度都比较低。

基于性价比的考虑，采用驻极体话筒作为心音传感器，将驻极体话筒塞进听诊头中，经过驻极体的驱动电路，获得心音的微弱信号，经过两阶放大和低通滤波。得到 1 V 左右的心音信号，只通过耳机听，就可以代替传统的听诊器。

通过 ADC 转换为数字信号，单片对心音数据信号进行处理，可以将心音信号显示到液晶屏上，并可以通过 SPI 接口将心音数据存储到 SD 存储卡中，可以长期记录，分析。

更深一步，可以对心音信号进行信号处理，获得心率和其他生理信息，有足够的创新实践空间。

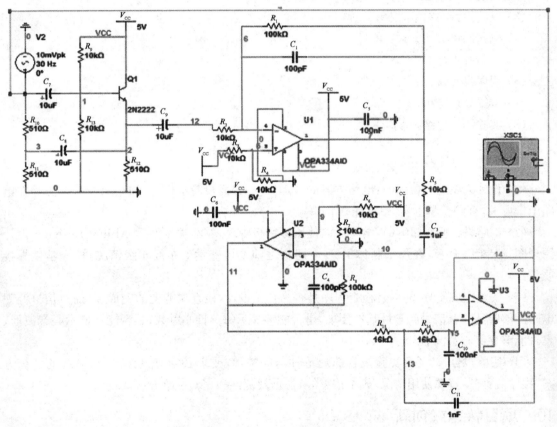

图 5-15-2　心音信号处理电路

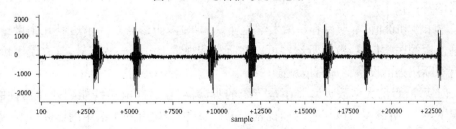

图 5-15-3　心音信号波形

7 教学进程

(1) 理论授课;

(2) 方案论证与电路仿真;

(3) 搭建电路与调试;

(4) 单片机程序设计;

(5) 验收与报告。

8 实验报告要求

实验报告需要反映以下工作:

(1) 实验需求分析;

(2) 实现方案论证;

(3) 电路设计与参数选择;

(4) 电路测试方法;

(5) 实验数据记录;

(6) 程序设计流程;

(7) 数据处理分析;

(8) 实验结果总结。

9 考核要求与方法

(1) 设计方案验收(10%):电路方案的合理性,一方面检验学生是否自主设计,一方面在电路上把好关,有利于学生实物制作的成功率。

(2) 电路设计验收(10%):学生可以使用万用板焊接,鼓励学生使用 Altium Designer 设计原理图,绘制 PCB 板,在加工制作 PCB 电路板之前要检查学生布局布线情况;检查学生焊接质量。

(3) 实验完成质量(60%):检查程序是否为自主设计,检查功能上的完成度,通过信号调理电路能够听到心音信号属于最基本要求,是否能够显示每分钟心跳数,是否能够显示心音波形,是否能够存储心音波形。

(4) 实验报告(20%):实验报告的规范性与完整性,要求必须有方案调研,最终的系统方案,程序流程图,资源使用情况,成本估算等,根据规范性和完整性给分。

10 项目特色或创新

项目的特色在于:

(1) 趣味性和价值:本项目容易激发学生实践的兴趣,听诊器是一个历经几个世纪的、至今仍在普遍使用的医学仪器,数字听诊器可以在听觉和视觉上分析心音信号,具有使用价值,学生做一个有实际用处的设备更加有成就感。

(2) 创新性:目前大多数听诊器还是传统的听诊器,在目前电路性能和处理器性能快速发展的情况下,数字听诊器可以从听觉和视觉上分析心音信号,有助于医生的诊断,记录及存储心音信号的功能可以让远程医疗更加精准。

（3）综合性：该实验包括方案调研、电路仿真、设计制作、程序编写、系统调试等过程。其中不仅包含了生理学、传感器、电路设计、单片机编程等多方面知识，整个调试过程还涵盖了不少工程实际问题。对于学生来讲，是一个理论指导实践、从实践到理论学习的练手项目。

实验案例信息表

案例提供单位	西安交通大学		相关专业	信息工程	
设计者姓名	王中方	电子邮箱	wangzhongfang@xjtu.edu.cn		
设计者姓名	张鹏辉	电子邮箱	zhangph@xjtu.edu.cn		
设计者姓名	张翠翠	电子邮箱	zhangcuicui@xjtu.edu.cn		
相关课程名称	电子系统设计	学生年级	3	学时	12
支撑条件	仪器设备	示波器、信号发生器、万用表			
	软件工具	Multisim 电路仿真软件、Altium 电路设计软件、CCS 软件			
	主要器件	OPA33、驻极体咪头、SD 卡、单片机、液晶屏等			

5-16 炫彩脉搏测试仪设计(2016)

1 实验内容与任务

1）基础部分

（1）基于单片机控制系统，选用适当的传感器，设计出一种能测量人体脉搏的测试仪，要求测量脉搏数误差在±3下之内，可以通过液晶屏实时显示测量的脉搏数。

（2）增加测试仪的判断功能，可以判别测量值是否在正常脉搏数范围，并通过 LED 点阵和液晶屏实时、形象地显示判断结果。

（3）设计基于单片机的脉搏测试仪的整体控制电路，并制作出印制板进行焊装、调试。

2）提高部分

在完成基本功能的基础上，设法利用不同硬件模块扩展其应用功能。提高脉搏测试的灵敏度、增加 LED 炫彩显示功能，同时设法增加基于该单片机系统的扩展功能。

2 实验过程及要求

（1）学习了解不同精度要求下，脉搏测量的方法。

（2）选用满足实验要求的微型动态脉搏微压传感器，记录传感器的类型、测量范围和测量精度、输出信号形式和线性范围等关键的特征参数。

（3）选择脉搏传感器以获取脉搏信号，并根据传感器类型选择放大器类型，设计放大电路，注意放大电路的输入阻抗和增益；在仿真优化的基础上实现脉搏信号采集及放大电路。

（4）选择将脉搏信号转换为方波信号的方法，并将其以方波的形式显示出来。

（5）构思脉搏计数显示方式，选择与之相对应的模/数转换方式，设计电路结构，制定各单元电路的技术参数指标。

（6）设计控制电路实现脉搏计数显示控制，调整系统参数。

（7）考查脉搏计数速度与计数波动范围。如何达到响应速度快、波动范围小的目标。

（8）构建一个简易的测试环境，选择体质不同的实验对象进行脉搏测试，测定脉搏测量误差以及控制误差。

（9）撰写设计总结报告，并通过分组演讲，学习交流不同解决方案的特点。

3 相关知识及背景

这是一个运用数字和模拟电子技术解决现实生活和工程实际问题的典型案例，需要运用传感器及检测技术、信号放大、模/数信号转换、数据显示、参数设定及显示控制等相关知识与技术方法，并涉及测量仪器精度、硬件及软件反馈、仪器设备标定及抗干扰等工程概念与方法。

4 教学目的

在项目教学实验过程中引导学生掌握单片机应用常识、传感器技术特点、常用芯片使用方法等常用专业知识。根据工程需求比较选择技术方案，引导学生根据需要设计电路、选择元器件，构建测试环境与条件，培养学生的工程实践能力。

(1) 软件基础:掌握单片机基本应用编程常识,锻炼学生系统编程能力;

(2) 硬件基础:巩固并扩展所学电路知识,掌握几种常用研究模块的使用;

(3) 综合应用:培养学生基于单片机综合应用系统的开发、调试能力;

(4) 素质培养:培养学生基本工程素质,提高学生的实践能力和工程应用能力。

5 实验教学与指导

本实验是一个比较完整的工程实践,需要经历学习研究、方案论证、系统设计、实现调试、测试标定、设计总结等过程。在实验教学中,应在以下几个方面加强对学生的引导:

(1) 学习脉搏测量的基本方法,了解在传感器选择、测量方法等方面不同的处理方法。

(2) 比较不同传感器输出信号的形式、幅度、驱动能力、有效范围、线性度的差异,让学生理解后续的信号处理和放大电路处理应用设计。

(3) 实验要求的精度,主要取决于传感器应用电路测量,因此将模拟信号转换为数字信号时可供选择方式的比较就成为关键因素,如施密特整形、经整流滤波后再进行比较的方式,等等。

(4) 讲解基于 51 单片机系统控制的基本原理,要求学生提前预习实现控制的方法及单片机相关编程知识。

(5) 在电路设计、搭试、调试完成后,要用标准仪器设备进行实际测量;需要根据实验室所能够提供的条件设计测试方法,创建面向对象广泛且较为稳定的测试环境,记录测试数据并分析数据。

(6) 在实验完成后,可以组织学生以项目演讲、答辩、评讲的形式进行交流,了解不同解决方案及其特点,拓宽知识面。

在设计中,要注意学生设计的规范性,如系统结构与模块构成,模块间的接口方式与参数要求;在调试中,要注意工作电源、参考电源品质对系统指标的影响,电路工作的稳定性与可靠性;在测试分析中,要分析系统的误差来源并加以验证。

6 实验原理及方案

1) 系统结构

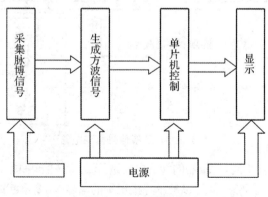

图 5-16-1　系统结构

2) 实现方案

将整体设计分为三个模块,分别是:脉搏信号提取模块、单片机计数模块和 LCD/LED 点阵显示模块。

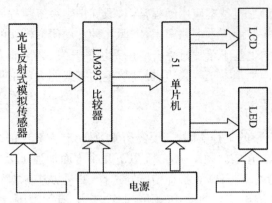

图 5-16-2 功能模块实现方法

(1) 脉搏信号提取模块

用光电反射式模拟传感器 PulseSensor 测量脉搏信号,通过对信号放大,在示波器上可以观察到具有一定周期性的脉搏信号。PulseSensor 是一款用于脉搏心率测量的光电反射式模拟传感器,将其佩戴在手指上可以采集人体脉搏信号并以模拟信号方式输出。用示波器显示输出信号,可以发现这些信号具有一定的周期性。

为了能够方便单片机对脉搏跳动的次数进行计算,需要将脉搏传感器输出的波形进行整形,采用电压比较器来对输出信号进行方波化。可选择的电压比较器是 LM393P,通过设置合适的阈值电压便可以实现输出方波。

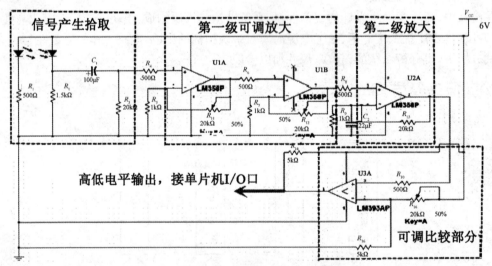

图 5-16-3 脉搏信号检测电路

由于不同人的脉搏强度不同,比较器的阈值电压选择成了一个问题。一些缺乏锻炼的人脉搏跳动较为微弱,幅度较低;为了能够产生可以被单片机识别的信号,需要不断调试,选择一个合适的阈值电压(3 V 左右),并且设计了一个端子,可以通过调节滑动变阻器的阻值来改变阈值电压。

(2) 单片机计数编程模块

用 51 单片机实现计数功能对整形之后的信号进行计数。80C51 单片机中有两个 16 位定时器/计数器,分别为:定时器/计数器 0(T0)和定时器/计数器 1(T1)。整形后的脉搏信号以脉冲形式输入,作为计数器的计数脉冲,计数脉冲为负跳变有效,计数器进行加法计数;T0 作为计数器,T1 作为定时器,设定 5 s 内计数;一个机器周期等于 12 个振荡脉冲周期,计数频率为振荡频率的 1/12,单片机采用 12 MHz 晶振,计数值范围是 1~65 536(2^{16}),最大定时时间为 65 ms;对于 5 s 的定时需要设置中断控制寄存器的初值,开放定时器中断,设定一个中断内计时 50 ms,重复 100 次即为 5 s,能够实现对 5 s 内外来脉冲的计数;5 s 内脉搏数乘以 12 得到 1 min 内的脉搏数,将该值和正常脉搏数值作比较;数值正常,则通过单片机控制 LCD1602 显示具体数值,并显示相应的图案,不正常则显示 abnormal,点阵显示另一种图案。

（3）LCD、LED 点阵显示模块

设计采用 6×6 LED 点阵显示脉搏跳动,用单片机 I/O 口进行控制。单片机一个端口要控制 6 盏灯的亮灭,需要使用一个驱动芯片 74HC573 来辅助单片机管脚控制驱动。

以上为脉搏测试仪的基本设计,为完成扩展功能,还需要通过编程对人体脉搏数进行计数、运算、比较,并且将比较结果显示在 LCD 显示屏上,同时编程来控制 LED 点阵闪烁的形状。

将整体电路连接好后,将手指放在传感器上 5 s,可以在 LCD 显示屏中读出自己的脉搏数,并且判断出你的脉搏数是否正常。在脉搏测试期间,以闪烁数字来计时。正常人的脉搏数是 60~100 次/min,当脉搏数正常时,LCD 屏可以显示 1 min 的脉搏数,并且 LED 点阵上会显示设定图形,然后按顺序成排、成列亮灯;当脉搏数超出了这个范围,显示屏上就会显示"abnormal"标识,点阵上会显示警报,然后由外而内、由内而外的发光。

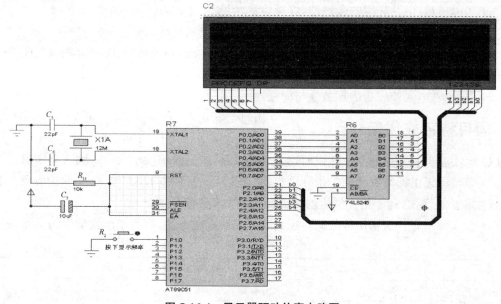

图 5-16-4　显示器驱动仿真电路图

7　教学实施进程

表 5-16-1　教学实施进程表

课前预习	课上讲授(10 学时)	硬件设计(8 学时)	软件设计(8 学时)
单片机定时器	脉搏测试原理	驱动电路	脉搏计数程序
单片机 I/O 口应用	传感器应用	放大电路	显示程序
印制电路设计	显示功能的实现	LED 点阵电路	
单片机应用编程	单片机计数功能	单片机控制电路	
基本放大电路	印制电路设计	制作相关电路板	

8　实验报告设计

实验报告需要反映以下工作:

(1) 实验需求分析:分析实验原理,需要的知识内容,各种元器件的性能参数等;

(2) 实现方案论证:为完成基本功能,提出多种方案,并比较各种方案的优缺点;

(3) 理论推导计算:计算实验中设计的各项参数;

(4) 电路设计:给出设计的电路原理图和最终生成的 PCB 图;

(5) 电路测试方法:测试脉搏数计算是否准确、观察 LED 点阵显示效果及 LCD 显示效果;

(6) 实验数据记录:通过实验记录每组测试数据并进行比较;

(7) 数据处理分析:对每组数据进行分析并得出结论;

(8) 实验结果总结:对测试仪测试结果进行总结,并提出改进和扩展功能的方案。

9　考核要求与方法

(1) 实物验收:功能与性能指标的完成程度(如脉搏测量精度、输出显示效果、系统的响应时间等);

(2) 实验质量:电路方案的合理性,焊接质量、组装工艺;

(3) 自主创新:功能构思、电路设计的创新性,增加扩展功能,自主思考与独立实践能力;

(4) 实验成本:是否充分利用实验室已有条件,材料与元器件选择合理性,成本核算与损耗;

(5) 实验数据:测试数据和测量误差;

(6) 实验报告:实验报告的规范性与完整性。

10　项目特色或创新

(1) 该实验项目涵盖的专业知识面广,学生可以从中高效率的学习并巩固所学知识。

(2) 该实验以工程教育理念为指导思想,遵循工程教育的"CDIO"模式,实验内容具有良好的实践性和扩展性,有利于培养学生的工程实践能力和创新能力。

(3) 该实验项目具有实用性的同时还具有美观性和趣味性,有利于激发学生的学习兴趣。

实验案例信息表

案例提供单位		天津大学电气电子实验中心		相关专业	电子信息工程		
设计者姓名		李昌禄		电子邮箱	changlu@tju.edu.cn		
设计者姓名		苏寒松		电子邮箱	shs@tju.edu.cn		
设计者姓名		刘高华		电子邮箱	suppig@126.com		
相关课程名称		单片机装调与实验		学生年级	三年级	学时	20+12
支撑条件	仪器设备	示波器、直流电源、单片机实验箱、万用表、电烙铁、电路腐蚀箱					
	软件工具	51 单片机开发系统 Keil、Altium Designer					
	主要器件	51 芯片、脉搏传感器、LM393 比较器、1602 液晶屏、LED 点阵					